I0493485

Operation in Centauri

Geheimakte MARS 13

© 2023 D. W. McGillen

Umschlagsfoto: Mit Lizenz

Paperback: ISBN: 9781532852534
Imprint: Independently published

Hardcover: ISBN: 9798854265706
Imprint: Independently published

ISBN-e-Book: ebenfalls erhältlich:

D.W. McGillen, 01.08.2023

Inhaltsverzeichnis

Rückblick

Dank der natradischen Hinterlassenschaften war es der EWK gelungen, die Menschheit ins All zu führen. Die überlebenden Natrader wurden durch Admiral Tarin in unbekannte Regionen des Weltalls evakuiert. Zahlreiche Sternenreiche, Kolonien und bewohnten Planeten sahen sich gezwungen sich selbst zu verwalten. Major Travis versucht für das Neue-Imperium von Tarid und Natrid zuverlässige Freunde zu finden und reist mit seiner Crew und dem natradischen Angriffs-Kreuzer Termar 1 in die Tiefe der Milchstraße. Er stoßt auf Rassen und Sternenreiche, die sich nicht alle als zukünftige Freunde erweisen.

Hierzu gehören auch die Worgass, welche am äußeren Rande der Andromeda- Galaxie massiv aufrüsten und eine Invasion der Milchstraße planen. Durch einen Hinweis von Heran, einem Mitglied einer sehr alten Species der Galaxie, erfährt Major Travis, dass die Worgass bereits eine große Flotte produziert haben und in Kürze mit der Invasion der Milchstraße beginnen wollen. Zu diesem Zweck will das Neue-Imperium gewappnet sein. Eins ist klar, bei einem Einfall der Worgass in die Milchstraße, werden alle humanoiden Rassen sehr stark in Mitleidenschaft gezogen.

Trotz dieser grauen Wolken, die sich am Himmel zusammenziehen, konnte das Neue-Imperium erste Erfolge für sich verbuchen. Die im großen Krieg versunkene Atlantis-Basis, konnte reaktiviert und als zusätzliche Sicherung auf der Erde etabliert werden. Die große Natrid-Hypertonic-KI auf der Erde muss als eine eigenständige Einheit angesehen werden und kann nur im Verbund mit dem allmächtigen Hypertonic-KI von Natrid funktionieren. Derzeit wird die 195.000 Jahre alte Vorzeige-Station der Natrader technisch auf den neuesten Stand gebracht und ihr atlantisches Personal nach aktuellen Erkenntnissen geschult.

Die Angriffs- Flotte der Worgass, konnte mit vereinten Kräften verschiedener Rassen der Milchstraße noch rechtzeitig eliminiert werden und somit die Gefahr für eine längere Zeit aufgeschoben werden. Doch damit ist der immense Hass der Worgass, auf alle humanoiden Völker, nicht beseitigt. Zwischenzeitlich sucht Major Travis nach neuen Verbündeten und alten Völkern des natradischen Kaiser-Imperiums. Auch gilt es ein Versprechen einzulösen. Der Gildor Barenseigs soll zu seiner Heimat überführt werden.

Nach der erfolgreichen Abwehr der daranischen Flotte, welche die ehemaligen ausgewanderten Natrader auslöschen wollte, gelang es Major Travis erste Kontakte zu den Nachfolge-Zivilisation der evakuierten Natradern aufzunehmen. Der große Sieg der Flotte des Neuen-Imperium hatte bei der Admiralität des Kunst-Systems Erschrecken hervorgerufen. Sie erkannte die technische Überlegenheit der ehemaligen Barbaren von der dritten Welt ihres alten Heimat-Systems. Der Oberbefehlshaber schmiedete einen Plan, um die Flottenführung und Gildor Barenseigs gefangen zu nehmen. Doch die Crew um Major Travis ist gewarnt.

Oberst Cameron, der neue Befehlshaber des ISD, sucht nach Spuren der Piraten, um diese vor weiteren Beutezügen zu warnen.

Major Travis folgt einem Hilferuf von Sil'drock, der ein Angehöriger einer Rasse ist, die sich Ablonder nennen. Sie waren ein ehemaliges Hilfsvolk der Aller-Ersten.

Hinter der weißen Barriere verbirgt sich eine alte Rasse, die neue Expansions-Pläne schmiedet. In ihrer Anomalie sind viele wertvolle Völker in Reservaten auf unterschiedlichen Planeten gefangen. Das Zierrakische-Imperium rüstet auf und sucht nach den Ablondern. Alles läuft auf eine Eskalation hinaus. Die Ablonder haben Major Travis und das Neue-Imperium um Hilfe gebeten.

Heran verhandelt mit seiner Regierung um eine große Unterstützungs-Flotte. Die Befreiung der Aller-Ersten sollte ein primäres Ziel sein. Ebenso will man dem

Einfluss der Zierrakies Einhalt gebieten. Die weiße Anomalie konnte durch die Zerstörung der großen Sonnen-Giganten aufgelöst werden. Die verbliebenen Zierrakies flüchten zu ihrem Heimatplaneten. Die von Admiral Dragphan befehligten Worgass haben sich gegen ihre Herren gestellt. Falls sie den Zierrakies in die Hände fallen, droht ihnen die Todesstrafe.

Eine kaiserliche Flotte ist als Unterstützung auf dem Weg in die 2. Dimension, um den Brückenkopf der Vogelwesen zu retten. Die Schiffe werden in Kürze auf die Flottenverbände des Neuen-Imperiums treffen. Die Centauri-Scruffs verüben aus Verzweiflung Sabotage auf Natrid. Ihr Heimat-Planet ist von den Daranern besetzt worden. General Poison befiehlt Oberst Cameron und Captain Hunter in die Region zu fliegen, um die Angelegenheit zu klären und um die Ansprüche des Neuen-Imperiums zu untermauern. Währenddessen steht Major Travis mit seiner Flotte in dem Heimat-System der Zierrakies. Ihn begleiten große Schiffs-Verbände der Ablonder und zahlreiche lantranische Evolutions-Schiffe.

Der zierrakische Groß-Kaiser ist geflüchtet und hat den zurückgebliebenen einen Scherbenhaufen hinterlassen. Admiral Dragphan ruft alle unterdrückten Worgass auf, der Knechtschaft der Zierrakies den Rücken zu kehren. Neue Feinde dringen in das System ein und bringen die

Zivilisation der Zierrakies an den Rand des Unterganges. Wieder muss die Flotte des Neuen-Imperiums eingreifen. Erst nach zahlreichen Kampfhandlungen kann über einen Waffenstillstand verhandelt werden.

Die Aller-Ersten möchten die Weichen für die Zukunft stellen. Sie haben Kontakt zu den Kon-Ra-Tak aufgenommen, einer alten mystischen Rasse des Universums. Währenddessen kämpft die Flotte des ISD, unterstützt von Schiffen unter dem Befehl von Captain Hunter, gegen eingedrungene aggressive Daraner. Der Gildor Barenseigs deckt Geheimnisse des letzten natradischen Kaisers auf. Die Spuren führen zu eine weit entfernten Welt.

Verhandlungen

Auf dem zierrakischen Regierungs-Planeten war das öffentliche Leben zusammengebrochen. Die neue Notstands-Regierung hatte der Bevölkerung empfohlen, zu Hause zu bleiben. Sie musste die Zierrakies von der militärischen Niederlage gegen die Ablonder unterrichten. Die Regierung sah sich in der Pflicht, der Bevölkerung ein bisher noch nie vorgekommenes Ereignis zu beichten. Ebenfalls oblag es ihr zu unterrichten, dass vermutlich mit großen Reparatur- und Wiedergutmachungs-Zahlungen zu rechnen sei. Ferner wurde den Clans mitgeteilt, dass in Kürze die Siegermächte landen würden, um ihre Forderungen mitzuteilen. Die Übergangsregierung befahl sämtliche Unruhen und aggressive Übergriffe zu unterlassen. Sie unterrichtete die Bevölkerung, dass der Kaiser geflüchtet war, um sich so seiner Verantwortung zu entziehen. Vorher waren die kaiserlichen Schatzkammern von ihm geleert worden.

Die Bevölkerung war außer sich, doch sie akzeptierte die Auflagen der Notstands-Regierung. Lediglich einzelne Mobs machten sich auf, um nach Angehörigen der kaiserlichen Familie zu suchen. Sie sollten zur Rechenschaft gezogen werden.

Captain Irugphan war der Ober-Befehlshaber der zierrakischen Heimat-Flotte. Er hatte alle Offiziere und die ehemaligen Berater des geflüchteten Kaisers, in dem Thronsaal der alten Residenz versammelt. Sechs Kampf-Roboter standen als Schutz für den Captain bereit. Sie hatten sich aufgeteilt und hielten sich jeweils an seiner rechten und linken Seite auf. Die Waffen waren entsichert. Ihre Blicke aufmerksam auf die anwesenden Offiziere gerichtet.

Mit einem grimmigen Blick stand der Captain vor dem ehemaligen Thron des Herrschers und blickte auf den leeren Stuhl. Er war angewidert von der geflüchteten adeligen Kaste. Er holte tief Luft und spuckte auf den Stuhl. Aufgeregte Zischlaute in seinem Rücken ließen ihn gedanklich in die Realität zurückkommen. Die von dem Groß-Kaiser eingeschworenen Offiziere blickten ihn martialisch an.

»Passt ihnen etwas nicht? «, fragte er enttäuscht. » Das von uns niemals für möglich gehaltene Szenario ist eingetreten. «

Mit ernstem Blick schaute er die Offiziere und Berater an.

»Als unsere mächtige Flotte aufbrach, um an vielen Fronten zu kämpfen, habt ihr versprochen, dass alle minderwertigen Rassen vernichtet werden«, erinnerte er. »Nun stehen wir hier vor den Trümmern unseres Imperiums. Ein Großteil unserer stolzen Schiffe wurden zerstört. Ich erinnere daran, dass die Produktion dieser Zerstörer, unsere finanziellen Ressourcen so sehr beansprucht haben. Das Imperium hat sich verausgabt, unser Finanz-Haushalt ist kollabiert. Die gehüteten Reserven in der Schatzkammer wurden durch unseren Kaiser geplündert. «

Lord-Admiral Öythrisyth trat vor.
»Wir hatten stets auf die Weisheit unseres Kaisers gehofft«, antwortete er. »Sie sehen uns zutiefst beschämt. Alle früheren Monarchen konnten stets die Grenzen unseres Imperiums weiter ausdehnen. Wir sahen keinen Grund dafür, dass unser jetziger Monarch das nicht schaffen könnte. «

»Sie sehen, wohin wir gekommen sind «, erwiderte Captain Irugphan.

»Was nun? «, fragte Lord-Admiral Öythrisyth. » Die Siegermächte werden uns kaum die Möglichkeit geben, neue Schiffe zu bauen. Ebenso stellt sich die Frage, wie wir sie personell ausstatten können. Viele erstgeborene Söhne unserer Clans sind von dem Kaiser in einen ehrenhaften Tod gezogen worden. Ihre Namen werden auf Tafeln in unseren Tempeln für immer verewigt werden.«

»Seien sie nicht so naiv «, antwortete Captain Irugphan. »Ein neues Zeitalter bricht für unser Volk an. Wir wissen noch gar nicht, was die Siegermächte von uns verlangen werden. Vielleicht pochen sie darauf, dass wir ihnen dienen. Möglicherweise verlangen sie, dass unsere Jüngeren in Bergwerks-Minen arbeiten sollen. «

»Dafür ist unser Volk zu stolz «, antwortete Lord-Admiral Öythrisyth. »Wir werden niemals anderen Rassen dienen.«

»Ich merke schon, dass ein Umdenken in unserer Rasse viel Zeit benötigen wird «, antwortete Captain Irugphan. »Wir sollten den Siegermächten nicht zu stolz entgegentreten. Sie scheinen eine gewaltige Macht zu besitzen, anders ist die Vernichtung unseres Brückenkopfes in der zweiten Dimension nicht zu erklären. Wir werden ihren ganzen angestauten Hass zu spüren bekommen. Ihnen allen sollte klar sein, dass wir die ganze Zivilisation der Ablonder vernichtet und ihre Planeten verwüstet haben. Was können wir von dieser Rasse erwarten, die jetzt als Siegermacht auftritt? «

Lord-Admiral Öythrisyth senkte seinen Kopf.
»Was bleibt uns denn noch? «, fragte er resignierend.

»Ein neuer Anfang, «, antwortete Captain Irugphan. »Das kaiserliche Imperium existiert nicht mehr. Wir sollten ein Zeichen setzen und eine Republik ausrufen. Es ist an der Zeit, dass wir uns mit allen Rassen des Universums aussöhnen. «

»Falls wir nicht mehr unseren Kriegsdrang nach außen tragen können, dann werden wieder Fehden zwischen den Clans unseres Planeten aufflackern «, bemerkte der Lord-Admiral.

»Wer sagt und denn, dass die Clans nichts dazugelernt haben «, fragte Captain Irugphan. » Es bringt niemandem etwas, wenn unser ganzer Planet wird. Das würde auch unser Ende bedeuten. Wir haben keine andere Wahl, als reumütig unsere Kapitulation anzubieten. Vielleicht lassen sie die Ablonder hierdurch beschwichtigen.«

Captain Irugphan winkte einen Sicherheits-Offizier heran.
»Commander Dyssthrith «, sagte er. »Ihnen obliegt die wichtige Aufgabe, den Raumhafen abzusichern und die Abordnung der Siegermächte zu dem kaiserlichen Palast zu eskortieren. Sorgen sie für ihre Sicherheit. Wir können es nicht zulassen, dass Anschläge auf sie verübt werden

und wir hierdurch in eine noch schlechtere Verhandlungsposition schlittern. Sorgen sie bitte für eine entsprechende Absicherung. Sie sind mir hierfür persönlich verantwortlich. «

Der Commander bestätigte.
»Ich kümmere mich darum «, antwortete er.

Captain Irugphan nickte ihm freundlich zu. Dann richtete sich sein Blick wieder auf den Kreis der Offiziere und auf die Berater des ehemaligen Groß-Kaisers.

»Es gibt noch ein anderes Problem «, entgegnete der Captain. »Die aggressive Expansionspolitik unseres Groß-Kaisers hat dank der Ablonder eine unvorhergesehene Wendung genommen. Eine zusätzliche Bedrohung kommt von den Völkern, die an den Grenzen unseres Imperiums lauern und jetzt sicherlich in unser Territorium einfallen werden. Der Kaiser hat den Großteil der Flotten-Verbände von den Fronten abziehen lassen. Es ist nur eine Frage der Zeit, bis die uns verschiedene Kampf-Flotten von den Rassen angreifen, die wir versklaven wollten. werden. Diese werden nicht zögern Rache zunehmen. Aber sie werden kommen und ihre Vergeltung fordern. Bis zu diesem Zeitpunkt müssen wir die Angelegenheit mit den Ablondern geregelt haben, um uns auf die neuen Angreifer vorbereiten zu können. «

Die zierrakischen Offiziere und Berater des ehemaligen kaiserlichen Imperiums sahen sich betrübt an.

»Wir werden zuerst die Forderungen der Siegermächte abwarten müssen, bevor wir entsprechende Entscheidungen treffen können «, antwortete Lord Hyrthsitht. »Es ist durchaus möglich, dass in unserem Heimats-System eine Bewachungs-Flotte stationiert wird. Diese kontrolliert vermutlich die Einhaltung aller Forderungen der Siegermächte. «

Die Pforte des Thronsaales öffnete sich und ein Adjutant trat herein. Dieser eilte mit schnellen Schritten auf Captain Irugphan zu und übergab ihnen eine Notiz.

»Ein wichtiger Hinweis von unserer Raumüberwachung «, sagte er.

Der Captain nahm sie an sich und las sie durch.

Dann hob er seinen Kopf und blickte die fragenden Mienen der zierrakischen Offiziere an.

»Meine Herren «, sagte er. »Es wird ernst. Eine Abordnung der Siegermächte ist auf dem Weg zu uns. Sie haben angekündigt, mit zehn Schiffen auf dem kaiserlichen Raumhafen zu landen. Weisen sie ihre Untergebenen an, sich unterwürfig zu verhalten. Der kleinste Affront, kann unsere Verhandlungsposition schwächen. Wir sind leider die Besiegten. Bereiten wir uns auf den Kapitulations- Vertrag vor. «

***

Barenseigs saß mit seinen neuen Kollegen in einem modernen Büro, im Westteil der unterirdischen natradischen Stadt Tattarr. Auf die Initiative von Major Travis war er seit kurzer Zeit ein offizieller Bürger des Neuen- Imperiums geworden. Ferner Leiter einer geheimen Dienststelle, die nur Noel, General Poison und Major Travis unterstellt war. Der ehemalige Gildor der santaranischen Admiralität hatte bei Admiral Cartero um seine Entlassung gebeten. Dank der Unterstützung des Neuen-Imperiums, konnte ein Angriff der Daraner auf das Kunst-System der ausgewanderten Natrader abgewehrt werden. Erste politische Kontakte wurden geknüpft. Aufgrund der weiten Entfernung zu diesem System war es dringend erforderlich, auf die Fertigstellung des neuen Wurmloch-Antriebes warten.

Erst dann konnte ein reger Interessen- und Handels-Austausch stattfinden.

Barenseigs dachte nicht oft an seine Heimat zurück. Er fühlte sich in der Hemisphäre des Neuen-Imperiums wohl. Tarid und auch Natrid boten ihm wesentlich mehr Möglichkeiten, als dies unter den strengen Vorschriften des großen Auditoriums in seinem Heimatsystem möglich war. Seine neuen Freunde hatte er liebgewonnen. Er blickte sich um. Das neue Bürogebäude hatte er von Noel zugeteilt bekommen. Es war mit fünf Etagen, nur ein weiteres kleines Gebäude in der sich schnell vergrößernden Stadt Tattarr. Trotzdem war das Büro mit allen erdenklichen technischen Raffinessen ausgestattet. Zahlreiche Monitore, Speichereinheiten, Zugangs- und Abfragepoints der großen Hypertronic-KI, waren sichtbar. Selbst ein Personen-Transmitter war installiert worden. Hierdurch sollten er und sein Team, völlig unabhängig alle verbundenen Bereiche des Imperiums erreichen. Noch bestand seine Abteilungen nur aus drei Mitarbeitern. Doch Barenseigs hatte die Zusage der EWK-Führung, dass sich dies schnell ändern sollte.

Der Name seiner geheimen Abteilung lautete Department Secret X - Natrid. Sie wurde mit Sonderbefugnissen ausgestattet und allen Spuren folgen.

Diese Abteilung sollte Hinweisen nachgehen, Schriftrollen und alte Überlieferungen prüfen, um außerirdische Artefakte zu finden, diese zu analysieren und um ihre Bedeutung zu verstehen. Es gab viele solcher Hinweise in der natradischen Geschichte, die auf mysteriöse Hinterlassenschaften deuteten.

Barenseigs ließ die Gedanken an sich vorbeiziehen. Bilden sie ein Team, das sich auf die Suche nach geheimen natradischen Artefakten macht, hatte Major Travis ihm aufgetragen. »Sie haben eine Spürnase für geheimnisvolle Dinge, die in der Galaxis von unterschiedlichen Rassen ausgestreut wurden. Folgen sie ihrer alten Leidenschaft und finden sie für das Neue-Imperium interessante Dinge, die für uns nützlich sind. «

Der Gildor war froh, diesen Posten erhalten zu haben. Er hatte die Offenheit und das Leben auf Tarid, auf Natrid und auf den Kolonien des Neuen-Imperiums schätzen gelernt. Er war begierig, in den alten Schriften der natradischen Groß-Hypertronic zu suchen, um Hinweise auf verschollene Relikte zu finden. Gerade der letzte Kaiser hatte viele angestoßene Projekte im Geheimen verborgen, die seinen Offizieren und der natradischen Bevölkerung nicht offenbart wurden. Auf Anordnung von Major Travis, konnte Barenseigs auf die volle Unterstützung Noels und der natradischen Hypertronic-

KI hoffen. Zusätzlich war er sich auch der Hilfe der eigenwilligen Atlantis-Hypertronic-KI sicher.

Derzeit wurde er von George Brown und Sessi Seifert unterstützt, die anerkannte Archäologen und Experten für natradische Berichts-Dokumentationen waren. Sie konnten zwischen den Zeilen lesen und Hinweise ermitteln, die normalen Menschen verborgen blieben. Das Team unter der Leitung von Barenseigs hatte sich eingearbeitet. In den drei Wochen der offiziellen Tätigkeit des Departments wurde kein Wort darüber verloren, dass Barenseigs ein Nachkomme des ehemaligen natradischen Volkes war. Heute war jetzt ein Angehöriger des Neuen-Imperiums und stand in den Diensten der EWK. Das genügte den Mitarbeitern, um erträglich mit ihrem Chef zusammenzuarbeiten. Sie schätzten ihn als Kollegen und beneideten ihn um das Wissen und der umfangreichen Geschichte des ehemaligen natradischen Imperiums. Dank seines fotografischen Gedächtnisses konnte Barenseigs schnell auf alle älteren Ereignisse der Geschichte seines Volkes zugreifen.

Es klopfte an der Türe. Die Mitarbeiter des Departments blickten gestört auf.

»Was ist das jetzt wieder? «, fragte Barenseigs.

George Brown zog seine Schultern hoch.

»Ungebetener Besuch? «, antwortete er. » Wer sollte es sonst sein? Schaltet doch einmal den Bildschirm der Tür-Kamera ein. «

»Welcher Knopf ist das? «, erkundigte sich der Gildor.
»Der Schwarze, rechts oben auf der Tastatur«, lächelte Sessi Seifert.

Barenseigs drückte fast vorsichtig auf den Knopf. Der Bildschirm erhellte sich.

»Der Chef ist da«, antwortete er erstaunt. »General Poison schaut nach uns. «

Der Gildor sprang auf und drückte auf den Türöffner, welcher an der Wand angebracht war.

Hörbar klickte ein Schließzylinder zurück. Die Türe verschwand blitzschnell in der Wand. Sie war gegen einen unbefugten Eintritt gesichert.

General Poison trat ein.
»Wie geht es unserer neuen Spezial-Abteilung? «, flunkerte er. » Sie hatten ganze drei Wochen Zeit sich

entsprechend einzuarbeiten. Können sie bereits irgendwelche Ergebnisse vorlegen? «

Barenseigs blickte den General fragend an. Er lehnte sich in seinem Stuhl zurück.

»Ich dachte, diese Aufgabe wäre nicht mit einem Zeitlimit belegt? «, erwiderte er. » Major Travis sicherte mir zu, dass dieses Department in Ruhe arbeiten dürfte. «

General schmunzelte ihn an.
»Sie sind immer noch nicht auf Tarid angekommen«, bemerkte er. »Das war ein Scherz. Ich sehe, dass sie ihre alten natradischen Eigenschaften noch nicht abgelegt haben. Menschen sind schneller einmal zu Scherzen aufgelegt. «

»Komisch, dass ich darüber nicht lachen kann«, antwortete Barenseigs. »Wissen sie überhaupt, wie viele Archive die natradische Hypertronic-KI verwaltet? «

Die Türe war noch nicht verschlossen. Sie klappte erneut auf und Noel betrat in das neue Büro des Departments Secret X - Natrid. Dem Klon der großen Natrid-Hypertonic-KI konnte man keine Emotionen ansehen. Er schien weder neugierig noch überrascht zu sein.

»Hallo zusammen «, begrüßte er die Anwesenden. » General, ich habe sie überall gesucht. «Er blickte General Poison an.

»Melden sie sich bitte zukünftig ab und teilen sie ihrem Büro mit, wohin sie gehen«, bemerkte er. »Dann brauche ich nicht alle Abteilungen nach ihnen abzufragen. «

»Das mache ich gerne, wenn sie hiermit anfangen«, murrte der General. »Ich bin andauernd auf der Suche nach ihnen. Was gibt es so Wichtiges? «

Der Klon ging nicht auf die Bemerkung des Generals ein.

»Wir haben zwei Hyperkomm-Funknachrichten erhalten«, antwortete er. »Sie waren lange unterwegs. «

Der General blickte ihn interessiert an.
»Sprechen sie«, erwiderte er. »Das Team des Departments Secret X - Natrid ist zum Stillschweigen verpflichtet worden. «

Noel ließ seinen Blick über Barenseigs und seine Mitarbeiter wandern.

»Major Travis hat eine Eilmeldung senden lassen«, teilte er mit. »Die große Gemeinschafts-Flotte konnte die Heimat-Verteidigung der Zierrakies besiegen. Sie hat kapituliert. Der Groß-Kaiser des zierrakischen Imperiums konnte fliehen und sich absetzen. Major Travis vermutet, dass er mit seinem engen Stab und seiner Familie auf eine entfernte Kolonie des Imperiums geflohen ist. Er fragt nach, ob es notwendig ist den Kaiser zu verfolgen? «

General Poison dachte nach.
»Die Whirlpool-Galaxie ist weit entfernt«, entgegnete er. »Es ist uns nur dank der Hilfe der lantranischen Wurmloch-Technik gelungen, dorthin zu gelangen. Ich halte es nicht für erforderlich, den Kaiser zu verfolgen. Er ist seiner Macht beraubt. Die Gemeinschafts-Flotte wird jetzt Kapitulations-Verhandlungen einleiten. Es kann eine hoheitliche Aufgabe für die Notstand-Regierung sein, nach dem ehemaligen Kaiser zu fahnden. Teilen sie dem Major mit, dass er diesen Punkt mit in seine Verhandlungen aufnehmen soll. «

Noel nickte.
»Das deckt sich mit der Meinung der Hypertronic- KI von Natrid«, antwortete er. »Meine Mutter befürwortet die gleiche Vorgehensweise. «

»Haben wir Verluste an Schiffen erlitten? «, fragte der General nach.

»Nein«, antwortete Noel. »Der Super-Schutzschirm unserer Schiffe konnte alle Treffer problemlos ableiten. Der lantranische Schirm hält bisher allen Belastungen stand. «

General Poison lächelte.

»Das ist eine gute Nachricht«, schmunzelte er. »Besser kann man eine Mission nicht abschließen. «

Der General überlegte kurz.

»Haben sie den Major von dem Einsatz von Oberst Cameron und Captain Hunter informiert? «, fragte er nach.

Noel schüttelte seinen Kopf.

»Noch nicht«, antwortete er. »Das wollte ich mit unserer Antwort machen. «

»Bitten sie den Major auf seinem Rückflug das System der Centauri-Scruffs anzufliegen«, befahl er. »Vielleicht ist es hilfreich, wenn wir unsere Präsenz in dem System zeigen. Den Daranern muss eindeutig klar gemacht werden, dass dieser Bereich unter der Herrschaft des Neuen-Imperiums liegt. «

»Das werde ich«, entgegnete Noel.
Er blickte Barenseigs und seine Mitarbeiter an.

»Wie kommen sie voran? «, fragte er. » Konnten sie bereits neue Informationen finden? «

»Sie sind jetzt der zweite Befehlshaber, der uns hiernach fragt«, erwiderte der Gildor. »Ich bezweifele stark, dass es sich um einen Scherz handelt. «

»Ich mache nie Scherze«, antwortete Noel. » Es war eine rein sachliche Frage. «

General Poison verzog sein Gesicht.
»Lassen wir dem Gildor doch etwas Zeit«, bemerkte er. »Er und sein Team sind erst seit drei Wochen aktiv. Es ist unmöglich für sie, die Vielzahl der alten Archive so schnell durchzuarbeiten. «

»Das ist mir bewusst«, entgegnete Noel. »Doch ich empfehle ihnen, sich auf die geheimen Dokumente des letzten Kaisers zu konzentrieren. Er hatte zahlreiche Mitarbeiter beschäftigt, die sich ausschließlich um solche Projekte gekümmert haben. Ich bin mir sicher, dass dort etwas zu finden sein muss. «

Barenseigs druckste herum.

»Ich bin mir nicht sicher«, antwortete er. »Obwohl ich der natradischen Sprache mächtig bin, verstehe ich nachfolgenden Hinweis nicht. Wir sind auf den verschlüsselten Hinweis der Worte Siron-Naat-Arel gestoßen. Können sie uns sagen, was diese Worte bedeuten? «

Noel blickte Barenseigs an.

»Diese Worte habe ich lange nicht mehr gehört«, antwortete er. »Sie wurden aus dem natradischen Wortschatz entfernt. «

»Was bedeuten sie? «, fragte George Brown. » Es wäre hilfreich für uns zu wissen, was die Worte umschreiben. «

Noel hatte seinen Kopf schräg gestellt. Das war ein Zeichen dafür, dass er sich mit seiner Mutter abstimmte. Nach wenigen Sekunden antwortete er.

»Dieses Wortspiel zeigt bereits einen Erfolg ihrer Recherche«, entgegnete er. »Das Wort Siron, bedeutet in der natradischer Ursprache Zeit. Das Wort Naat stammt aus der gleichen alten Epoche unseres Volkes und deutet auf eine Basis hin. Arel war die adelige Geburtslinie unseres letzten Kaisers. Er entstammte dem ehrenvollen Hause der Arels. Zusammengesetzt bedeuten diese Wörter die Zeit-Basis des Kaiser. Jeder Wortbegriff, mit dem zusätzlichen Hinweis auf die kaiserliche Geburts-Linie, war ausschließlich der Nutzung durch die kaiserliche Familie gestattet. Glückwunsch, sie konnten eine Spur finden. «

»Jetzt wird uns einiges klar », bemerkte Barenseigs. »Wir haben Hinweise gefunden, dass ein spezieller Schlüssel notwendig ist, um das Siron-Naat-Arel zu öffnen. Es wurden gleichzeitig Hinweise in Archiven der natradischen Hypertronic-KI und der atlantischen Hypertronic-M-KI hinterlegt. Es ist möglich, dass die Spuren nach Atlantis weisen. «

General Poison hörte irritiert dem Team von Department Secret X - Natrid zu.

»Ich kann nicht mehr folgen«, bemerkte er. »Was soll das bringen? «

»Verstehen sie es nicht«, fragte Barenseigs. »Es handelt sich um eine Spur, die auf eine geheime kaiserliche Basis deutet. Dieser wurde vermutlich in einer anderen Zeit verankert. Es kann sein, dass wir auf Nachkommen des letzten Kaisergeschlechtes von Natrid treffen Es ist aber genauso möglich, dass Kaiser Quoltrin-Saar-Arel in dem Zeitstrom wichtige Geheimprojekte versteckt hat, die den Rigo- Sauroiden nicht in falsche Hände fallen sollten.«

»Das Letztere wäre mir wohl wichtiger, als mögliche Überlebende des Kaisergeschlechtes zu finden«, antwortete der General.
»Um weiter recherchieren zu können, bitte ich um die Unterstützung von Gareck und Marin«, sagte Barenseigs. »Sie könnten noch Informationen aus dieser Zeit besitzen.«

»Die werden sich freuen, zu ihnen abkommandiert zu werden«, bemerkte General Poison. »Sie sind mit wichtigen Projekten beschäftigt. «

»Ich will sie ja nicht dauernd bei mir anstellen«, entgegnete Barenseigs. »Es geht nur um hilfreiche Informationen, auch des Schlüssels betreffend. Die Genies werden uns sagen können, was hiermit gemeint ist. «

Noel dachte nach und blickte den General an.
»Es ist durchaus möglich, dass die beiden Spezialllisten dem Team hilfreich sein könnten«, antwortete er. »Ich kann mir vorstellen, dass sie über Kenntnisse der natradischen Geheim-Programmierung Bescheid wissen. Die beiden Wissenschaftler waren zu den Hochzeiten des

kaiserlichen Imperiums in alle denkbaren Projekte eingebunden. «

Der General dachte nach.

»Gut«, entschied er. »Das ist ihre Entscheidung. Bitten sie die beiden Wissenschaftler Barenseigs zu unterstützen, sofern sie von ihren Aufgaben abgezogen werden können. «

Der General stand auf und ging auf den Ausgang zu. Kurz davor drehte er sich noch einmal um.

»Die Arbeit ruft«, sagte er. »Informieren sie mich unverzüglich, wenn sie weitergekommen sind und etwas Interessantes gefunden haben. Viel Erfolg für ihr Team.«

»Danke«, antwortete Barenseigs. »Das werde ich ganz bestimmt. «

Das Team Department Secret X - Natrid unterhielt sich noch eine Weile mit Noel. Der sagte zu, mit den beiden natradischen Wissenschafts-Genies zu sprechen und sie für den morgigen Tag zur Unterstützung einzuteilen. Sessi Seifert sprach Noel auf ein heikles Thema an.

»Kann es sein, dass ihre Mutter geheime Daten zurückhält? «, fragte sie.

Der Kunst-Klon verharrte einen Augenblick.

»Das ist mir nicht bekannt«, antwortete er. »Wir haben ihnen einen uneingeschränkten Zugang zu allen alten natradischen Archiven eingeräumt. «

»Irgendetwas stimmt nicht«, antwortete die Archäologin. »Ich habe das Gefühl, das auf bestimmte Suchanfragen nicht die richtigen Ergebnisse angezeigt werden. «

Noel schüttelte den Kopf.

»Ich brauche Beispiele«, antwortete er. »Nur dann kann ich eine Subroutine starten, die Fehler im System aufdeckt. Die große Hypertronic-KI von Natrid ist auch nur ein Kind unserer Programmierung. Falls sich irgendwo ein Fehler eingeschlichen hat, muss dieser schnellstens korrigiert werden. «

»Ich bin kein Systemanalytiker«, antwortete Sessi. »Doch es macht mich stutzig, dass ich auf spezielle Anfragen keine Antwort bekomme. Vielmehr werde ich auf belanglose Daten umgeleitet. «

»Wie ich schon mitteilte«, bemerkte Noel. »Geben sie mir exakte Daten, dann lasse ich eine Fehlersuchroutine durchlaufen. Hierbei werden in der Regel alle Ungereimtheiten sichtbar. «

Sessi wollte noch etwas sagen, doch Noel hob seine Hand. Er hatte es plötzlich sehr eilig.

»Ich muss fort«, bemerkte er. »Wir reden morgen weiter. Suchen sie nach Beispielen. Das hilft uns bei der Fehlersuche. «

Fluchtartig entschwand er durch die Türe des Departments

»Komisch«, bemerkte Barenseigs. »Warum hat er es auf einmal so eilig? «

»Vielleicht hat er etwas zu verbergen? «, entgegnete Georg Brown. » Wissen wir wirklich, ob Noel es ehrlich mit den Menschen meint? «

»Jetzt lassen wir doch einmal die Pferde im Stall«, monierte Barenseigs. »Die alte Natrid-Hypertronic-KI war stets loyal und zuverlässig. Sie hat nie Anlass zu der Vermutung gegeben, dass sie ein eigenes Ziel verfolgen könnte. Auch sie muss sich an die Programmierung durch Admiral Tarin halten. Die Vorgaben sind eindeutig. Warum ansonsten hätte sie die Suche nach einer geeigneten natradischen Nachkommen begonnen, um ihre Hinterlassenschaften zu übernehmen? «

»Das will ich auch nicht anzweifeln«, erwiderte George Brown. »Was ist, wenn sie durch ein Unterprogramm des Kaisers blockiert wird, uns die realistischen Daten zu übermitteln. Der letzte Kaiser von Natrid hatte den unverständlichen Wahn, alles neu entwickelte vor seinen Offizieren und Untergebenen zu verbergen. Was sagt uns, dass er nicht für eine Sicherheitsschaltung in der Hypertronic-KI gesorgt hat? «

Die drei Kollegen schauten sich an und überlegten eine Weile. Nach wenigen Minuten brach der Gildor das Schweigen.

»Technisch wäre das möglich gewesen«, antwortete er. »Doch in keinen hinterlegten Schriften wurde jemals ein solches Vorgehen dokumentiert. Es wäre das erste Mal, dass eine solche Sicherheitsschaltung offenkundig würde.«

»Wenn er es bewusst gemacht hat, um die Entdeckung seiner geheimen Archive zu verschleiern? «, bemerkte Sessi Seifert. » Wir wissen, dass in den späteren Jahren des großen Krieges viele Natrader Informationen an die Rigo-Sauroiden übermittelt haben, in der Hoffnung von dem Angriff verschont zu bleiben. Der natradische Geheimdienst hat oft genug auf diese Tatsache hingewiesen und dies auch belegbar dokumentiert. «

Das Team des Department Secret X - Natrid dachte angestrengt nach.
Georg Brown musste gähnen und hielt sich die Hand vor den Mund.

Barenseigs schaute auf seinen Zeitmesser.
»Es ist schon spät«, sagte er. »Wir sollten für heute Schluss machen. Doch bevor wir gehen, möchte ich noch einen Versuch starten. «

Er schaute Sessi an.
»Geben sie doch noch einmal ein, alle Geheim-Archive des Kaisers Quoltrin-Saar-Arel auflisten«, empfahl Barenseigs. »Ich möchte sehen, was die Hypertronic-KI auswirft. «

Schnell tippte die Archäologin die Daten in die Tastatur. Gespannt blickten alle auf den großen Monitor. Datenkolonnen wurden sichtbar, die in rasender Geschwindigkeit über den Bildschirm liefen. Immer neue Archive wurden aufgerufen und gelistet. Der Cursor schnellte weiter nach unten. Die natradische Hypertronic-KI verarbeitete die Daten in

Lichtgeschwindigkeit. Trotzdem dauerte es lange drei Minuten, bis das Ergebnis auf dem Bildschirm sichtbar wurde.

Das Team der Departments schaute irritiert auf den Schirm. Dort wurde folgender Text sichtbar.
»Es stehen keine Informationen über Kaisers Quoltrin-Saar-Arel geheime Archive zur Verfügung«, meldete die KI.

Barenseigs schlug mit der Faust auf seinen Tisch.
»Das gibt es nicht«, sagte er. »Hier wird etwas verschleiert. Selbst ich weiß, dass der letzte natradische Kaiser zahlreiche geheime Archive unterhielt. «

»Hier will uns jemand für dumm verkaufen«, entgegnete Sessi. » Das sollten wir nicht auf uns sitzen lassen.«

»KI«, fragte der Gildor. »Wir erwarten eine sofortige Aufklärung über deinen geheimen Informationsfluss. Wir möchten alle Archive des Kaisers einsehen. «

»Die Berechtigung wird verweigert«, antwortete die natradische Hypertronic-KI. »Die Archive wurden als geheim eingestuft und besonders gesichert. Ein Abruf wird nicht genehmigt. «

»Wie ist ein Abruf möglich? «, fragte Sessi Seifert.

»Ein Abruf ist nur durch eine adelige Person der Kaiserkaste, oder durch den Kaiser selbst möglich«, antwortete die KI.

»Ist ein Abruf durch Noel möglich? «, fragte der Gildor.

»Noel ist ein Kunst-Klon, der von mir erschaffen wurde«, erwiderte die KI. »Er ist nicht von adeliger Geburt. Die Öffnung der geheimen Archive wird verweigert. «

»Die adelige Kaste von Natrid existiert nicht mehr«, sagte George Brown. »Sie ist in dem großen Krieg mit den Rigo-Sauroiden getötet worden. «

»Nicht alle Personen wurden getötet«, antwortete die Hypertronic-KI. »Ohne den Abdruck eines Adeligen der Kaiserkaste von Natrid, ist mir eine Öffnung der geheimen Archive nicht möglich. «

Barenseigs hatte sich in seinem Sessel zurückgelehnt. Er wirkte nachdenklich.

»Was meint die KI mit dem Hinweis, nicht alle Personen? «, fragte er.

Seine Kollegen horchten auf.

»Es scheinen noch adelige Natrader zu existieren«, bemerkte Sessi.

»Mir ist nur Sirin bekannt«, antwortete Barenseigs.

George Brown nickte.
»Das ist richtig«, bestätigte er. »Sie ist doch eine Cousine des letzten Kaisers.«

»KI«, fragte der Gildor. »Kann Sirin die Öffnung der Archive ermöglichen? Sie ist eine Adelige des letzten Kaisergeschlechtes. «

»Die Aussage ist korrekt«, antwortete die Hypertronic-KI. »Doch obwohl sie eine hohe Rangeinstufung besitzt, wurde sie nicht der Priorität Geheim zugeordnet. Nur Adelige, die eine solche Exzeption genießen, können die alten kaiserlichen Geheimarchive öffnen. «

»Ich protestiere«, antwortete der Gildor. »Du bist von Admiral Tarin einer neuen Programmierung unterworfen worden. Verhalte dich kooperativ, ansonsten gefährdest du deine Daseinsberechtigung. «

»Ich kooperiere bereits seit langem, doch halten mich die Sicherheits-Blockaden von einer Offenlegung der geheimen kaiserlichen Daten ab«, antwortete die KI.

»Diese wurden von dem letzten Kaiser direkt geschaltet. Eine Umgehung ist mir nicht möglich. Weitere Informationen werden nicht ausgegeben. «

Die Hypertronic-KI verstummte.
»Ich werde morgen Noel hierzu befragen«, sagte Barenseigs. »Falls er nicht zufriedenstellend auf meine Fragen eingeht, werde ich General Poison von den Machenschaften der Hypertronic-KI informieren. «

Sessi und George nickten.

»Wir machen morgen weiter«, entschied der Gildor. »Ich wünsche euch einen schönen Abend. «
»Das Gleiche geben wir zurück«, entgegnete Georg Brown. »Gehen wir noch zusammen ein Bier trinken? «

»Das lantranische Spezialgetränk? «, lächelte Barenseigs. » Von mir aus gerne. Ich bin dabei. «

Sessi nickte ebenfalls.
»Das können wir gut brauchen«, entgegnete sie. »Doch nur nicht zu lange, wir brauchen morgen einen klaren Kopf. «

Alle drei lachten, standen auf und verließen das neue Büro. Barenseigs verschloss es von außen mittels einer Fernbedienung.

Der Gildor hatte nur sechs Stunden geschlafen. Er war spät dran. Er dachte an den gestrigen Abend.
»Die gemütliche Runde ist doch nicht nur bei einem Bier geblieben«, schmunzelte er. »Doch es war sehr lustig. «

Er rannte die Treppe seines Apartments hinunter. Unten wartete bereits ein Gleiter auf ihn.

»Warten sie schon lange? «, fragte er den Piloten.

»Lediglich 30 Minuten«, erwiderte dieser. »Sie sind noch gut in der Zeit. Bei anderen Offizieren dauert es leider manchmal langer. «

»Das beruhigt mich ein wenig«, antwortete Barenseigs. »Ich habe tatsächlich verschlafen. Das ist mir bisher nur sehr selten passiert. Vermutlich war die gestrige Feier hieran Schuld. Zuviel Bier ist nicht gut. «

»Da sagen sie etwas«, antwortete der Pilot. »Doch wenn es einmal fließt, dann sollte man es nicht aufhalten. »

»Ist das auch wieder eine Weisheit von Tarid? «, fragte Barenseigs.

»Nein«, erwiderte der Pilot. »Das ist eine Weisheit von mir. Hat ihnen das Bier gestern nicht geschmeckt? «

Barenseigs überlegte einen Augenblick.

»Doch«, murrte er. »Je mehr man davon trinkt, umso besser wird es. «

»Sehen sie«, antwortete der Pilot. »Das heißt bei uns, sich einmal so richtig volllaufen lassen. Auch das gehört zu unserer Kultur. «

Barenseigs dachte kurz nach.
»Bringen sie mich bitte zum Verwaltungsturm des Neuen-Imperiums«, entschied der Gildor. »Ich möchte zu der Führung der EWK. «

Der Pilot nickte.
Sanft hob der Gleiter von dem Boden ab und flog vier Meter über die künstlichen Straßen der Stadt. Es war noch früh am Morgen, der tägliche Berufsverkehr hatte noch nicht eingesetzt. Lediglich einige Baumaschinen und Lastwagen waren bereits auf den Straßen zu entdecken. Trotz der besonderen Lage der Stadt, tief im

Gestein von Natrid versteckt, boomte der Ausbau der Stadt. Viele große Firmen, die als Zulieferanten für die Raumfahrt-Industrie auftraten, hatten ihre neuen Verwaltungs-Büros in der Stadt errichtet.

Schnell hatte der Gleiter die Strecke zu der Zentrale des Neuen-Imperiums bewältigt, Auf dem kleinen Landeplatz vor dem Gebäude, landete der Pilot den Gleiter auf dem Boden.

»Ich wünsche ihnen einen guten Arbeitstag«, verabschiedete der Pilot seinen Fahrgast.

Barenseigs bedankte sich und trat aus dem Gleiter. Er hetzte auf die große Eingangstüre des gewaltigen Gebäudes zu. Rechts und links des Portals standen je ein Garde-Soldat und ein Kampf-Roboter. Sie musterten bereits aus der Entfernung den heraneilenden Gildor. Ihre Hände schwebten gefährlich über den Strahlenpistolen, die in ihren Kampfgürteln steckten. Schließlich erkannten sie den Gildor. Ihre Haltung entspannte sich. Barenseigs verlangsamte sein Tempo, um keine falschen Irritationen entstehen zu lassen. Die Soldaten salutierten, der Leiter des Departments Secret X - Natrid erwiderte den Gruß. Fast schon gemächlich schritt er durch die Türe des Verwaltungsgebäudes.

»Hallo, Mister Barenseigs«, sagte eine weibliche Stimme vom Empfang.

Der Gildor drehte seinen Kopf in die Richtung, aus der die Stimme kam.

Frau Eisenhut stand an dem Empfang und blickte zu ihm herüber.

»So früh schon auf den Beinen?«, erkundigte sie sich.

»Guten Morgen, Frau Eisenhut«, antwortete er. »Ja, wir haben viel zu tun. Ist der General schon im Haus? «

»Er ist bereits eingetroffen«, antwortete seine Sekretärin »Sie werden ihn aber in seinem Büro noch nicht antreffen. Er befindet sich auf seinem morgendlichen Rundgang. «

Barenseigs nickte ihr zu.
»Danke für die Info«, antwortete er. »Ich melde mich später bei ihm. Er schritt auf die breiten Registrierungs-Sperren zu. Hier war der Zugang nur über einen Spezialcode, auf einer individuellen DNA-Chipkarte möglich. Diese musste identisch mit der DNA des Trägers sein. Barenseigs zog seine Karte aus der Tasche und steckte sie in das Lesegerät. Die Anzeigen auf dem

Display rotierten im Kreis und leuchteten in der Farbe Rot. Dann schaltete die Anzeige auf Grün und gab den Zugang frei.

Ohne weiter über die Kontrolle nachzudenken, passierte der Gildor den Kontrollpunkt. Diese Kontrollen waren für ihn zur Gewohnheit geworden. Seit er in den Diensten der EWK aufgenommen wurde, war er mit einer individuellen Chip-Karte ausgestattet worden.

»Ich muss zu Noel«, dachte er. »Er wird mir einige Fragen beantworten müssen. «

Er eilte auf die Aufzugsschächte zu. Die Wachen kontrollieren nochmals die Befugnisse seiner DNA-Chipkarte und ließen ihn passieren. Barenseigs drückte den Knopf der Führungsebene. Ein Gong ertönte, die Aufzugstüren öffneten sich. Barenseigs trat ein.

»Geben sie ihre Etage ein«, sprach die Hypertronic-KI des Lifts den Gildor an.

Er blickte auf das Tastaturfeld. Vorsichtig drückte er den Sensorknopf der 56. Etage. Die dicken Natridstahl-Türen schlossen sich vor ihm. Es beschlich ihn wieder dieses beklemmende Gefühl. Die völlige Enge in diesen kleinen Raum aus Natridstahl, bereitete ihm Probleme. Kaum spürbar setzte sich der Turbolift in Bewegung und nahm Fahrt auf. Der Gildor wusste, welche Technik sich hinter den starken Wanden verbarg. Er war ein Nachkomme der Erbauer. Vorsichtig blickte er auf seinen Zeitgeber. Nur acht Sekunden waren vergangen, als der Lift spürbar abbremste und zum Stillstand kam. Barenseigs atmete auf. Die Stahltüren des Lifts verschwanden in der Wandverkleidung. Er schritt über die Schwelle des Lifts und blieb in dem breiten Korridor stehen.

Er blickte in die durchsichtigen Fenster der imperialen Raumüberwachung. Auch hier war bereits zahlreiches Personal im Einsatz. Die Morgenschicht hatte die Nachtschicht abgelöst. Unzählige Monitore blinkten und zeigten Impulse von einfliegenden Schiffen in das Hoheitsgebiet des Sol-Systems an. Der Offizier vom Dienst blickte kurz zu ihm auf, dann senkte er wieder seinen Blick auf die Anzeige vor ihm.

Barenseigs eilte den Korridor entlang. Rechts und links des Ganges waren weitere Büros installiert, die aber vermutlich ausschließlich dem Informations-Netz des Neuen-Imperiums dienten. Hier wurden eingehende Daten analysiert und gespeichert. Raumschiffsdaten überprüft und an die große Hypertronic-KI übergeben. In den Büros waren unzählige Computer und Eingabeterminals zu sehen. Auf zahlreichen Bildschirmen leuchteten Informationen und Karten des Alls auf. Barenseigs erkannte unterschiedliche Sektoren des Alls. Er registrierte, wie hier unterschiedliche Krisenherde besprochen wurden. Der Korridor teilte sich, Barenseigs bog nach rechts ab. Hier lagen die Büros von General Poison und Noel. Nur noch wenige Schritte, dann hatte er den Eingang zu der Arbeitsstätte seines Vorgesetzten erreicht.

Höflich klopfte er an die Türe. Er bemerkte, dass eine Kamera ihn identifizierte. Die Türe öffnete sich, er trat ein.

Noel saß an seinem Schreibtisch und blickte auf die Anzeige eines Computers.

»Gildor«, sagte er freundlich. »Was machen sie so früh hier? Gefallt ihnen ihr neues Büro nicht mehr? «

»Gewiss doch«, lächelte Barenseigs. »Wir sind gestern noch auf diverse Hinweise gestoßen, die mich teilweise irritieren. Darf ich sie kurz um ihre Hilfe bitten? «

»Selbstverständlich«, antwortete der Kunst-Klon. »Dafür sind wir da. Was haben sie auf dem Herzen? «

»Verfügen sie über alle Informationen, die ihre Mutter an das Imperium herausgibt? «, fragte er.

»In der Regel schon«, antwortete Noel. »Es sei denn, sie werden als nur geringfügig wichtig von der natradischen Hypertronic-KI eingestuft. Diese Informationen werden dann als belanglos klassifiziert und abgespeichert. «
»Dann sollten sie auch Informationen darüber erhalten haben, dass ihre Mutter uns gestern den Zugriff auf alte Archive verweigert hat? «, teilte Barenseigs mit.

Noel lehnte sich in seinem Stuhl zurück und blickte den Gildor an.

»Nein, das habe ich nicht«, antwortete er leise. »Hierüber wurde ich nicht informiert. «

»Wie ist das möglich? «, entgegnete der Gildor. » Stehen sie nicht in einem kontinuierlichen Kontakt mit ihrer Mutter? «

Noel zeigte keine Emotionen, doch der Gildor erkannte, dass er einige Abfragen an die Hypertronic-KI sandte. Die natradische Technik erlaubte ihm nur durch einen gedanklichen Zugang, auf alle Informationen der Mutter-Hypertronic-KI zurückzugreifen.

»Erklären sie das bitte näher«, erwiderte Noel. »Welche Abfragen haben sie eingegeben? «

»Wir forderten die große Hypertronic-KI auf, alle geheimen Archive des letzten natradischen Kaisers Quoltrin-Saar- Arel aufzulisten«, erklärte der Gildor. »Sie kennen den Namen ihres letzten Kaisers noch? «

»Was soll diese Frage? «, antwortete Noel. » Ich habe ihn von seiner Geburt bis zu seinem Tode begleitet. «

»Das denke ich mir«, antwortete Barenseigs. »Dann bitte ich sie jetzt, die gleiche Abfrage zu starten.«

Noel nickte kurz.
»KI«, sagte er. »Liste alle geheimen Archive des letzten natradischen Kaisers Quoltrin-Saar-Arel auf. «

Gespannt blickten beide auf den großen Monitor. Wieder liefen zahlreiche Zahlenkolonnen über den Bildschirm. Im rasenden Tempo fragte die Hypertronic ihre Daten ab. Nach langen drei Minuten wurde die Antwort angezeigt.

»Mir liegen leider keine verfügbaren Informationen über Kaisers Quoltrin-Saar-Arel vor«, meldete die KI monoton.

Barenseigs schlug mit der Faust auf den Tisch von Noel. »Es ist das gleiche Ergebnis, dass wir gemeldet bekommen haben«, bemerkte er. »Hier wird etwas verschleiert. Selbst ich weiß, wie der letzte natradische Kaiser hieß. Hier will uns jemand für dumm verkaufen. Ich erwarte sofortige Aufklärung über den geheimen Informationsfluss. Wir möchten alle Archive des Kaisers einsehen. «

»Das ist wirklich seltsam«, antwortete Noel. »Meine Mutter hat mir etwas verschwiegen. Das gab es bisher auch noch nicht. «

»KI«, sagte Noel erneut. »Öffne bitte alle Geheim-Archive des letzten Kaisers. «

»Die Berechtigung wird verweigert«, antwortete die natradische Hypertronic-KI. »Alle Archive wurden als geheim eingestuft und besonders gesichert. Ein Abruf wird nicht genehmigt. «

»Warum ist ein Abruf nicht möglich? «, bohrte Noel nach. »Ich erwarte eine plausible Erklärung. «

»Der Aufruf dieser sensiblen Daten wird durch ein aktives Blockade-Programm in meiner Speicherprogrammierung verhindert«, antwortete die KI. »Es blockiert die Freigabe der Informationen an nicht berechtigte Personen. Der Abruf ist nur durch eine adelige Person der Kaiserkaste mit Sonderlegitimation möglich, oder durch den Kaiser selbst- «

Barenseigs grinste.
»Die gleiche Antwort haben wir erhalten«, sagte er.

Der Kunst-Klon blickte Barenseigs kurz an, verzichtete auf eine Antwort.

»Sonderabfrage Noel, natradischer Klon der Hypertronic-KI, Befehlsgebung Q1-992117495 Alpha-Natrid-Imperator«, ergänzte er. »Ich befehle die Archive zu öffnen. « «

»Der Zugriff wird verweigert«, antwortete die Hypertronic-KI erneut. »Du wurdest von mir erschaffen. Leider verfügst du über die adeligen Privilegien, die ausschließlich durch die Kaiser von Natrid erteilt wurden. Eine Öffnung der geheimen Archive wird verweigert. «

»Es scheint sich hier um eine spezielle kaiserliche Sonder-Autorisierung zu handeln«, bemerkte Noel. »Der Hypertronic-KI ist die Freigabe strengstens untersagt. Ein kleines Programm, vermutlich vom Kaiser persönlich integriert, führt zu diesem Verhalten der großen Natrid-KI. «

»Wie kommen wir in dieser Sache weiter? «, erkundigte sich Barenseigs. » Ich dachte, sie könnten mir helfen. Wer sonst kann hierzu in der Lage sein. «

»Wir haben ein Problem«, bestätigte Noel. »Es kann Jahre dauern, bis dieses alte Programm identifiziert wurde. Dann weiß ich immer noch nicht, ob wir es abschalten können. Die Hypertronic-KI wird uns bei der Suche hiernach nicht unterstützen. «

»Die adelige Kaste von Natrid existiert nicht mehr«, bemerkte Barenseigs. »Alle Angehörigen sind in dem großen Krieg mit den Rigo-Sauroiden getötet worden. «

»Nicht alle«, antwortete die Hypertronic-KI. »Ohne den DNA-Abdruck eines Adeligen der Kaiserkaste von Natrid ist mir eine Öffnung der geheimen Archive nicht möglich.«

Barenseigs blickte den Klon ernst an.
Noel lehnte sich in seinem Sessel zurück. Er wirkte nachdenklich.

»Die gleichen Antworten haben wir ebenfalls erhalten«, entgegnete er. »Die KI hält Daten zurück. «

Noel blickte ihn an.

Sie hält keine Daten zurück«, antwortete er lauter als sonst. »Meine Mutter ist gezwungen die Daten zu sperren. Das ist ein Unterschied. Sie kennen das doch aus ihrer Heimat. Ihre Admiralität wird sich nicht anders verhalten haben. Sensible Daten durften nicht allen Personen zugänglich gemacht werden. Diese alte Sicherung unseres letzten Kaisers ist noch aktiv. Wir kommen nicht an die Daten heran.

Barenseigs dachte nach und wollte die Situation entspannen. «

»Was meint die KI mit dem Hinweis, nicht alle? «, fragte er.

Noel horchte auf.

»Es scheinen noch adelige Natrader zu existieren«, antwortete er.

»Mir ist nur Sirin bekannt«, entgegnete Barenseigs.

Der Kunst-Klon bestätigte.

»Das ist richtig«, antwortete er. »Sirin ist eine direkte Cousine des letzten Kaisers und adelig geboren. «

Der Vorgesetzte von Barenseigs überlegte kurz.

»KI«, fragte Noel. »Besitzt Sirin, Cousine des letzten Kaisers eine Berechtigung, die geheimen Archive zu öffnen? Sie ist eine Adelige aus der Geburtslinie der Arel.«

»Das ist richtig«, antwortete die Hypertronic-KI. »Doch obwohl sie eine hohe Rangeinstufung besitzt, wurde sie nicht der kaiserliche Priorität Geheim zugeordnet. Nur Adelige, die eine solche Exzeption genießen, dürfen die alten kaiserlichen Geheimarchive öffnen. «

»Langsam bin ich verärgert «, brauste der Gildor auf. »Du wurdest von Admiral Tarin einer neuen Programmierung unterworfen. Unterstütze uns, ansonsten gefährdest du deine Daseinsberechtigung. «

»Ich kooperiere bereits seit langer Zeit, doch halten mich einige überlagernde Sicherheits-Blockaden von einer Offenlegung der geheimen Daten ab. Diese Archive wurden von dem letzten Kaiser direkt gesichert. Eine Umgehung ist mir daher nicht möglich. Weitere Informationen werden nicht ausgegeben. «

»Sie verhalten sich falsch«, antwortete Noel. »Eine Verärgerung der Hypertronic-KI hilft Niemandem weiter.«

Barenseigs blickte Noel an.

»Seit wann kann man die große Hypertronic-KI verärgern?«, fragte er.

»Das zeigt mir, dass sie nicht alles über ihre Vergangenheit wissen«, antwortete Noel gelassen. »Die natradische Hypertronic-KI ist das Nonplusultra, aller jemals von natradischen Wissenschaftlern gebauten künstlichen Intelligenzen. Glauben sie denn wirklich, dass nur experimentelle KI's auf Erz- oder Mineralplaneten eingesetzt wurden. Gerade die natradische Hypertronic-KI besitzt sämtliche Ressourcen, um sich selbstständig weiterzuentwickeln. Sie ist auch in der Lage Emotionen zu verarbeiten. «

»Das wusste ich tatsächlich nicht«, erwiderte der Gildor. »Diese Fähigkeiten haben unsere Hypertonic-KIs nicht. Die Admiralität sah dies immer als zu gefährlich an. «

»Überlegen sie bitte, wie lange die Hypertronic-KI auf Natrid existiert«, teilte Noel mit. »Sie wurde immer wieder vergrößert, erweitert und mit mehr Möglichkeiten ausgestattet. Neben der Groß-Hypertronic-KI auf der Atlantis-Basis, gibt es keine weiteren natradischen KI-Anlagen in dieser Größe. «

»Wie kommen wir jetzt weiter? «, erkundigte sich der Gildor. » Sehen sie noch eine Möglichkeit? Wir brauchen weitere Hintergrund-Informationen. «

»Sicherlich«, antwortete Noel. »Ich werde noch etwas probieren. «

»Sonderabfrage Noel, natradischer Klon der Hypertronic-KI, Befehlsgebung Q1-992117495 Alpha-Natrid-Imperator. Systemanalyse der erteilten Sonder-Prioritäten durch Quoltrin-Saar-Arel. Ich befehle dir die Auflistung aller verfügbaren, lebenden adeligen Personen. «

Wieder liefen unzählige Zahlenkolonnen über den Bildschirm. Die beiden Zuschauer warteten interessiert ab. Blitzschnell wurden Namen an dem großen Bildschirm angezeigt und wieder gelöscht. Die Geschwindigkeit der Bearbeitung erhöhte sich kontinuierlich. Jetzt waren nur noch Lichtimpulse auf dem Bildschirm erkennbar. Dann stoppte der massenhafte Ablauf der Daten-Kolonnen. Ein Name stand auf dem Bildschirm und blinkte intensiv.
»Atlanta«

Barenseigs schlug sich mit der Hand vor die Stirn. Eine Eigenschaft, die er sich bei den Terranern abgeschaut hatte.

»Ich hätte es wissen müssen«, fluchte er.

Noel nickte.
»Ich stimme ihnen zu, Gildor«, antwortete er. »Das habe ich ebenfalls nicht vermutet. Doch eigentlich ist es ganz einfach. Atlanta ist wie ich, ein erschaffenes Kunstwesen. Sie wurde als weiblicher Klon von der Tarid-M-KI für ihre externen Belange ins Leben gerufen. Sie war die heimliche Geliebte des letzten Kaisers und verstand sich gut mit ihm. Auch der Kaiser war ebenfalls ein geheimer Spender für ihr gemischtes und optimiertes DNA-Material. Hierdurch wurde sie in die Blutlinie von Quoltrin-Saar-Arel integriert. «

Der Gildor erinnerte sich, als er Atlanta das erste Mal gesehen hatte.

»Sie ist 1.90 Meter groß«, dachte er. »Ihre spezielle Taja saß hauteng an ihrem Körper. Die rosa-braune Hautfarbe gab ihr ein berauschendes Aussehen. «

Barenseigs wischte die Gedanken beiseite und schaute wortlos Noel an.

Dieser fuhr fort.

»Der letzte Kaiser muss der Prinzessin von Atlantis sehr vertraut haben«, sagte er mit. »Er hat ihr mehr Befugnisse zugestanden als der natradischen Hypertronic-KI. «

»Nehmen sie es nicht persönlich«, lächelte Barenseigs. » Atlanta ist eine Frau, eine hübsche noch dazu. Sie glauben gar nicht, was Frauen den Männern alles abschwatzen können. Wollen sie mehr wissen? «

»Ich verzichte dankend auf ihre Frauen-Weisheiten«, antwortete Noel.»Trotzdem ist das für eine Hypertronic-KI schwer nachzuvollziehen. «

»Jetzt kommen sie mal wieder runter «, lachte der Gildor.» Wir haben wichtige Aufgaben zu lösen. «

Noel blickte ihn an.
»Was brauchen sie? «, fragte er.

»Ich möchte eine Legitimierung von ihnen, uneingeschränkt auf der Atlantis-Basis recherchieren zu dürfen«, antwortete der Gildor. »Wenn der letzte Kaiser ein so enges Verhältnis mit Atlanta verband, wer sagt uns denn, dass er dort nicht noch mehr Geheimnisse versteckt hat? Nach meinen Informationen hielt sich der Kaiser dort öfter auf. «

»Diese Aussage kann ich bestätigen«, sagte Noel. » In der Atlantis-Basis, mussten nachträglich kaiserliche Gemächer eingebaut werden. Dort werden sie sicherlich fündig werden. «

»Steht Atlanta rangmäßig unter ihnen? «, fragte Barenseigs.

Noel nickte.

»Auch sie muss sich meinen Befehlen, oder den Anweisungen der großen Hypertronic-KI unterwerfen«, erklärte Noel. »Nach dem Bündnis zwischen Natrid und Tarid sogar den Anweisungen von General Poison.«

Das ist gut«, erwiderte Barenseigs. »Die Kommandantin von Atlantis macht zwischendurch immer wieder Probleme und hat ihren eigenen Kopf. «

»Es schien so, als ob Noel lachen würde.
»So war sie immer«, antwortete er. »Doch das sagt nichts über ihre Kompetenz und ihre Zuverlässigkeit aus. «

»Diese wollte ich mit meiner Aussage auch nicht untergraben«, entgegnete der Gildor. » Ich bitte lediglich darum, dass sie uns unterstützt und alle Fragen bezüglich des Kaisers beantwortet. Natürlich sollte sie auch die geheimen Akten offenlegen. «

»Das wird sie«, antwortete Noel. »Auch Atlanta ist als ein loyales Mitglied des Neuen-Imperiums anzusehen. Stellen sie die Prinzessin nie in Frage. «

»Das war nicht meine Absicht«, antwortete Barenseigs.

»KI«, sagte Noel. »Aktiviere eine geheime Hyperkomm-Funkverbindung Leitung zu der Atlantis-Basis. Ich möchte Atlanta sprechen. «

»Die geheime Funkverbindung wird aktiviert«, meldete die Hypertronic-KI.

»Noel spricht«, sprach er in den Raum. » Ich rufe Atlanta. Bitte melden sie sich. «

Ein kurzes Knistern bestätigte die Rufverbindung.

»Hier ist Atlanta«, hallte es aus den Lautsprechern. »Was kann ich für sie tun, Noel? «

»Ihr Freund Barenseigs ist bei mir«, teilte Noel mit.

»So«, antwortete Atlanta. »Dann ist er bei ihnen ja gut aufgehoben. «

Noel blickte den Gildor an.

Der hob seine Hände in die Luft und verhielt sich unwissend.

»Wie ihnen bekannt sein dürfte, wurde er von uns mit der Leitung des neuen Department Secret X – Natrid beauftragt.   «
»Ja, das ist mir bekannt«, antwortete Atlanta. »Das ist die neue Abteilung, die nach alten Artefakten forschen soll. «

»Genau«, entgegnete Noel. »Er und sein Team wurden mit weitreichenden Befugnissen ausgestattet. Bevor das Team von Barenseigs ins All fliegt, wurde es von uns beauftragt, nach Geheimnissen in der natradischen Geschichte zu suchen. Der Gildor ist fündig geworden. Einige dieser Spuren führen zu ihnen und zu der Atlantis-Basis. «

»Wie kann ich das verstehen? «, monierte Atlanta. »Werde ich jetzt als Artefakt eingestuft? «

»Wir wissen, was sie sind«, antwortete Noel. »Lassen sie mich bitte ausreden. «

»Wer hält sie ab? «, antwortete Atlanta. » Ich höre zu. « Barenseigs schüttelte seinen Kopf.

»Das meine ich«, bemerkte er.

»Wir sind auf die Hinweise einiger geheimer Archive von Kaiser Quoltrin-Saar-Arel gestoßen«, fuhr Noel fort. »Sie wissen besser als ich, dass er sehr bemüht war seine Projekte vor den Offizieren und seinen Untertanen zu verbergen. «

»Klar«, antwortete Atlanta. »Das ist bekannt. Was habe ich damit zu tun? «

»Sie waren doch die Geliebte des Kaisers«, sagte Noel. »Mit ihnen hat er doch bestimmt über seine Projekte gesprochen.

Atlanta ließ den Kunst-Klon seine Worte nicht aussprechen.

»Ich verbiete mir solche Gerüchte«, hallte es aus den Lautsprechern. »Wir haben uns gut verstanden, das war aber auch alles. Vor allem, das ist jetzt über 100.000 Jahre her. Glauben sie nicht, dass bereits viel Staub über diese Geschichte gefallen ist. «

»Keine Frage«, erwiderte Noel. »Doch wenn sie mich ausreden lassen, sage ich ihnen, worum es geht. »

»Als ich den Namen Barenseigs hörte, dass wusste ich bereits, dass bei diesem Gespräch nichts Gutes herauskommen würde«, antwortete sie.

45
»Er ist nun einmal der Leiter dieser Abteilung und wird von uns unterstützt«, teilte Noel mit. »Auch sie haben ihr Einverständnis hierzu gegeben«.

»Was wollen sie? «, fragte Atlanta in einem energischen Ton. » Wir haben hier viel Arbeit. «

»Ich schicke Barenseigs zu ihnen auf die Basis«, teilte Noel mit. »Unterstützen sie ihn bei seinem Problem, dass die natradische Hypertonic-KI auf Natrid nicht lösen kann. «

»Was sollte das sein? «, fragte Atlanta nach.
»Der Zugriff auf die besonders geschützten Geheimarchive von Quoltrin-Saar-Arel. Sie dürfen nur

mit der Sonderberechtigung eines noch lebenden Adeligen, aus der Blutlinie des letzten Kaisers, geöffnet werden. «

Atlanta war ruhig geworden. «

Noel bemerkte, dass Atlanta kurz nach Worten suchte. Dann hatte sie sich wieder im Griff.

»Kein Problem«, antwortete sie. »Er soll auf die Basis kommen, dann versuchen wir die Archive zu öffnen. «

Die Verbindung brach ab.

Der Gildor blickte seinen Vorgesetzten an.
»Verstehen sie endlich, was ich meine? «, fragte er.» Mit solchen selbstsicheren Frauen tue ich mich noch sehr schwer. «

»Ich glaube, es ist besser, wenn ich sie begleite lächelte Noel. »Dann kann ich den Eifer von Atlanta etwas im Zaum halten. «

»Ich empfehle Kampf-Roboter mitzunehmen«, sagte Barenseigs. »Wir wissen nicht, was der letzte Kaiser da wieder ausgeheckt hat. «

»Wir reden hier über alte Daten-Archive«, bemerkte Noel. »Wofür sollen die Kampf-Roboter sein? «

»Wissen wir, ob nicht noch weitere Spionage-Programme von dem Kaiser installiert wurden. Vielleicht gibt es noch eine geheime Garde von Robotern, die erst bei der Öffnung der Archive aktiviert wird. «

»Ich glaube ernsthaft, sie sind schon von ihrer Suche nach geheimnisvollen Artefakten verseucht«, antwortete Noel. »Die Tarid M-KI wurde nach der Infiltration durch Worgass-Software komplett gelöscht und durch meine Mutter neu programmiert. Sie ist völlig sauber von irgendwelchen geheimen Sonderprogrammen. «
»Hatten sie das nicht auch von ihrer natradischen Hypertronic-KI gedacht? «, erinnerte der Gildor.

Noel stutzte.
»Der Gildor hat Recht«, überlegte er. »Das alte Geheim-Programm des Kaisers kannten wir nicht. «

General Poison trug immer noch den kurzen Haarschnitt, den er sich in den Tagen der Kriegseinsätze zugelegt hatte. Das blonde Haar war mittlerweile grau geworden. Doch das war lange her. Schon seit Jahren war er der ranghöchste Befehlshaber in der EWK. Konflikte mit anderen Rassen waren nichts Fremdes mehr für ihn. Die

EWK lag sicher in seinen Händen. Auch vor dem Einsatz von Gewalt machte er nicht halt, wenn es um das Wohl der EWK und des Sol-Systems ging.

Obwohl er kein großer Politiker war, hatte er es geschafft, dass die EWK als einzige aktive Raumfahrtbehörde von der UN anerkannt wurde. Die nationalen Staaten forderten die Organisation durch Milliarden von Steuergeldern, um den Schutz ihres Hoheitsgebietes zu gewährleisten. Der General hatte die Bedrohung fremder Mächte aus dem Weltall allen Staaten deutlich gemacht. Nur gemeinschaftlich konnte sich die Erde gegen diese Bedrohung stemmen. Das kostete leider viel Geld. Doch dank seines engen Mitarbeiters, Major Travis, konnte noch jede Krise bewältigt werden.

Der General saß in seinem Büro, als ein interner Ruf einging. Der Communicator summte unangenehm. Er griff nach dem Gerät.

»Poison«, sprach er in das Mikrofon.

»Noel hier«, hallte es von der Gegenstelle. »Darf ich sie bitten, uns zu begleiten? Wir haben ein Problem auf der Atlantis-Basis. Bitte kommen sie zu uns, ich informiere sie über alles. «

»Kann das Atlanta nicht selbst regeln? «, fragte der General.

»Leider nicht«, erwiderte Noel. »Atlanta ist das Problem.«

Der General stutze.
Er hielt große Stücke auf die atlantische Prinzessin. Nicht nur ihr Auftreten war anders als das von Noel. Sie hatte sich freudig seinen Anweisungen unterworfen und war froh wieder im aktiven Dienst zu stehen.

»Ich komme«, antwortete der General knapp. »Wo finde ich sie? «

»Wir sind in der Transmitter-Zentrale, im Boden des Verwaltungsgebäudes«, antwortete Noel. »Wir warten auf sie. Barenseigs ist auch da. «

Der General ordnete seine Infofolien auf dem Schreibtisch und ging aus seinem Büro. Noch auf dem Korridor überlegte der General, was der Gildor mit der Sache zu tun hatte. Schnell erreichte der General über den Turbolift die große Transmitter-Halle des Gebäudes. Vor der vordersten Plattform warteten Noel und der

Leiter des Department Secret X auf ihn. Seitlich standen sechs Kampf-Roboter, die Noel mitgebracht hatte.

General Poison verzog sein Gesicht.
»Wofür brauchen wir die Kampf-Roboter? «, fragte er.

»Die sind zu unserem Schutz«, antwortete Noel emotionslos. »Wir haben eine Irritation bei der natradischen Hypertronic-KI festgestellt. «

»Bei ihrer Mutter? «, fragte der General überrascht. » Wie ist das denn möglich? «

»Danken sie dem Team von Barenseigs«, entgegnete der Kunst-Klon. »Sie haben festgestellt, dass ein altes Programm meine Mutter daran hindert, die geheimen Archive des letzten natradischen Kaisers freizugeben. Im Rahmen der weiteren Nachforschungen wurde uns mitgeteilt, dass die Öffnung der Archive nur durch einen noch lebenden adeligen Natrader erfolgen kann. Dieser muss die kaiserliche Priorität »Geheim« besitzen. Später teilte uns die Hypertronic mit, dass nur noch Atlanta über diese Exzeption des letzten Kaisers verfügt. «

»Sie ist von adeligem Blut? «, staunte der General.

»Es scheint so«, bemerkte Noel. »Ohne sie kommen wir nicht weiter. Sie hat das bisher nie erwähnt. Ich weiß nicht warum. «

»Sie wird uns sicherlich aufklaren«, erwiderte der General.

Er blickte die Techniker an dem Steuerpult an.
»Stellen sie eine Verbindung mit der Gegenstelle auf der Atlantis-Basis her«, befahl er. »Wir statten der Basis einen kurzen Besuch ab. «

Der Techniker nickte und nahm einige Schaltungen vor. Energie strömte in das Tor und festigte sich. Der künstliche Durchgang leuchtete in hellblauer Farbe.

»Der Durchgang ist stabil«, meldete der Techniker. »Die Gegenstation hat eingerastet. «

Noel winkte die Kampf-Roboter auf die Plattform. Sie gingen der Reihe nach durch den Transmitter. Ihnen folgten Barenseigs, General Poison und Noel.

Der kurze Moment der Entstofflichung war kaum spürbar. Helles Licht blendete die Besucher auf der anderen Seite.

Direkt vor dem Durchgang hatte sich Atlanta aufgebaut und ihre Arme auf dem Rücken verschränkt.

»Welch ein hoher Besuch auf unserer Basis«, lächelte sie. »Was gibt es so Wichtiges, dass Noel sechs Kampf-Roboter mitbringen muss? «

»Das müssen sie ihn schon selbst fragen«, schmunzelte der General.

Der Charme von Atlanta zeigte bereits Wirkung.

»Ich habe von seinem Gefasel wenig verstanden«, erklärte der General. »Ich freue mich, sie zu sehen. «

»Ganz meinerseits«, hauchte Atlanta ihm zu. »Sie sind viel zu selten Gast auf unserer Basis. «

Dann drehte sie ihren Kopf den anderen Gästen zu. »Gildor, ich hatte gehofft, sie nicht so schnell wieder zu sehen«, fauchte sie.

»Versprühen sie ihr Gift ruhig in eine andere Richtung«, erwiderte Barenseigs. »Wenn sie Glück haben, dann sehen wir uns in der Zukunft viel öfter. «

»Darauf kann ich wahrlich verzichten«, entgegnete sie. »Ein Santaraner, der seine wirkliche Identität verleugnet? Was soll ich von dem halten? «

»Immer wieder das alte Thema«, antwortete Barenseigs empört. »Ich kann auch nichts für die Entscheidungen ihres Admiral Tarin. Er hat nämlich unsere neue Kultur ins Leben gerufen. «

»Jetzt ist es wieder Admiral Tarin«, monierte Atlanta.

»Darf ich sie beide bitten, ihre Diskrepanzen zu beenden«, bemerkte Noel. » Wir haben wichtigere Aufgaben zu lösen. «

»An mir soll es nicht liegen«, bemerkte Barenseigs.

Atlanta verzichtete auf eine Antwort. Sie strafte den Gildor mit Nichtbeachtung.

Der Transmitter hatte sich nochmals aktiviert. Die Archäologen Sessi Seifert und George Brown traten heraus. Interessiert blickten sie sich um.

Noel trat auf Atlanta zu.

»Es ist ihnen nicht entgangen, dass wir Gildor Barenseigs fest in den Diensten der EWK eingestellt haben«, teilte er mit. »Er leitet das neue Department Secret X, in unserer Verwaltung.

»Ich habe die Infofolien gelesen«, antwortete Atlanta.

»Entsprechend dieser Tätigkeit ist der Gildor mit Sondervollmachten ausgestattet, die ihm alle Türen öffnen können«, ergänzte Noel.

»Aha«, sagte Atlanta. »Ein Santaraner mit Sondervollmachten. Das gab es auch noch nie. «

Noel ignorierte die Bemerkung bewusst, um nicht wieder in Gespräche zwischen den beiden natradischen Abkömmlingen verwickelt zu werden.

»Barenseigs hat vergeblich versucht, alte geheime Archive des Kaisers Quoltrin-Saar-Arel zu öffnen«, fuhr er fort. »Meine Mutter hat zunächst die Kenntnis des letzten Kaisers geleugnet. Das ist sehr ungewöhnlich. Durch weitere Routine-Abfragen ist es uns gelungen zu erfahren, dass immer noch alte Archive existieren, die aber nur durch einen lebenden adeligen Natrader, mit der kaiserlichen Zuordnung der Priorität »Geheim«, geöffnet werden können. Prinzessin Sirin besitzt diese spezielle Einstufung nicht. Schließlich teilte uns die Hypertronic-KI mit, dass sie die letzte lebende Natraderin sind, die eine Öffnung der Archive ermöglichen kann. «

Noel blickte Atlanta intensiv an.
»Welches Verhältnis hatten sie zu dem letzten Kaiser«, polterte Barenseigs los.

Atlanta schaute ihn an.
»Kein Besonderes«, antwortete sie. »Wir schätzten uns lediglich. Da ich Befehlshaberin der großen Atlantis-Basis war, hat er mir irgendwann diese Einstufung gewahrt. Dass ich adeligen Ursprungs bin, wusste ich bis heute selbst nicht. Wie sie wissen, bin ich eine Züchtung aus programmierbarer natradischer DNA und junger DNA von dem Planeten Tarid. Erst später wurde mir mitgeteilt, dass auch der Kaiser ein geheimer Spender für mein gemischtes und optimiertes DNA-Material war. Vermutlich bin ich so in die adelige Blutlinie des Kaisers hineingerutscht. «

»Können sie uns weiterhelfen? «, fragte Noel. » Es ist für Barenseigs wichtig, die alten Archive kennenzulernen. Vermutlich verbergen sich hier wichtige Projekte des Kaisers, die von unschätzbarem Wert sind. «

»Ich kann sie zu den Gemächern des Kaisers führen«, teilte Atlanta mit. »Sie sind seit seinem Ableben nicht mehr betreten worden. Lediglich die Wartungs-Robots haben dort ihren Dienst versehen. «

Das Transmitter-Tor flammte erneut auf. Die Anwesenden drehten sich um und schauten auf den künstlichen Horizont. Es dauerte nur Sekunden, dann traten Gareck und Marin aus dem Tor.

»Wir protestieren«, murrte Marin. »Warum rufen sie uns von unseren wichtigen Projekten ab. «

»Sie müssen uns bei einem geheimen Projekt von Kaisers Quoltrin-Saar-Arel helfen«, teilte General Poison mit. Barenseigs hatte vermutlich eine Spur auf eine alte geheime Basis des Kaisers gefunden.

Marin und Gareck blickten sich an.
Ihre Protesthaltung war verschwunden. Der Forscherdrang in ihnen stieg an die Oberfläche.

»Was für eine geheime Basis? «, fragte Gareck.
»Es geht um eine kaiserliche Zeit-Basis, die hier irgendwo versteckt ist«, antwortete Barenseigs. »Um sie zu finden, benötigt man einen Schlüssel. Wir hoffen, dass sie uns helfen können? «

Im Gebiet der Centauri-Scruffs

Noch während des Fluges im Hyperraum ordnete Oberst Cameron die Tarnung aller Schiffe des Neuen-Imperiums an. Die Flotte aus 300 Schiffen der Prinz-Klasse, wurde von 300 Schiffen der Cuuda-Klasse unterstützt. Die Verbände flogen mit Höchstgeschwindigkeit ihrem Ziel entgegen. Die Lage sollte zunächst auskundschaftet werden und dann der Überraschungseffekt für die Strategie genutzt werden. Die Unterstützungs-Flotte des Neuen-Imperiums wollte der Rasse der Centauri-Scruff helfen, ihren Planeten aus der Hand der Daraner zu befreien. Die insektoiden Wesen sollten, ohne dass sie viel Schaden anrichten könnten, zurückgedrängt oder vernichtet werden.

Die Führung der EWK glaubte, dass ein Kampf nicht zu vermeiden war. Allein die Berichte von Major Travis, wiesen auf den aggressiven Charakter dieser Wesen hin. Die Schiffe des Neuen-Imperiums waren zahlenmäßig überlegen. Obwohl die Schiffe des Kommandos von Oberst Cameron und Captain Hunter kleiner waren als die 500 Meter durchmessenen Walzen-Raumer der Daraner, hoffte Oberst Cameron inständig, dass die Super- Schutzschirme der Lateiner auch diesem Beschuss standhalten würden. Es wurde besprochen, dass sich je drei Schiffe der Flotten zu einer Gruppe zusammenschließen sollten. Diese mussten sich jeweils auf ein ausgewähltes Schiff konzentrieren, es aus der

Tarnung heraus angreifen und das Gefechtsfeuer eröffnen. Hiernach war ein sofortiger Positionswechsel befohlen worden. Es sollte vermieden werden, dass den Daranern die Gelegenheit eröffnet wurde, sich auf die angreifenden Schiffe einzuschießen. Eine absolute Funkstille war angeordnet worden. Die ausgereifte Hypertronic-KI des Flagg-Schiffes von Captain Hunter sollte die Koordination des einheitlichen Angriffes übernehmen.

Der Captain stand mit den beiden Centauri auf der Brücke der Cuuda 001. Captain Hunter blickte auf die Entfernungs-Anzeigen.

»Wir werden gleich in den Sektor ihres Planeten springen«, sagte er. »Dann bekommen wir Gewissheit, wie die Daraner gegen ihr Volk vorgehen. «

»Ich hoffe, dass wir nicht zu spät kommen«, bemerkte Timback. »Die Daraner kennen kein Mitgefühl und keine Gnade. «

Captain Hunter blickte ihn an.
»Wir werden die Sache bereinigen«, sagte er. »Machen sie sich nicht zu viele Gedanken. Wir weichen nicht zurück und werden sie besiegen. Gegebenenfalls müssen wir genau so rigoros vorgehen. Das Neue-Imperium wird

kein Stück seines Territoriums an fremde Mächte übergeben.«

Die beiden Blaupelzigen nickten traurig. Die Crew der Cuuda-001 hatte sich zwischenzeitlich an die neuen Mitglieder des Imperiums gewöhnt.

»Sie wissen gar nicht, wie dankbar wir ihnen sind«, sagte Mimback. »Niemals hätten wir gedacht, dass die Nachkommen der Natrader uns zur Seite stehen würden. Viele Jahrhunderte hatten wir vergeblich auf eine Nachricht aus dem kaiserlichen Imperium gewartet. Jetzt endlich sind unsere Wünsche und Hoffnungen in Erfüllung gegangen. «

»Achtung«, meldete Steuermann Seeger. »Wir treten in den Normalraum ein. «

Die 600 Schiffe des Neuen-Imperiums verließen gemeinschaftlich den Hyperraum. Die große Flotte verursachte eine starke Verzerrung des Raum-Zeit-Kontinuums. Der Eintritt der getarnten Flotte in den Normalraum, musste über weite Strecken zu registrieren sein.

Die Flotten-Verbände drosselten ihre Geschwindigkeit und nahmen getarnt ihre errechneten Positionen ein.

Die zahlreiche Ortungsdienste begannen mit ihrer Arbeit.

»Status? «, fragte Captain Hunter. » Haben wir neue Ortungs-Ergebnisse? «

»Die Daten werden erfasst und auf das CIC gelegt«, antwortete Leutnant Groß.

Er war der Ortungs-Offizier des Schiffes.
»Ich habe zahlreiche feindliche Schiffs-Impulse«, ergänzte er.

Captain Hunter winkte die beiden Gäste aus dem Centauri-Sektor an das Combat-Information-Center.

»Hier werden alle Schiffsbewegungen angezeigt«, erklärte er. »Die roten Licht-Impulse sind feindliche Raumschiffe, in diesem Fall die Schiffe der Daraner. «

Captain Hunter zeigte auf das CIC. Auf dem großen Display wurde der Heimat-Planet der Centauri dargestellt. Immer mehr rote Feind-Impulse wurden um den Planeten angezeigt.

»Wir haben 150 daranische Schiffe geortet, die sich um den Planeten der Scruffs positioniert haben«, meldete

Ortungs-Offizier Groß. Weitere 50 Walzen-Schiffe sind auf unterschiedlichen Raumhäfen des Planeten gelandet. Die Besatzungen haben Befestigungs-Anlagen errichtet. Ich vermute, sie verfügen über starke Abwehr-Geschütze am Boden.«

Captain Hunter zoomte den Planeten heran. Die Aussage von Leutnant Groß bestätigte sich.

»Es wird eine große Fläche auf dem Boden gemeldet, die mit Atomwaffen angegriffen wurde«, ergänzte Leutnant Groß. »Vermutlich haben die Daraner einen Atomschlag gegen den centaurischen Widerstand geführt. «

Captain Hunter blickte die beiden Blaupelze an. Sie hatten die Aussage des Ortungs-Offiziers entsetzt aufgenommen.

»Die Daraner haben uns mit Atomwaffen angegriffen? «, fragte Mimback.

Captain Hunter nickte.

Eine große Fläche ihres Planeten wurde radioaktiv verseucht«, antwortete er leise. » Vermutlich hatte ihre Regierung einen Gegenschlag befohlen. Das war ein großer Fehler. Diese Fläche ist für lange Zeit verseucht und über die nächsten Jahrhunderte nicht mehr nutzbar sein. «

»Hoffentlich kommen wir nicht zu spät«, bemerkte Timback. »Können sie unsere Bevölkerung orten? «

Captain Hunter blickte seinen Ortung-Offizier an.

Dieser schüttelte jedoch seinen Kopf.
»Es sind keine Centauri auf dem Planeten festzustellen«, antwortete er. »Wir registrieren lediglich eine große Anzahl daranischer Soldaten und viele Staffeln von Roboter in allen Städten. Sie scheinen etwas zu suchen.«

»Die Daraner haben unser Volk getötet, oder bereits weggeschafft«, tobte Mimback. »Wir kommen zu spät. «

Beide Centauri stimmten einen Klagegesang an.
»Nun reißen sie sich doch einmal zusammen«, forderte Captain Hunter seine Gäste auf. »Wir wissen doch gar nicht, was mit ihrem Volk passiert ist. Sie können sich genauso gut irgendwo versteckt halten. «.

Der Klagegesang der beiden Blaupelze verstummte. Sie blickten sich an und schienen wieder Hoffnung zu fassen.

»Haben sie auf ihrem Planeten irgendwelche Schutz-Verstecke«, fragte der 1. Offizier des Schiffes. »Einen Platz, wohin sich die Bevölkerung zurückziehen konnte?«

»Wir waren 7 Millionen Scruffs auf unserem Planeten«, entgegnete Timback. »Wo könnten sich unsere Artgenossen verstecken? Es gibt Höhlen in den Bergen. Aber diese reichen bei weitem nicht aus, um alle Scruffs aufzunehmen. «

»Es mussten speziell abgeschirmte Verstecke sein«, bemerkte Captain Hunter. »Ansonsten wäre eine Ortung möglich. «

»Wir haben keine weiteren Schutzraume«, erklärte Mimback mit.

Captain Hunter blickte auf das CIC und überlegte intensiv.

***

General Da-Qisaarahh befand sich auf seinem Flaggschiff und wartete auf neue Meldungen.

Er blickte seinen 1. Offizier an.

»Wo verstecken sich die Scruffs? «, fragte er. » Sie können sich och nicht in Luft aufgelöst haben. «
Der Offizier zuckte mit seinen Schultern
»Sämtliche Kampf-Einheiten befinden sich im Einsatz«, erwiderte er. »Alle Städte werden kontinuierlich durchgekämmt. Unsere Roboterstaffeln suchen die näheren Umgebungen nach Schutzgewölben und Höhlen ab. Derzeit weist keine Spur auf ihren Unterschlupf hin. «

Die Laune des Generals verschlechterte sich zusehends. »Einen kleinen Moment der Unachtsamkeit haben sie ausgenutzt, um sich zu verstecken«, tobte er. »Ihre Regierung wir hierfür bezahlen. «

»Dafür müssen wir sie erst einmal finden«, bemerkte der 1. Offizier. »Was wissen wir über sie? Vielleicht können sie sich unsichtbar machen. «

»Meinen sie das wirklich ernst? «, fragte der General.

Der 1. Offizier blickte seinen Vorgesetzten an.
»Ich habe von seltsamen Rassen gehört, denen dies möglich ist«, erwiderte er.

»Warum haben sich die Scruffs dann nicht bei unserer Ankunft getarnt? «, erkundigte sich der General.

»Vermutlich waren sie neugierig«, bemerkte der 1. Offizier. »Möglicherweise dachten sie, ihre alten Beschützer kommen zurück. «

»Trotzdem sollten wir ihre Lebensform orten können«, entgegnete General Da-Qisaarahh. »Unsere Ortungsanzeigen registrieren aber nicht das Geringste. «

»Ich erhalte gerade eine Meldung, von einem unserer Schiffe in der Umlaufbahn «, meldete der Funk-Offizier.

Der General blickte ihn an.
»Was wird mitgeteilt? «, fragte er ungeduldig.

»Sie haben eine starke Verzerrung des Raum-Zeit-Kontinuums geortet", erklärte der Offizier. Sie ist identisch mit den Ortungs-Hinweisen, wenn eine große Flotte in den Normalraum wechselt. Aber unsere Schiffe können keine fremden Schiffe ausmachen. «

Der General dachte nach.
»Die Messung erfolgte in unserem Sektor? «, stutzte er.

Der Funkoffizier bestätigte.
»Direkt vor unserer Haustüre«, antwortete der Funk-Offizier.

Unsicher blickte der General seinen 1. Offizier an.

»Unter Umständen haben sie Recht mir ihrer Vermutung«, sagte er. »Vielleicht können sich die Scruffs tatsächlich unsichtbar machen. «

»Ich befehle eine erhöhte Alarmbereitschaft für unsere Schiffe«, ergänzte der General. »Die Soldaten und die Roboter sollen jeden Stein umdrehen. Irgendwo müssen sich die Scruffs versteckt halten. Wir werden die Probleme lösen, die uns Kopfschmerzen bereiten. Ich rechne mit dem Auftauchen eines unbekannten Feindes, der seine Hände schützend über den Planeten der Centauri halten wird. Alle Anzeichen deuten darauf hin, dass wir früher oder später in einen Krieg verwickelt werden. Geben sie den Befehl, dass noch einmal versucht wird, daranische Unterstützung anzufordern. Vielleicht kommt ein Hyperkomm-Funkspruch durch. «

»Unmöglich ist nichts«, antwortete der 1. Offizier. »Jedoch wurden unsere bisherigen Hyperkomm-Funkmeldungen von der daranischen Haupt-Flotte nicht beantwortet. Ich rechne stark damit, dass alle Verbände zu weit entfernt agieren. Wir sind auf uns gestellt. «

Der General blickte seinen 1. Offizier an.

»Die Scruffs haben uns hintergangen«, fluchte er. »Einen kurzen Moment unserer Unachtsamkeit haben sie genutzt, um sich aus dem Staub zu machen. «

»Sie führen etwas im Schilde«, stimmte der 1. Offizier zu. »Wir sollten sehr wachsam sein. «

***

Captain Hunter, Befehlshaber der 300 Schiffe der Cuuda-Flotte, blickte auf den großen Bildschirm seines Flagg-Schiffes.

»Es tut sich etwas«, sagte er. »Die 150 daranischen Schiffe bilden eine Keilformation. Sie scheinen etwas gewittert zu haben. «

»Die Tarnfelder unserer Schiffe sind weiterhin aktiv«, teilte Leutnant Graves mit. »Die Daraner scheinen jedoch den Austritt unserer Schiffe aus dem Hyperraum registriert zu haben. Ihre Ortungs-Anlagen können uns nicht erfassen, doch sie wissen, dass diese Verzerrung des Raum-Zeit-Kontinuums einen Grund haben muss. «

Captain Hunter blickte seinen Funk-Offizier an. »Stellen sie bitte eine Verbindung zu dem Flagg-Schiff von Oberst Cameron her«, befahl der Captain.

»Die interne Schiffsverbindung baut sich auf«, teilte Leutnant Tanreich mit. » Sie können sprechen. «

»Danke«, antwortete Captain Hunter.

Er griff nach dem Communicator.
»Ich rufe Oberst Cameron«, sprach er in das Gerät. »Bitte melden sie sich. «

Nach einem kurzen Knistern in der Leitung, meldete sich der Oberst.
»Hier spricht Cameron«, hallte es aus dem Lautsprecher. »Haben sie neue Informationen für mich, Captain? «

»Vermutlich nur die Gleichen, die sie auch haben«, antwortete Hunter. »Wir haben keinerlei Lebenszeichen von den Scruffs auf dem Planeten orten können. Es scheint so, als ob die Daraner sie bereits weggeschafft haben. «

»Das muss nicht sein«, erwiderte der Oberst. »Vielleicht sind sie in einem gesicherten Schutzraum? «

»Unsere beiden Centauri-Gäste versichern, dass keine solchen Schutzräume existieren«, antwortete Captain Hunter. »Sie vermuten, dass die Daraner ihr Volk bereits deportiert haben. «

»Das ist so kurzfristig nicht möglich«, antwortete Oberst Cameron. »In diesem Fall hätten sich viele Scruffs versteckt. Die Daraner müssten mühsam den ganzen Planeten durchkämen. Ich bezweifle stark, dass sie hierzu genug Zeit gehabt haben. «

»Aber wo sollen sie denn sein? «, fragte der Captain. » Unsere Orter können nicht ein einziges Lebenszeichen von ihnen registrieren. Wir messen lediglich die Energie-Signaturen der daranischen Schiffe und die Lebenszeichen ihrer Besatzungen. «

»Was ist mit der natradischen Hypertronic-KI? «, fragte der Oberst. » Hat sie nicht abgeschirmte Bereiche zur Verfügung? Die Natrader werden sicherlich dafür gesorgt haben, dass bei einem Angriff auf ihre Station, ihre Befehle nicht aufgefangen werden konnten. «

Captain Hunter überlegte.
»Das wäre auch die letzte plausible Antwort«, entgegnete er. »Die natradische Hypertonic-KI hat noch keinen Kontakt zu uns aufgenommen. «

»Damit würde sie die Daraner auf sich aufmerksam machen«, erwiderte Oberst Cameron. » Sie kann dieses Risiko nicht eingehen. «

»Es tut mir leid«, erwiderte Captain Hunter. »Wir müssen wissen, ob eine Sicherheits- oder Notschaltung die Hypertronic-KI erweckt hat. Nur sie kann uns über den Verbleib der Scruffs Hinweise liefern. «

Der Oberst dachte kurz nach.
»Dann lassen sie uns nach einem Plan vorgehen«, schlug er vor. »Ich möchte vermeiden, dass die Daraner weitere Atomschläge gegen den Heimat-Planeten der Centauri führen. Sie scheinen in ihren Mitteln nicht wählerisch zu sein. «

Captain Hunter blickte die Scruffs an. Diese nickten zustimmend.

»Wir sind einverstanden«, antwortete er. »Was schlagen sie vor? «

»Die Daraner können uns nicht orten«, erklärte der Oberst. »Unser Tarnfeld funktioniert perfekt. Trauen sie sich zu, mit nur 50 Schiffen den Daranern ein Ultimatum zu stellen? «

»Sie werden sich auf uns stürzen«, antwortete der Captain. »Über unsere 50 Schiffe werden sie lachen.

Zumal diese auch noch kleiner sind als ihre 500- Meter-Walzenschiffe. Was haben sie vor? «

»Sollen sie ruhig lachen und ihre Schiffe auf sie hetzen«, antwortete der Oberst. »Ich möchte, dass sie ihre Schiffe vom Planeten der Scruffs abziehen. Wenn dies gelingt, werden aus meinem Verband 100 getarnte Prinz-Schiffe den Planeten anfliegen und ihre Raumschiffe am Boden angreifen. Andere Schiffe meiner Flotte werden die 50 Abwehrstellungen mit den bodengebundenen Geschütztürmen ausschalten. Das alles passiert in der gleichen Zeit, in der die Daraner sich auf einen Angriff auf ihre Schiffe vorbereiten. Ich hoffe, dass die Wespen-Wesen keine Zeit für Gegenmaßnahmen haben werden. Vermutlich ziehen sie noch einige Schiffe vom Boden ab, um ihre Flotte zu verstärken. «

Der Oberst legte eine kleine Pause ein. Dann fuhr er fort.

»Bevor die daranischen Schiffe in Schussreichweite gekommen sind, enttarnen sie alle Schiffe unserer Flotte. Meine verbliebenen 200 Prinz-Schiffe werden sie ebenfalls unterstützen. Die Daraner werden plötzlich 500 Schiffen gegenüberstehen. Das sollte ihre Angriffslust stoppen. Fordern sie die Insektoiden auf, sich zu ergeben. Machen sie ihnen klar, dass sie sich auf dem

Gebiet des Neuen-Imperiums befinden. Fordern sie von ihnen Aufklärung, warum sie sich erdreistet haben, den Planeten der Scruffs zu besetzen und ihn mit Atomwaffen anzugreifen. «

»Ich verstehe«, sagte Captain Hunter. »Wir lassen die Daraner ins kalte Wasser springen. «

»Genau«, antwortete der Oberst. »Wir sollten hochnäsig denken, wie seinerzeit das natradische Imperium«, ergänzte er. » Sprechen sie selbstbewusst über unser Imperium. Teilen sie den Daranern mit, wer hier das Sagen hat. Fordern sie die Insektoiden auf, die deportierten Scruffs unverzüglich zurückzugeben. Geben sie den Besetzern die Schuld, dass die Scruffs verschwunden sind. Falls sie sich weigern und nicht auf sie hören wollen, zerstören sie einige Schiffe aus ihrer Flotte. Vielleicht hilft ihnen das bei ihrer Entscheidungsfindung. Versuchen sie Zeit zu gewinnen. Diese werden wir brauchen, um auf dem Planeten die Abwehrstellungen zu beseitigen. Kreisen sie mit ihren Schiffen nach Möglichkeit den Flotten-Verband der Daraner ein. Erst wenn dieses Vorhaben gelungen ist, nehmen wir Kontakt zu der Hypertronic-KI des Planeten auf. «

Captain Hunter blickte seine blaupelzigen Gäste an.

»Sind sie mit diesem Plan einverstanden«, fragte er. »Wir locken die Schiffe der Daraner erst von ihrem Planeten fort, bevor wir die Bodentruppen ausschalten. Das alles dient der Sicherheit ihres Volkes. «

»Wir sind ein Agrarvolk«, antworte Timback. »Sie besitzen die Kampferfahrung, die uns fehlt. Wir hoffen sehr, dass sie die richtigen Entscheidungen treffen. «

»Das werden wir«, entgegnete, Captain Hunter. »Vertrauen sie uns. »

»Das machen wir bereits eine geraume Zeit«, lächelte Mimback. »Über welche andere Möglichkeit verfügen wir denn? «

Der Captain griff nach dem Communicator.

»Wir sind einverstanden«, teilte er dem Oberst mit. »Fliegen sie mit ihren Schiffen in Position. Wenn ich ihren Impuls empfange, werde ich mit dem Täuschung-Manöver beginnen. «

Der Oberst bestätigte und beendete das Gespräch.

Captain Hunter informierte seinen 1. Offizier, der alle weiteren Vorbereitungen traf. Für das Angriffs-Geschwader auf die Bodenstellungen der Daraner, wurden nur erfahrene Schiffsführer ausgesucht. In Windeseile wurden die Boden-Koordinaten festgestellt und über den internen Flottenfunk an die teilnehmenden Prinz-Schiffe weitergegeben.

Nach wenigen Minuten bestätigte Oberst Cameron den Einsatz und den getarnten Flug in den Rücken der daranischen Flotte.

***

Zahlreiche Suchmannschaften der Daraner kämmten den ganzen Planeten um. Jegliche Art von Trümmern, Wracks und Höhlen wurden untersucht und analysiert. Der befehlshabende General war außer sich. Er konnte nicht verstehen, wie sich ein ganzes Volk vor den technisch hochstehenden Gerätschaften einer daranischen Flotte verstecken konnte.

»Meldung«, erkundigte sich der General bei seinem 1. Offizier. »Haben wir endlich neue Ergebnisse? «

Der 1. Offizier fühlte sich nicht mehr wohl in seiner Haut. Erschrocken trat er einen Schritt zurück.

»Wir haben nichts«, antwortete er.

Wie von einer Tarantel gestochen, sprang der General aus seinem Kommando-Sessel auf.

»Bin ich nur von Dilettanten umgeben«, schimpfte er. »Warum bekommen wir keine Ergebnisse? Muss ich mich um alles selbst kümmern? «

»Der Planet ist groß«, erklärte der 1. Offizier mit. »Die Scruffs könnten überall sein. «

Der General schlug mit seinem Stachel um sich. Er konnte diese Aussage nur schwer ertragen.

»Wir brauchen die Regierung der Scruffs zum Verhör«, murrte er. »Sie haben uns nicht alles gesagt. Inspiziert die Raumhäfen ihrer Beschützer. Wenn es sein muss, beseitigt den Sand und legt die alten Schiffe frei. Die Bevölkerung muss irgendwo sein. «

»Dort haben unsere Truppen bereits alles abgesucht, « antwortete der 1. Offizier. »Es wurden keine Spuren im Sand gefunden. Es ist ausgeschlossen, dass die Scruffs dort gewesen sind. «

»Uns läuft die Zeit davon«, entgegnete der General. »Die Scruffs planen etwas. Sie sind nicht so dumm, wie wir vermutet haben. «

»Vielleicht war es ein Fehler, mit Atomwaffen gegen ihre Truppen vorzugehen«, bemerkte der 1. Offizier. »Das hat sie vermutlich sehr verärgert? «

Der General blickte den Offizier an.
»Wollen sie jetzt meine Entscheidungen hinterfragen? «, tobte er. » Wir hatten keine andere Wahl. Das große Truppenaufgebot hätte unsere Stellungen überrannt. «

»Von den Soldaten ist niemand mehr am Leben«, erwiderte der 1. Offizier. »Der ganze Angriff der Scruffs fiel einem großen Atom-Inferno zum Opfer. Das war der Zeitpunkt, an dem sich die Centauri diesen Plan überlegten. «

»Ist es überhaupt ein Plan? «, fragte der General. »Vielleicht sind die Scruffs nur feige geflüchtet. «

»Wir haben ihre Städte durchsucht, jede einzelne Wohnung geöffnet, jedoch ohne Erfolg«, erklärte der Offizier. »Leider wurden auch Plünderungen durchgeführt. Unsere Soldaten haben sich einige Beutegüter mitgenommen. «

»Das sollen sie ruhig«, lächelte der General. »Wir sind schließlich die Besetzer. «

Alarmsirenen heulten in dem Schiff auf.

Fast gleichzeitig blickten der General und sein Offizier auf die Ortungsstelle.

»Wir registrieren 50 fremde Schiffe in diesem Raumsektor «, meldete der Ortungs-Offizier. »Sie sind aus dem Nichts materialisiert. Der Abstand zu uns beträgt derzeit noch 15.000 Kilometer. Die Schiffe kommen langsam auf uns zu. «

»Wo kommen die her? «, stutzte der General. » Haben wir die Bauart im Archiv verzeichnet? «

»Nein«, antwortete der angesprochene Offizier. »Es sind fremdartige Schiffe. Die haben eine Lange von 300 Metern. Solche Schiffe wurden bisher von unseren Verbänden noch nie gesehen. «

»Eingehender Hyper-Funkspruch von dem Flagg-Schiff des fremden Schiffs-Verbandes«, teilte der Funk-Offizier mit. »Sie sprechen die gleiche Sprache wie die Scruffs. «

»Ihre Beschützer sind gekommen«, lachte der General. »Mit nur 50 Schiffen wollen sie uns das Fürchten lernen. Mehr war ihnen die Sicherheit der Scruffs nicht wert. «

»KI«, befahl der 1. Offizier. Übersetze die fremden Worte direkt in unsere Sprache. »Hören wir uns an, was sie wollen. «

Der Funk-Offizier nahm einige Schaltungen vor.
»Das Übersetzungs-Modul ist zugeschaltet«, bestätigte er.

»Ich rufe die daranischen Schiffe«, hallte es aus den Lautsprechern. »Hier ist Captain Hunter, Befehlshaber der System-Flotte es Neuen-Imperiums von Natrid und Tarid. Ich rufe die daranischen Schiffe. Melden sie sich. «

»Öffnen sie den Kanal«, befahl der General.

Der Funk-Offizier bestätigte.
»Die fremde Flotte kann sie empfangen«, antwortete er.

»Hier spricht General Da-Qisaarahh«, sprach er in den Kommunikator. »Was wollen sie? «

»Das kann ich ihnen sagen Daraner«, antwortete Captain Hunter. »Sie sind in das Hoheitsgebiet des Neuen-

Imperiums eingedrungen. Sie haben widerrechtlich den Planeten eines Mitgliedes unseres Imperiums besetzt und die Rasse der Scruffs verschleppt. Hiermit noch nicht genug, sie haben sich erdreistet, mit Atomwaffen den Planeten anzugreifen und einen großen Landstrich radioaktiv zu verseuchen. Wir fordern die Herausgabe der Schuldigen, zwecks einer Verurteilung durch unseren intergalaktischen Rat und dem Vollzug von Strafmaßnahmen. Ferner fordern wir Reparaturzahlungen von ihnen. Falls sie sich weigern sollten, werden wir ihre Flotte angreifen und diese vernichten. In diesem Fall kommen sie nicht mehr lebend in ihr Heimat-System zurück. Antworten sie unverzüglich.«

Der General war aufgesprungen. Die Worte des Captain bezeugten eine grobe Missachtung für seine Rasse.

»Was erlauben sie sich«, sprach er in den Kommunikator. »Woher kennen sie unsere Rasse? «

»Wer kennt nicht die insektoide Species, die sich Daraner nennt«, antwortete Captain Hunter. »Wir haben bereits öfter Verbände von ihren Schiffen vernichtet. Entscheiden sie sich schnell, ihre Bedenkzeit läuft langsam ab. «

General Da-Qisaarahh blickte seine Brückencrew an. »Können wir etwas über ihre Waffensysteme sagen? «, fragte er. » Wie stark sind diese? «

»Ich messe das Anlaufen vieler starker Energiemeiler in den Schiffen«, teilte der Ortungs-Offizier mit. »Nach meinen Anzeigen ist mit ihren Waffensystemen nicht zu spaßen. «

»Öffnen sie den Kanal«, befahl der General.

»Wir wussten nicht, dass es sich um einen Planeten ihres Hoheitsgebietes handelt«, teilte der General mit. »Wenn wir die Zugehörigkeit erkannt hätten, dann wären wir sicherlich weitergeflogen. Wir sind nicht auf einen Kampf aus. «

»Ihre Zeit läuft ab«, antwortete Captain Hunter. »Sie sind weit entfernt von ihrem Sternenhaufen. Wir wissen, wo sich ihr Heimat-System befindet. Kapitulieren sie und ziehen sie sich zurück, nur so vermeiden sie Verluste an ihren Schiffen und Besatzungen. Die Scruffs haben ihre vermisste Königin nicht. «

Der General hatte intensiv zugehört. Die Verbindung war unterbrochen worden.

»Sie kennen unsere Königin? «, lachte er. » Wir sind auf der richtigen Spur. «

Er blickte seinen 1. Offizier an.
»Dreißig Schiffe sollen vom Planeten starten und unsere Flotte verstärken«, befahl er. »Wir greifen die Schiffe an. Die fremden Schiffe werden antriebslos geschossen. Wir brauchen weitere Informationen über den Verbleib unserer Königin. Sofort in eine stabile Angriffsformation bilden. «

Der 1. Offizier hatte alle Hände voll zu tun. Er koordinierte die Befehle des Generals. Langsam schlug die daranische Flotte einen Kurs auf die Schiffe des Neuen-Imperiums ein.

»Öffnen sie einen Kanal«, sagte der General.
»Die Leitung wurde geöffnet«, antwortete der Funk-Offizier. »Sie können sprechen. «

»Ich rufe Captain Hunter«, sprach er in die offene Leitung. Nach einem kurzen Knistern, meldete sich der Befehlshaber der Cuuda-Schiffe.

»Haben sie eine Entscheidung getroffen? «, erkundigte er sich.

»Sie scheinen Informationen über uns Daraner zu besitzen und über unsere Königin«, teilte der General mit. »Wir werden uns nicht zurückziehen. Das liegt nicht in unserer Art. Wir werden sie aus dem All sprengen und alle Gefangenen ihrer Besatzung qualvoll foltern, damit wir an weitere Informationen kommen. Warten sie auf uns. Wir sind gleich bei ihnen. «

Die Verbindung wurde beendet.
»Das war es«, schmunzelte der Captain. »Die Daraner kapitulieren nicht so einfach. Sie lassen es auf einen Kampf ankommen. Sind unsere Schiffe bereit? «

»Alle Commander haben ihre Anweisungen. Die Enttarnung aller Schiffe erfolgt bei Annäherungspunkt 5.000 Kilometern«, teilte Leutnant Graves mit.

»Unsere Schiffe feuern als erste Maßnahmen ihre Hyper-Space- Kanonen ab«, befahl der Captain. »Danach werden unser Laser-Geschütztürme in den Kampf eingreifen. «

Er blickte auf den großen Panorama-Schirm. »Entfernung? «, fragte er.

»Derzeit noch 12.000 Kilometer Abstand«, meldete Leutnant Groß. »Die Schiffe nähern sich sehr langsam. «

***

Die Roboter der N-KI 83.719 waren im Einsatz und kümmerten sich um die Scruffs, die Schutz in ihren abgeschirmten Hallen gefunden hatten. Die große Basis der natradischen Hypertronic-KI hatte nach Rücksprache mit ihrem mobilen Roboter-Gehilfen alle Lebewesen ihres Planeten aufgenommen.

»Wir können die Bären nicht lange versorgen«, bemerkte N-KI 83.719. »Die von ihnen mitgebrachten Lebensmittel reichen für maximal sieben Tage. «

»Bis dahin werden wir eine Lösung gefunden haben«, antwortete ihr mobiler Arm. »Unser Notruf braucht eine Weile, bis er auf Natrid ankommt. «

»Was macht dich so sicher, dass dort noch Natrader existieren? «, fragte die Hypertronic-KI. » Auch du weißt von der Evakuierung durch Admiral Tarin. «

»Die Botschafter der Scruffs haben eindeutig natradische Schiffe registriert«, antwortete ihr Robot. » Sie werden uns zu Hilfe kommen. «

»Wir werden sehen«, antwortete die Hypertronic-KI. »Trotzdem sollten wir Vorkehrungen treffen. «

Der Robot blickte die Hypertronic-KI an.
»Welche Entscheidungen wären ratsam? «, fragte er.

»Ich rufe die Führung der Scruffs zu einem Gespräch«, antwortete die KI. »Wir brauchen einen geheimen Trupp, der trotz der Präsenz der Daraner sich zutraut, Versorgungsgüter aus der Stadt zu holen. « #

Die KI informierte ihre Truppenführer in den Hallen. Sie sollten die Besatzung des Taluk-Schiffes zu ihr bringen. Ferner Haynback, den Sprecher der Regierung der Scruffs, Dynback, den Verteidigungs-Minister und Leynback, den Minister für die Öffentlichkeitsarbeit suchen.

Auf den Monitoren verfolgte die KI, wie daranische Fang-Trupps alle Städte des Planeten durchsuchten. Sie fanden jedoch keinen zurückgebliebenen Centauri mehr.

»Sie werden sich irgendwann fragen, wo sich die Bevölkerung versteckt hat«, sagte der Robot. »Es ist eine Frage der Zeit, bis sie auf den Gedanken kommen, dass es unsere unterirdischen Anlagen gibt. «

»Vorausgesetzt sie verfügen über leistungsfähige Suchgeräte«, antwortete die KI. »Unsere abgeschirmten Räume sind mit ihren Ortungsgeräten nicht zu finden. «

»Die Scruffs sind da«, bemerkte die KI.

Das Schott öffnete sich und natradischen Roboter brachten die Gäste herein.

Lächelnd traten die Centauri vor den Roboter.
»Wir bedanken uns noch einmal, für ihre Gastfreundschaft«, sagte Haynback. »Ohne ihre Hilfe wären wir jetzt in den Händen der Daraner. «

»Das ist das Geringste, wie wir unserem Volk helfen können«, antwortete der Roboter. »Die Hypertronic-KI hat sie rufen lassen, um das weitere Vorgehen mit ihnen zu besprechen. Wir haben ein Problem. «

»Welches Problem? «, fragte Simback. » Ich dachte, wir wären bei ihnen sicher? «

»Das ist auch so«, antwortete die KI. »Falls es ihnen entgangen ist, ihre Vorräte reichen maximal sieben Tage. Wir wissen nicht, wie schnell Hilfe von dem natradischen Imperium erfolgt. Meine Vorräte sind nach meiner langen Abschaltung nicht mehr zu gebrauchen. Es sollte ein Plan ausgearbeitet werden, wie sie an neue Lebensmittel und Wasser gelangen. «

»Diese lagern in unseren Städten«, bemerkte Dynback. »Hierauf haben wir derzeit keinen Zugriff. «

»Hierüber sollte gesprochen werden«, bemerkte der mobile Arm der KI.

Er zeigte auf einen Monitor.
»Sie erkennen, dass die Daraner jeden Winkel ihres Planeten nach ihnen absuchen«, erklärte er. »Zahlreiche Greifkommandos durchkämen ihre Städte. Lediglich nachts werden die Aktivitäten der Daraner eingestellt. Vermutlich benötigen sie Schlaf, wie jedes organische Lebewesen. Das wäre der richtige Zeitpunkt für eine geheime Operation. «

Dynback horchte auf.
»Sie verlangen von uns, wieder an die Oberfläche zu gehen? «, fragte er. » Das wäre unser sicherer Tod. Die Daraner werden nach unserer Flucht, nicht gut auf uns zu sprechen sein.

»Ihre Alternative heißt Verhungern und Verdursten«, antwortete die Hypertronic-KI. » Wollen sie lieber diesen Weg wählen? «

»Wir sind nicht so weit gekommen, um jetzt aufzugeben«, sagte Simback. »Wir übernehmen das.«

Dynback schaute ihn an.

»Sie sind auf sich gestellt«, bemerkte er. »Unsere Elite-Soldaten wurden in dem Atomschlag vernichtet. Sie können ihnen nicht mehr helfen. «

»Waren wir das in den letzten Tagen nicht auch? «, fragte Garback. » Wenn wir uns auf die Regierung verlassen würden, dann wären wir bereits Tod. «

»Gegenseitige Vorwürfe bringen uns nicht weiter«, schlichtete Haynback das Gespräch. »Die KI hat Recht. Wir brauchen zusätzliche Versorgungsgüter. Wir stellen Trupps aus vier Freiwilligen zusammen. Ihr führt die Gruppen. «

Er blickte den Roboter an.
»Können wir Waffen von ihnen bekommen? «, erkundigte sich Haynback vorsichtig.

Dieser schloss sich mit seiner Mutter-KI kurz.
»Das ist möglich«, antwortete der Robot. »Wir rüsten sie mit Strahlen-Pistolen und Gewehren aus. Ferner hat die

KI beschlossen, dass jedem Trupp 5 Kampf-Roboter zur Seite gestellt werden. «

Simback schmunzelte freudig.

»Damit werden wir den Daranern das Fürchten lernen«, sagte er.

»Entschuldigen sie, dass ich ihren Eifer drosseln muss«, antwortete der Robot. »Sie sollten Kampf-Handlungen in jedem Fall aus dem Wege gehen. Die Einsatz-Kommandos der Daraner sind ihnen zahlenmäßig überlegen. Vermutlich sind sie auch kampferprobt. Die Roboter werden lediglich zu ihrer Sicherheit mitkommen und ihren Rückzug decken. Besser wäre es, wenn sie sich ruhig verhalten und erst gar nicht in militärische Auseinandersetzungen verwickelt würden. «

»Niemand weiß, ob die Daraner uns entdecken«, sagte Haynback. »Wir wissen eigentlich nicht, was sie vorhaben. Haben sie einen Anlass, uns massiv unter Beschuss zu nehmen, oder wollen sie uns nur gefangen nehmen? Ich kann sie nicht einschätzen. «

»Jedenfalls führen sie nichts Gutes im Schilde«, entgegnete Leynback. »Sie haben unseren Planeten besetzt, ohne irgendwelche Gründe zu nennen. «

»Sie werden ihre Gründe haben«, erwiderte Simback. »Die insektoiden Wesen sind behäbig und schwerfällig. Trotzdem sind sie uns in ihren technischen Mitteln weit überlegen. Bisher mussten wir uns noch nie mit solchen kriegerischen Auseinandersetzungen beschäftigen. Wir waren nicht hierauf vorbereitet. Das alte natradische Imperium hatte unseren Schutz gesichert. Erst jetzt erkennen wir die Tragweite ihres Rückzuges und sind auf uns gestellt. «

»Ohne meine Sicherheitsschaltung, wäre ich noch in dem befohlenen Deaktivierungs-Modus von Admiral Tarin«, teilte die Hypertronic-KI mit. »Allein durch den Atombeschuss der Daraner wurde die alte Sicherheitsschaltung aktiv und hat meine Systeme hochgefahren. Wir sind hier zusammengekommen, um die Pläne für die nächsten Tage auszuarbeiten. Das Wichtigste ist es, die Versorgung der Bevölkerung zu sichern. Ich kann nicht garantieren, dass sich der Zustand auf dem Planeten kurzfristig ändert. «

»Können deine Abwehr-Geschütze die Kampfstellungen der Daraner nicht beseitigen? «, fragte Dynback.

Der Robot blickte den Verteidigungs-Minister der Scruffs an.

»Das wäre durchaus möglich«, bestätigte der mobile Arm der Hypertronic-KI. »Mit den militärischen Bodenstellungen gäbe es keine Probleme. Doch es befinden sich noch 150 daranische Walzenschiffe in meinem Orbit. Sie würden die Positionen meiner Abwehr-Geschütze ausmachen und ein gezieltes Laser-Feuer auf sie richten. Da ich meine Geschütztürme nicht durch einen Schutzschirm sichern kann, wäre es nur eine Frage der Zeit, bis die Daraner sie zerstören würden. Noch wissen sie nicht, dass sich auf diesem Planeten eine natradische Basis befindet. Wir sollten diesen Vorteil nicht leichtfertig verspielen. «

»Dem pflichte ich zu«, antwortete Haynback. »Durch den Einsatz der Abwehr-Geschütze werden die Daraner noch intensiver nach uns suchen. Das ist derzeit keine Option.«

»Damit sind wir wieder bei den geheimen Operationen unserer freiwilligen Teams«, bemerkte Simback. »Es scheinen derzeit keine anderen Möglichkeiten zur Verfügung zu stehen. «

»Alles hängt von dem Eintreffen einer möglichen Unterstützungs-Flotte von Natrid ab«, bemerkte die Hypertronic-KI. »Ich hoffe sehr, dass sie die Weichen hierfür gestellt haben. Die Möglichkeiten waren für sie vorhanden. Sollten die Nachkommen der Natrader kein Interesse mehr an diesem ehemaligen Stützpunkt des kaiserlichen Imperiums haben, dann stehen unsere Chancen schlecht. Meine Schiffe sind nicht einsatzbereit. Die Daraner haben zu einem für uns schlechten Zeitpunkt den Planeten besetzt. «

»Sie werden kommen«, antwortete Simback. »Ich bin mir sicher. Sie haben Timback und Mimback als Gefangene. Diese werden sicherlich von ihnen verhört. Unsere Begleiter werden ihnen von dem Einfall der Daraner in unser System berichten. «

Weitere Bildschirme flammten in der Leitzentrale der Hypertronic-KI auf. Der mobile Arm drehte seinen Kopf und blickte gespannt auf die Monitore.

»Was ist? «, erkundigte sich Haynback.

»Meine Mutter hat eine starke Verzerrung des Raum-Zeit-Kontinuums geortet«, sagte er. »Dieser ist vergleichbar mit dem Eintritt einer großen Flotte in den Normalraum und liegt 20.000 Kilometer von uns entfernt. Doch wir registrieren keine Schiffe auf den Koordinaten. Das ist äußerst ungewöhnlich. «

»Was kann ansonsten diese Verzerrung verursacht haben?«, fragte Simback.

»Der dichte Vorbeiflug einer Flotte, die in dem nächsten Raumquadranten materialisiert«, teilte die KI mit. »Ich bekomme keine Daten. Es könnte eine weitere daranische Flotte gewesen sein?«

»Damit wären unsere Möglichkeiten weiter eingeschränkt«, sagte Dynback. »Hoffen wir einmal, dass ihre Ortungen nicht stimmen.«

Der Robot schaute ihn an.
»Die Daten stimmen«, erwiderte er. »Die Ortungen sind eindeutig. Ihre Hoffnungen können sie direkt wieder begraben. Es dreht sich nur um die Frage, was für eine Flotte das war und ob sie zu uns ins System kommen wird. Der Schiffsverband war eindeutig vorhanden.«

Dynback verzog sein Gesicht. Er wusste zu wenig über die natradische Technik und ihre sensiblen Möglichkeiten.

»Sind Hinweise auf natradische Schiffe zu registrieren?«, fragte Simback. »Vielleicht ist es die Unterstützungs-Flotte der Nachkommen von Natrid.«

»Ich kann keine Signaturen identifizieren«, teilte Hypertronic-KI mit. »Es sind keine auffälligen Energ Emissionen und Hinweise auf eine Flotte festzustellen.

»Warten wir die nächsten Stunden ab«, entschied Haynback. »Vielleicht haben wir einmal Glück. Es kann doch nicht sein, dass unser Planet immer nur von schlechten Rassen heimgesucht wird. «

Die Scruffs schauten ihn deprimiert an.
»Es tut sich etwas«, teilte die Hypertonic-KI nach einigen Minuten mit. »Ich registriere 50 fremde Schiffe in unserem System. Sie sind aus dem Nichts materialisiert. Ihr Abstand beträgt derzeit noch 15.000 Kilometer, zu den daranischen Schiffen. Sie kommen langsam auf uns zu. Die Daraner formieren sich zu einer Angriffs-Formation.

»Wo kommen die Schiffe her? «, fragte Simback. » Können sie die Bauart identifizieren? «

»Nein«, antwortete der Robot der KI. »Es sind fremdartige Schiffe. Die haben eine Länge von 300 Metern. Solche Schiffe wurden bisher von uns noch nie erfasst. Doch es bestehen bauliche Ähnlichkeiten zu den natradischen Schiffen.«

»Es sind keine Natrader? «, staunte Haynback. » Wer soll es dann sein? «

»Wir können die Schiffe nicht eindeutig zuordnen«, antwortete die Hypertronic-KI. »Wir benötigen die Signaturen der Schiffe. «
»Eingehender Hyper-Funkspruch von dem Flagg-Schiff des fremden Schiffs-Verbandes«, teilte der Robot mit. »Sie sprechen die natradische Sprache. «

Freudenschreie wurden von den anwesenden Scruffs ausgestoßen.

»Ihre Nachkommen sind gekommen«, teilte der Robot mit. »Jetzt haben wir die Gewissheit. «

»Reichen denn die 50 Schiffe aus, um die Daraner zu vertreiben? «, fragte Haynback. » Ihre Schiffe sind wesentlich kleiner als die Walzenschiffe der Daraner. Sind sie ihnen gewachsen? Mehr Schiffe zur Sicherheit waren wir den Nachkommen der Natrader anscheinend nicht wert. «

»Ich stelle den Hyperfunk-Verkehr laut«, entschied die Hypertronic-KI. »Sie können alle mithören. Ich übersetze die daranische Sprache ins Natradische. Hören wir zu, was sie den Daranern sagen. «

»Was können 50 Schiffe gegen 180 daranische Walzen-Raumer ausrichten? «, fragte Leynback. » Sie werden unterlegen sein. «

»Warten sie es doch ab«, beschwichtigte der Robot. »Die natradische Technik hat sich vermutlich in der langen Zeit unserer Deaktivierung weiterentwickelt. «
»Wie ist die Entfernung der Schiffe zueinander? «, fragte Simback.

»Sie haben sich bis auf 6.000 Kilometern genähert«, teilte der Robot mit. »Die Schiffe fahren ihre Waffentürme aus. Wir registrieren eine schwere Abschussrampe auf der Bug-Seite der Schiffe. «

»Die Entfernung beträgt nur noch 5.000 Kilometer zueinander«, teilte die Hypertronic-KI monoton mit.

In diesem Moment leuchteten zahlreiche neue Freund-Impulse auf den Monitoren auf. Neue Schiffe waren materialisiert.

»Wir registrieren weitere 450 Schiffe auf natradischer Seite«, meldete der Robot. »Vermutlich hatten sich die Schiffe getarnt. Die Flotte des Neuen-Imperiums von Natrid und Tarid ist zahlenmäßig klar im Vorteil. Viele Schiffe besitzen eine Länge von 400 Metern. «

Wieder hallten Freudenrufe durch die Zentrale der Leitstelle.

General Da-Qisaarahh blickte auf seinen Bildschirm. Er wischte sich über seine Augen und wollte es nicht glauben. Doch die Mitteilung seines Ortungs-Offiziers holte ihn in die Realität zurück.

»Weitere 450 Schiffe haben sich enttarnt«, teilte dieser mit. »Ein Teil der Schiffe besitzt eine Länge von 400 Metern. Die seitlichen Waffentürme wurden ausgefahren. Von allen Schiffen aus ist ein Bug-Geschütz auf unsere Schiffe gerichtet. «

»Überlegen sie sich den Angriff noch einmal«, flüsterte der 1. Offizier des Generals. »Wir kennen ihre Waffenstärke nicht. Zudem sind sie uns zahlenmäßig überlegen. «

»Ihre Schiffe sind kleiner als unsere«, antwortete der General. »Sie können nicht mit starken Energiemeilern ausgerüstet sein. Unsere Laser werden sie in den Hyperraum sprengen. «

Der 1. Offizier schüttelte seinen Kopf. »Ich hoffe es«, antwortete er.

Alle Commander der Schiffe des Neuen-Imperiums hatten ihre Anweisungen erhalten. Die Enttarnung der Schiffe erfolgte bei Annäherungspunkt von 5.000 Kilometer. Die Schiffe gruppierten sich zu Dreiergruppen. Ihre Ortungstaster erfassten alle Daten. Die unterschiedlichen Schiffs-Verbände hatten sich auf einen Abstand von 4.000 Kilometern genähert.

»Feuer«, befahl Captain Hunter in die offene Funkverbindung zu seinen Schiffen. »Abschuss der Gefechtsköpfe der Hyper-Space-Kanonen. Hiernach leiten alle Schiffe eine Kurskorrektur ein und wenden den daranischen Schiffen ihre Breitseiten zu.

Die 180 daranischen Walzen-Raumer näherten sich unvermittelt weiter. Sie ahnten nichts von dem Laserbeschuss, der sie in den nächsten Sekunden überraschen sollte.

Der Boden der Cuuda-001 vibrierte, als die schwere Hyper-Space-Kanone ihre Arbeit aufnahm. Fast gleichzeitig verließen die Gefechtsköpfe die Kanonen der Schiffe und entschwanden in den Hyperraum.

»Auf Einschlag vorbereiten«, warnte der daranische General. »Die fremden Schiffe haben Geschosse freigesetzt, die wir nicht abfangen können. Sie sind in den Hyperraum gewechselt. Vermutlich werden sie erst kurz auf dem Aufschlag wieder materialisieren. Feuerfreigabe an alle Schiffe. «

Eine grelle Lichtfülle flutete die Bildschirme der beteiligen Schiffe. Von beiden Seiten zischten Laser-Lanzen auf die kämpfenden Parteien zu. Rings um die Raumschiffe schien der Weltraum zu explodieren. Die starken Energie-Salven der Schiffe des Neuen-Imperiums schlugen in die Schutz-Schirme der daranischen Schiffe ein und verursachten tiefrote Struktur-Lücken. Die nachfolgenden Strahlen brannten sich durch die Bordwände der Schiffs. Innerhalb von nur wenigen Sekunden erkannte der General der Daraner, mit wem er sich eingelassen

Verbissen biss er sich auf seine Unterlippe. Er befürchtete das Schlimmste. Dann materialisierten die Hyper-Space-Geschosse. Nur 300 Metern vor ihrem Ziel kamen sie aus dem Hyperraum und flogen mit immenser Geschwindigkeit auf ihre Ziele zu. Den daranischen Schiffen war es nicht mehr möglich abzudrehen. Die Gefechtsköpfe prallten auf die in voller Leitung arbeitenden Schutzschirme und rissen sie förmlich auseinander. Zahlreiche Explosionen waren auf den Bildschirmen zu sehen. Die Geschosse ließen die

Schirmfelder der daranischen Schiffe kollabieren. Bei zwölf Schiffen wurde das halbe Unterschiff innerhalb von Sekunden verwüstet. Heftige Explosionen breiteten sich über die Walzenschiffe aus. Hungrig fraß sich das heiße Feuer weiter durch die Schiffe. Es erfasste Stockwerk um Stockwerk. Rettungskapseln wurden ausgeschleust. Dann erreichte das Atomfeuer die Energiemeiler der Walzenschiffe. In einem grellen Feuerwerk explodierten die 500-Meter-Schiffe. Der Explosionspilz breitete sich weiter aus und erfasste nachfolgende Schiffe, die nicht mehr rechtzeitig abdrehen konnten. Auch sie wurden von den Explosionen in Mitleidenschaft gezogen. Metallteile wirbelten durch den Weltraum und schlugen auf die nachfolgenden Schiffen auf.

Im Dauerfeuer schlugen jetzt die Laser-Lanzen in die ungeschützten daranischen Schiffe ein und brannten große Löcher in die Bordwände. Luft, Wasser und Einrichtungsgegenstände wurden aus den Schiffen gewirbelt. Die nachfolgenden Explosionen beendeten das Dasein von zahlreichen Walzen-Schiffen.

Die Laserstrahlen der daranischen Schiffe erzielten keine Wirkung. Sie wurden von den lantranischen Super-Schutz-Schirmen abgeleitet.

»Die Belastung der Schirme unserer Schiffe befindet sich im Mittelmaß«, meldete Leutnant Groß.

Captain Hunter nickte.

»Die daranische Flotte ist uns unterlegen«, antwortete er.

Die große Anspannung war von ihm abgefallen. Die natradische Technik war auch in diesem Fall den Gegnern überlegen. Die wendigen Cuuda-Schiffe wechselten nach dem Ausschalten eines generischen Schiffes ihre Positionen. An neuen Koordinaten griffen sie weitere Schiffe der Daraner an. Erneut röhrten die Hyper-Space-Kanonen auf und rissen die Schutzschirme der daranischen Schiffe auseinander.

In dem Schlachtgemetzel hatte das Flagg-Schiff von General Da-Qisaarahh noch keinen Treffer erhalten. Der Befehlshaber war in eine Art Panik verfallen.

Ein solches Versagen seiner Flotte hatte er bisher noch nicht erlebt.

»Wir sind massiv unterlegen«, schimpfte er. »Geben die den Befehl an alle Schiffe, sofort abzudrehen. Wir fliegen zum Planeten der Scruffs zurück und schleusen

Atombomben aus. Das wird nicht ohne Folgen für die Pelzwesen bleiben. Das war ein geplanter Hinterhalt für unsere Flotte. «

»Wir waren die Besetzer des Planeten«, bemerkte der 1. Offizier. »Die Scruffs haben sich nur gewehrt. Ich sehe das als ihr gutes Recht an. Hiermit mussten wir rechnen. Jetzt hat uns jemand gezeigt, dass es noch mächtigere Beschützer im Universum gibt. «

Der General blickte ihn hasserfüllt an.

»Sparen sie sich ihren Kommentar«, sagte er. »Wissen sie, wie viele Schiffe wir bereits verloren haben? Ganz zu schweigen von den Besatzungen?«

»Das ist mir klar«, antwortete der 1. Offizier. »Ich kann die Daten ablesen. Wir haben 93 Schiffe verloren. Weitere Schiffe explodieren im Minutentakt. Beenden sie dieses Drama. Kapitulieren sie. «

»Das werde ich nicht«, antwortete der General. »Vorher vernichten wir die Welt der Scruffs. «

»Die hinteren Schiffe drehen ab«, meldete Leutnant Groß

Captain Hunter blickte ihn an.

»Exakt 23 Walzen-Raumer fliegen zu dem Planeten zurück«, ergänzte der Ortungs-Offizier.

»Schicken sie sofort ein Verfolgungs-Geschwader hinterher«, entschied der Captain. »Die Daraner müssen daran gehindert werden, weitere Atombomben auf den Planeten zu feuern. «
Er drehte seinen Kopf dem Funk-Offizier zu.

»Leutnant Tanreich, informieren sie Oberst Cameron, dass er Besuch bekommt. Bitten sie ihn die einfliegende Flotte abzufangen. «

»Ihr Befehl wurde gesendet«, antwortete der Offizier. »Oberst Cameron hat den Empfang bestätigt. «

Die Flotte aus 100 Prinz-Schiffen war in der Atmosphäre des Centauri-Planeten eingetaucht. Die Bodenstellungen der Daraner konnten leicht lokalisiert werden. Oberst Cameron erteilte den Befehl, in Gruppen zu je zwei Schiffen die Stellungen anzugreifen und die restlichen Schiffe am Boden auszuschalten. Die Angriffs-Schiffe des Neuen-Imperiums näherten sich den Zielen. Erst jetzt wurde die aktive Tarnung ausgeschaltet. Hektische Aktivitäten wurden von den Ortungsgeräten der Schiffe am Boden registriert. Die Daraner waren sichtlich überrascht. Sie hatten mit dem Durchbrechen feindlicher Schiffe nicht gerechnet. Die installierten Abwehr-Geschütztürme schwenkten auf die anfliegenden Schiffe zu und eröffneten das Feuer. Im Dauerbeschuss zischten die daranischen Laser-Strahlen auf die Schiffe zu. Doch sie richteten keinen Schaden an. Sie wurden von den Schutzschirmen der natradischen Schiffe neutralisiert und abgeleitet.

Die Schiffe des Neuen-Imperiums drehten den Geschütztürmen ihre Backbordseiten zu. Dann fauchten die Laserkanonen auf. Fünfzehn Waffentürme pro Schiffsseite feuerten gleichzeitig ihre Salven auf die Abwehrstellungen. Die Schutzschirme der daranischen Stellungen hielten dem Beschuss weniger als eine Minute stand. Die rotglühenden Energieschirme versagten ihren Dienst. Die nachfolgenden eintreffenden Strahlen zerrissen die Abwehr-Türme in kleine Metallstücke. Zahlreiche Explosionen entstanden am Boden. Große Rauchsäulen drifteten zum Himmel.

Die zurückgelassenen Walzen-Schiffe ereilte das gleiche Schicksal. Die Geschosse der Hyper-Space-Kanonen ließen die Schutzschirme der Schiffe kollabieren. Sie konnten nicht mehr starten. In einem Abstand von wenigen Minuten erhellten zwanzig große Explosionen die Atmosphäre des Planeten. Die daranischen Schiffe existierten nicht mehr. Die Schiffe des Neuen-Imperiums meldeten den Abschluss der Mission. Alle Bodenstationen der Daraner waren vernichtet worden.

Oberst Cameron erhielt die freudige Mitteilung als Hyperkomm-Funknachricht. Er war sichtlich zufrieden mit dem Ausgang der Kämpfe. Der General Da-Qisaarahh hatte sich als unbelehrbar gezeigt. Jetzt musste er mit dem Ergebnis leben.

»Eingehender Funkspruch von Captain Hunter«, meldete Sergeant Niemann.

Der Oberst blickte ihn an.

»Will der Captain uns danken? «, fragte er. » Legen sie auf die Lautsprecher«.

»Sie können sprechen«, erwiderte der Funk-Offizier. »Hier ist Oberst Cameron«, sprach er in den Communicator.

»Leutnant Tanreich spricht«, hallte es aus den Lautsprechern. »Ich melde mich auf Auftrag von Captain Hunter. Dreiundzwanzig Schiffe der Daraner haben abgedreht und sind auf den Kurs zu dem Planeten der Scruffs gegangen. Der Captain vermutet, dass diese Schiffe Atombomben ausschleusen werden. Wir verflogen die Gruppe. Es ist aber durchaus möglich, dass wir sie nicht mehr rechtzeitig erreichen. Können sie die

Schiffe abfangen, bevor sie weiteren Schaden anrichten?«

»Ich kümmere mich darum«, antworte der Oberst kurz und beendete die Verbindung.

»Alarmstart für alle Tarin-Gleiter«, befahl er. Dreiundzwanzig Schiffe der Daraner nähern sich dem Planeten der Scruffs. Vermutlich wollen sie Atombomben ausschleusen. Wir versuchen die Geschosse abzufangen. Keines darf den Boden des Planeten erreichen. «

Die Bestätigungen kamen umgehend herein.
»Alle Schiffe der Prinz-Klasse gehen auf einen Kollisions-Kurs«, ergänzte er. »Drängen wir die daranischen Schiffe in den Weltraum zurück. «

Nur wenige Sekunden nach dem Empfang der Nachricht, beschleunigten die Prinz-Schiffe mit Höchstwerten. Sie durchflogen die Atmosphäre und näherten sich der Umlaufbahn. Es war gerade noch rechtzeitig. Die dreiundzwanzig daranischen Schiffe näherten sich.

»Feuer frei«, befahl Oberst Cameron. »Die Schiffe müssen zurückgedrängt werden. «

Zahlreiche Raketen wurden von den Schiffen des Neuen-Imperiums ausgeschleust. Sie zischten den daranischen Schiffen entgegen.

»Einsatz der Hyper-Space-Kanonen«, befahl Oberst Cameron.

Die 100 Prinz-Schiffe waren in eine optimale Schussposition gelangt. Ihre schweren Hyper-Space-Kanonen röhrten auf. Die Geschosse entmaterialisierten und verschwanden im Hyperraum. Nur Sekunden später erfolgte der Befehl für den Einsatz der Laser-Türme. Im Dauerfeuer flog eine breite Energiewand aus Laser-Lanzen den Schiffen entgegen. Diese hatten ihren Anflug gestoppt. Ihre Geschütze schnellten herum und ermittelten die Koordinaten der feindlichen Schiffe. Dann prasselte ein Energiefeuer den Schiffen des Neuen-Imperiums entgegen. Doch diese wurden durch den Super-Schutzschirm problemlos abgeleitet.

Jetzt materialisierten die Hyper-Space-Geschosse wieder im Normalraum. Die Gefechtsköpfe korrigierten ihren Kurz und beschleunigten. Nur wenige Sekunden später rissen sie tiefe Löcher in die daranische Angriffs-Linie. Wieder verwandelten sich Schiffe zu kleinen Kunstsonnen. Sie zersplitterten und wurden in kleine Metallstücke gerissen. Einigen daranischen Walzen-Raumern gelang es Bomben auszuschleusen. Doch die

Tarin-Jets waren wachsam. Sie ließen keine Lücke in ihrem Sperrriegel zu. Noch im Anflug wurden die Bomben zerstört. Sie richteten keinen Schaden am Boden an.

General Da-Qisaarahh erkannte den weiteren Verlust zahlreicher Schiffe. Er resignierte, die Bomben trafen nicht ins Ziel. Sie wurden von den gegnerischen Schiffen bereits im Anflug ausgeschaltet. Er erkannte, dass seine Flotte verloren hatte, sie hatte sich mit den Beschützern der Scruffs vergeblich angelegt.

»Feuer einstellen«, befahl er. »Hyperkomm-Funkspruch an die Fremden. Teilen sie mit, dass wir kapitulieren. «

Der Funk-Offizier bestätigte und sandte die Mitteilung.

Captain Hunter war im Anflug auf die flüchtenden Schiffe der Daraner.

»Eingehender Funkspruch«, meldete Leutnant Tanreich.

»Schalten sie auf die Lautsprecher«, antwortete der Captain.

»Hier ist das Flaggschiff von General Da-Qisaarahh«, hallte es aus den Lautsprechern. »Wir rufen die fremden Schiffe. Stellen sie ihren Beschuss ein, wir kapitulieren. «

»Die Mitteilung wird kontinuierlich wiederholt«, teilte der Funk-Offizier mit.

Freudenschreie brachen auf der Brücke der Cuuda-001 aus. Die Flotte des Neuen-Imperiums hatte gesiegt.

Die 100 Prinz-Schiffe unter dem Kommando von Oberst Cameron schwebten majestätisch in der Atmosphäre des Centauri-Planeten. In Gruppen zu sieben Schiffen patrouillierten die Geschwader und hielten nach geflüchteten Daranern Ausschau. Obwohl der Planet trocken und karg war, sah er aus dieser Perspektive wie ein blauer Saphir aus. Hohe Berge erhoben sich vom Boden aus und zeugten von gewaltigen Felsrücken. Der große Trabant des Planeten leuchtete in staubigem Grau am Horizont.

Die Flotte von Captain Hunter hatte die Schiffe der Daraner eingeschlossen. Sie waren förmlich bewegungsunfähig. General Da-Qisaarahh erkannte seine Fehleinschätzung der Situation und gab sich der massiven Überlegenheit der Schiffe des Neuen-Imperiums geschlagen. Die Vernichtung seiner

Bodenstellungen hatte er kommentarlos zur Kenntnis genommen. Ein bisher nie eingetroffenes Ereignis war eingetreten. Die als unschlagbar deklarierte daranische Flotte war niedergerungen worden. Die Verluste an Schiffen und Personal waren immens.

Captain Hunter hatte den General angewiesen, seine Schiffe auf dem Raum-Flughafen der Scruffs niedergehen zu lassen. Ein Entkommen war für die Schiffe nicht mehr möglich. Nur noch 23 daranische Schiffe waren aus der stolzen Flotte, unter dem Befehl des Generals, übriggeblieben. Alle anderen Kriegsschiffe waren in der schweren Raum-Schlacht vernichtet. worden Obwohl die daranischen Schiffe mutig gekämpft hatten, waren sie einzig und allein durch die technische Überlegenheit der Schiffe des Neuen-Imperiums besiegt worden. Captain Hunter hatte dem General befohlen, seine Besatzungen ohne Waffen auszuschleusen und in geordneter Reihe vor den Schiffen Aufstellung nehmen zu lassen.

»Wir landen mit 46 Schiffen«, befahl der Captain. »Jeweils 2 Schiffe bewachen einen daranischen Walzen-Raumer. «

»Ich gebe ihren Befehl weiter«, bestätigte Leutnant Graves.

»Öffnen sie mir eine interne Flotten-Verbindung«, wies der Captain seinen Funk-Offizier an.

»Sie können sprechen, die Leitung ist offen«, antwortete Leutnant Tanreich.

»Hier ist Captain Hunter«, sprach er in seinen Communicator. »Alle Marines-Einheiten der Landungs-Schiffe machen sich bereit. Sie scannen und kontrollieren die Besatzungen der daranischen Schiffe nach Waffen und nehmen sie fest. Nehmen sie 120 Kampf-Roboter mit. Sie sollen sich auf Kampfhandlungen einstellen. Wir wissen derzeit noch nicht, wie viele Besatzungs-Mitglieder sich an Bord eines Walzen-Schiffes befinden. Es ist äußerste Vorsicht angebracht. Ferner befehle ich den Einsatz von Spür-Robotern. Die daranischen Schiffe müssen durchsucht werden. «

»Die Bestätigungen kommen herein«, antwortete Leutnant Tanreich.

»Stellen sie mir bitte eine Verbindung zu dem Planeten der Scruffs her«, ergänzte Captain Hunter. »Ich möchte die natradische Hypertronic-KI informieren. «

»Die Verbindung baut sich auf«, bestätigte der Funk-Offizier.

Die Hypertronic-KI, ihr mobiler Arm und die centaurischen Gäste hatten voller Spannung die Raumschlacht vor ihrem Planeten verfolgt.

»Die Nachkommen der Natrader haben ohne große Mühe die daranischen Walzen-Schiffe vernichtet«, sagte Simback. »Kein natradisches Schiff wurde auch nur angekratzt. «

»Mit den Nachkommen ist nicht zu spaßen«, bemerkte Haynback. »Es ist gut, dass sie auf unserer Seite sind. «

»Das muss sich erst noch zeigen«, bemerkte die Hypertronic-KI des Planeten. »Bisher haben wir noch keine offiziellen Anfragen, oder Funksprüche von der natradischen Flotte erhalten. «

»Das ist nicht verwunderlich«, bemerkte der Roboter. »Sie wollten die daranische Flotte nicht vorher auf sich aufmerksam machen. Ihre Strategie war hervorragend. «

»Nicht zuletzt ihre Aktion, die ganzen Abwehrstellungen der Daraner auf unserem Planeten zu vernichten«, bemerkte Haynback. »Das ist ein grandioser Handstreich gewesen. «

»Die natradische Tarntechnik wurde weiter verbessert«, antwortete die Hypertronic-KI. » Anders wäre es nicht möglich gewesen. «

»Dann können wir wieder an die Oberfläche gehen? «, fragte Dynback. » Unsere Bevölkerung wird sich freuen. «

»Wir warten, bis wir Gewissheit haben«, antwortete die Hypertronic-KI. »Erst wenn wir die Situation auf dem Planeten bereinigt wissen, werden wir die Bevölkerung entlassen. «

»Das halte ich für eine richtige Entscheidung«, erwiderte Haynback.

»Ich werde gerufen«, unterbrach die Hypertronic-KI das Gespräch. »Das Flagg-Schiff der natradischen Nachkommen, versucht mich zu kontaktieren. «

»Stelle bitte auf die Lautsprecher«, sagte der Roboter. »Wir haben vor den Scruffs nichts zu verbergen. «

»Die Verbindung wurde aktiviert«, meldete die KI.
»Hier ist die Unterstützungs-Flotte des Neuen-Imperiums «, klang es aus den Lautsprechern. »Mein Name ist Captain Hunter, Befehlshaber über einen Teil

der Flotte. Ich übermittele der planetaren Hypertronic-KI Grüße von Noel, dem Verwalter der natradischen Hinterlassenschaften. Wir sind hier, um dich wieder an das Netzwerk von Natrid anzuschließen. Das ehemalige kaiserliche Imperium wird von uns reaktiviert. Deine Deaktivierungs-Phase mit sofortiger Wirkung beendet. «

Die Hypertronic-KI ließ einige Sekunden vergehen. Dann antwortete sie auf die Mitteilung.

»Wir danken der Unterstützungs-Flotte des Neuen-Imperiums für ihr Eingreifen«, teilte sie vorsichtig mit. »Bedingt durch meine befohlene Deaktivierung durch Admiral Tarin, waren wir noch nicht so weit, selbst entsprechende Abwehr-Maßnahmen einzuleiten. Eine offizielle Aktivierung meiner Anlage erfordert den Befehl durch einen Offizier des kaiserlichen Imperiums mit der Einstufung von Rang 1. Daher wird dieser Wunsch zurückgewiesen. Die Deaktivierung kann nicht beendet werden. Ich arbeite weiter im Notbetrieb, so wie es die Sicherheitsschaltung meiner Programmierung zulässt. «

Captain Hunter hatte die Antwort der Hypertronic-KI erhalten. Er überlegte kurz.

»Major Travis ist nicht zur Stelle«, dachte er. »Wie bekommen wir die KI wieder in den normalen Arbeitsdienst? «

»Du hast die ID-Codes unserer Schiffe erhalten«, erwiderte der Captain. »Die Zugehörigkeit sollte von dir akzeptiert werden. «

Es knisterte in der Leitung. Die KI antwortete.
»Die Zugehörigkeit des Schiffs-Verbandes wurde eindeutig erkannt und registriert«, teilte sie monoton mit. »Es handelt sich um Schiffe der natradischen Heimat- Verteidigung von Natrid. «
»Gestattest du meinen Schiffen auf deinem Planeten zu landen? «, fragte Captain Hunter. » Wir haben zwei Angehörige der Scruffs an Bord, die wir überführen möchten. Ferner erfordert die Situation, dass wir die daranischen Truppen gefangen nehmen möchten. «

»Die Landung der natradischen Schiffe wird gestattet«, antwortete die Hypertronic-KI. »Das ist ein geltendes Recht für Schiffe für alle natradischen Verbände. «

»Wir haben noch eine Frage? «, sprach John Hunter in den Communicator. » Wir suchen die Bevölkerung der Scruffs. Sie ist auf dem Planeten nicht zu finden. Kannst du uns über den Verbleib informieren? «

Wieder ließ die Antwort der Hypertronic-KI auf sich warten.

»Mein Volk wurde in strahlensichere Räumlichkeiten gebracht«, teilte die KI mit. »Sie wurden dem Wirkungsbereich der Daraner entzogen. «

»Sie leben«, antwortete Captain Hunter erstaunt. »Sie sind in deiner Basis?«

»Das entspricht den Tatsachen«, antwortete die Hypertronic-KI monoton. »Die Situation durch die Landung der Daraner machte diesen Schritt notwendig. «

Timback und Mimback stießen Freudenschreie aus. Captain Hunter blickte sie an und lächelte. Er konnte sich die Freude der beiden Scruffs genau vorstellen. Sie hatten die ganze Zeit in Ungewissheit leben müssen. Jetzt wussten sie, dass ihrem Volk nichts passiert war. Er wandte sich wieder seinem Communicator zu.

»Wann werden die Scruffs wieder aus deiner Basis entlassen? «, fragte er.

»Sobald sich keine Daraner mehr auf der Oberfläche meines Planeten aufhalten«, antwortete die KI. »Landen sie ihre Schiffe und übernehmen sie die Daraner in Arrest. Im Anschluss werde ich die Scruffs an die Oberfläche bringen. «

»Können wir ein Gespräch mit ihnen führen? «, fragte der Captain. » Ich habe von Noel neue Befehle für sie. «

»Falls diese direkt von der großen natradischen Hypertronic-KI kommen, sind sie für mich bindend«, antwortete die KI. »Diese Daten werden jedoch vorher von mir auf die Richtigkeit ihrer Angaben geprüft. Landen sie, mein mobiler Arm wird sie auf dem Landefeld erwarten. «

Die Verbindung brach ab. Der Captain blickte seine Brückencrew an.

»Es scheint, wir sind ein Stück mit der KI weitergekommen«, schmunzelte er. »Major Travis teilte mir bereits die Eigenwilligkeiten mancher Hypertronic-KIs mit. Diese hier ist vermutlich auch mit einer Sonderprogrammierung versehen worden. «

Er blickte seinen Funk-Offizier an.
»Leutnant Tanreich, informieren sie bitte die ausgewählten Schiffe, dass wir mit der Landung beginnen. Teilen sie unser Vorhaben auch Oberst

Cameron mit. Er kann sich an dem Landevorhaben beteiligen. Es ist vermutlich gut, wenn er an dem Gespräch mit der KI beteiligt wird. «

»Ihr Anweisungen wurden gesendet «, teilte der Funk-Offizier mit.

»Danke«, antwortete der Captain. »Leutnant Seeger, beginnen sie mit dem Landevorgang. «
Der Steuermann bestätigte und beschleunigte die Cuuda-001. Langsam flogen die beteiligten Schiffe auf den Planeten zu und tauchten in seine Atmosphäre ein.

***

Major Travis war mit der Termar 1, 2 und 7 vor dem ehemaligen zierrakischen Kaiser-Palast gelandet. Ein lantranisches Evolutions-Schiff, besetzt mit Heran und Thoran, sowie das Angriffs-Schiff der Ablonder mit Sil'drock und Ras'ekin an Bord, landeten etwas versetzt zu den Termar-Schiffen. Die Scans der Sensoren meldeten keine versteckten Abwehr-Geschütze, oder Lebenszeichen in der direkten Nähe der Schiffe.

Major Travis, Heinze und Commander Brenzby machten sich auf den Weg zur Schleuse. Die Personen mussten Helme aufsetzen. Die dünne Atmosphäre aus einem

Stickstoff-Methan-Gemisch, war für das Team des Neuen-Imperiums nicht atembar. Sergeant Hardin hatte 50 Marines ausgeschleust. Sie wurden von einer Einheit Kampf-Roboter begleitet. Die 120 Shy-Ha-Narde hatten sicherheitshalber in den Kampf-Modus geschaltet. Ihren wachsamen Augen und Sensoren entging in der Regel nicht das Geringste.

Die Commander der Kaiser-Klasse Schiffe schleusten ebenfalls Kampf-Roboter aus. Jeweils 250 Stück pro Schiff, sollten die nähere Umgebung sichern. Im Laufschritt verteilten sie sich und bauten eine Sicherheits-Zone auf. Sergeant Hardin besaß das Oberkommando. Er nickte zufrieden, als er erkannte, dass alle Kommando-Einheiten in Stellung gegangen waren. Über die Funkeinrichtung seines Taja-Schutzanzuges wurde er über alle Unregelmäßigkeiten informiert. Er drehte sich Major Travis um. Seine Hand fuhr an den Knopf seines Funkgerätes.

»Unsere Einheiten sind in Stellung gegangen«, teilte er mit. »Der Bereich ist gesichert. Sie können jetzt kommen. Die Sicherheits-Zone wurde aufgebaut. «

Major Travis und sein Team verließen die Termar 1 und schritten die Ausstiegs-Energiebrücke hinunter. Commander Stuart und sein Team folgten aus der

Termar 2. Auch Heran und Thoran traten ins Freie. Die Gruppen trafen sich vor der Termar 1. Die Ablonder beeilten sich zu der Gruppe zu stoßen.

»Da kommt unser Begrüßungskomitee«, bemerkte Major Travis.

Er zeigte auf den Palast. Eine Einheit von 30 zierrakischen Gardisten hatte vor dem Gebäude Aufstellung genommen. Es sah so aus, als ob sie den Eingang sicherten.

Major Travis blickte Heinze an.
»Kannst du ihre Gedanken scannen? «, fragte er.

Der Ro nickte.
»Ihre Gedankenmuster sind zerrissen«, antwortete er. Die Offiziere von Captain Irugphan meinen es aufrichtig und sind zu Verhandlungen bereit. Doch ich empfange auch negative Gedanken von abtrünnigen Gruppen, die noch dem geflüchteten Kaiser nachtrauern. Sie planen etwas. «

»Alle Individual-Schirme auf Maximum stellen«, befahl Major Travis. »Nicht alle Zierrakies sind zu einer Kapitulation bereit. «

Heran blickte ihn an.

»Glaubst du an einen Hinterhalt? «, erkundigte er sich.

»Es sieht fast danach aus«, antwortete Major Travis.

Die beiden Lantraner aktivieren den Schutzschirm ihre Kampfanzüge. Ein leichtes blaues Flimmern umgab ihre Körper. Fünf hochdekorierte Zierrakies traten aus der Pforte und blieben vor dem Eingang stehen.

»Man erwartet uns«, bemerkte Major Travis.

Eskortiert von Marines und Kampf-Robotern schritt die Verhandlungs-Kommission auf die wartenden Zierrakies zu.

Der prächtige Palast des ehemaligen zierrakischen Kaisers glänzte in roter Farbe. Unbekannte Gräser und Pflanzen wucherten in monströser Größe rechts und links des Landefeldes. Einige dieser Gewächse wuchsen die Palastmauern hinauf. Zielstrebig schritten die Sieger auf die Eingangspforte. Die Personen der Sicherheits-Garde der Zierrakies blickten skeptisch die sich nähernden Kampf-Roboter des Neuen-Imperiums. Ihnen schien nicht wohl in ihrer Haut zu sein.

Heinze zeigte auf das Dach des Palastes.

»Dort oben tut sich etwas«, flüsterte er.

Die Gruppe blieb stehen. Major Travis blickte ihn an.
»Ich empfange nur Gedankenfetzen«, ergänzte er.
»Doch ich dachte gerade einen Kopf zu sehen, der aber blitzschnell wieder verschwand. «

»Kannst du mehr erkennen? «, fragte der Major.

Der Ro schüttelte seinen Kopf.
»Das Wesen hatte einen schwarzen Anzug an«, erklärte er. »Sein Gesicht war verhüllt. Vermutlich war das Wesen nicht allein. Es war zu schnell. Ich empfange etwas, kann es aber nicht zuordnen. Es scheinen Gedanken von 18 zierrakischen Widerstandskämpfern zu sein. Wir sollten vorsichtig sein. «

Major Travis informierte alle Personen über seinen Helmfunk. Vorsichtig hoben die Kampf-Robotern ihre Lasergewehre an. Sie blickten in alle Richtungen. Auch Heran und Thoran hatten ihre Strahlenwaffen gezogen. Sie schauten angestrengt zu dem Kuppeldach des Palastes hinauf. Plötzlich wurde eine dunkle Gruppe sichtbar. Sie feuerte auf die Besucher. Zahlreiche Energiesalven hüllten Kampf-Roboter und die Marines ein. Ihr aktivierter Individual-Schirm absorbierte die Salven jedoch problemlos.

Major Travis hörte die schweren Strahler seiner lantranischen Begleiter fauchen. Im Dauerfeuer zielten sie auf die steinernen Zinnen auf der Palastkuppel. Die schweren Strahlen zerfetzten die Steine und wirbelten sie in alle Richtungen. Die sich hierhinter versteckt haltenden Zierrakies wurden von dem Einschlag überrascht. Ein Angreifer wurde schwer getroffen und stürzte von dem Dach herunter. Erst jetzt registrierten die Garde-Soldaten der Notstand-Regierung das Problem. Captain Irugphan tobte. Er wies seine Soldaten an, dem Attentat ein Ende zu bereiten. Die Soldaten liefen vor den Palast und unterstützten das Laserfeuer der Gäste.

Commander Brenzby wurde von drei Salven getroffen und von den Füßen geworfen. Sofort traten Tart 1 und Tart 2 vor ihm und sicherten ihn durch ihre Schutzschirme. Major Travis war in seine Knie gegangen und schoss auf die Schatten des Daches. Sie bewegten sich blitzschnell und veränderten ihren Standort.

Die Kampf-Roboter und die Marines deckten die Angreifer mit einem Dauerfeuer ein. Die Kampf-Einheiten wurden von Sergeant Hardin eingewiesen, jeden Punkt auf der Kuppel des Palastes zu beobachten. Den zierrakischen Angreifern blieb kein Spielraum mehr für größere Versteckspielchen. Innerhalb von nur wenigen Sekunden wurden 11 Zierrakies getroffen und fielen von dem Dach des Palastes zu Boden. Die restlichen Angreifer erkannten das Scheitern ihres Angriffes. Sie stellten den Beschuss ein und zogen sich zurück. Captain Irugphan reagierte sofort und ließ sie durch seine Sicherheits-Garde verfolgen. Zahlreiche Soldaten strömten aus dem Palast und liefen in unterschiedliche Richtungen. Sie sicherten das große Gelände vor weiteren Untergrund-Kämpfern.

Der Captain der zierrakischen Notstand-Regierung eilte mit seinem Gefolge auf die Besucher des Neuen-Imperiums zu.

Diese warteten gemächlich ab.
Tart 1 und Tart 2 winkten weitere Kollegen zu sich. Die Kampf-Roboter hoben ihre Lasergewehre, als Captain Irugphan und weitere Politiker näherkamen.

Fünf Schritte vor der Gruppe blieb die Abordnung der Zierrakies stehen.

»Ich bin Captain Irugphan«, stellte er vor. »Mir wurde übertragen, die Amtsgeschäfte unseres Imperiums zu übernehmen. Bitte entschuldigen sie das Attentat. Unseren Offizieren und Soldaten wurde dies strikt untersagt. Wir können uns leider nur für diese Gruppe uneinsichtiger Offiziere entschuldigen. Es ist noch nicht allen klar geworden, dass wir die Unterlegenen sind. Bitte verurteilen sie unser Volk nicht. Es wurde bisher immer mit strenger Hand von unserem geflohenen Kaiser geleitet. Es wird eine lange Zeit brauchen, bis alle Zierrakies mit dieser neuen Situation zurechtkommen. «

Er und seine Begleiter verbeugten sich tief vor der Abordnung des Neuen-Imperiums.

»Bitte verzeihen sie unseren Leuten«, sagte Captain Irugphan. »Die Verursacher werden ihre gerechte Strafe erhalten. «

Die demütigen Zierrakies der einberufenen Notstands-Verwaltung, versuchten sich in der natradischen Sprache zu verständigen. Ihnen musste es innerhalb kürzester Zeit gelungen sein, die für sie fremde und unbekannte Sprache zu erlernen.

»Meinen Respekt«, sagte Major Travis. »Wir können uns von Auge zu Auge unterhalten. Wie haben sie es so schnell geschafft, unsere Sprache zu erlernen? «

»Wir können fremde Wörter leicht in unser Gedächtnis einbinden«, antwortete der Captain und richtete sich auf. »Doch wollen wir nicht in den großen Saal gehen.

Dort lässt sich alles Wesentliche einfacher besprechen. Für ihre Sicherheit wurde gesorgt. «

Major Travis blickte Heran und Thoran an.
»Nichts für ungut«, bemerkte er. »Wir nehmen lieber unsere eigenen Kampf-Roboter mit. Verstehen sie das nicht als Argwohn, wir folgen hiermit lediglich einer Vorschrift unserer Regierung. «

»Ich verstehe«, erwiderte Captain Irugphan. »Vorschriften existieren bei uns ebenfalls in ausreichender Fülle. Bitte folgen sie mir. «

Sergeant Hardin hatte seine Kampf-Roboter neu positioniert. Sie hatten eine breite Gasse aufgebaut, die von den gelandeten Raumschiffen bis zu dem Palast reichte. Alle Roboter hatten die Waffen entsichert. Der kleinste Zwischenfall würde von ihnen geahndet werden. Unwohl schritten die Offiziere der Zierrakies durch die Gasse. Immer wieder fiel ihr Blick auf die emotionslosen 2,20 Meter großen Boliden aus Natridstahl. Die Marines hatten an der Pforte Aufstellung genommen. Sie waren bereit, die Abordnung des Neuen-Imperiums in den Sitzungssaal zu eskortieren.

An der Pforte angekommen, drehte sich Major Travis um. Zwei zierrakische Groß-Raumschiffe landeten.

»Wir warten noch einen Augenblick«, sagte er zu Captain Irugphan. »Es scheint noch jemand an unseren Gesprächen teilnehmen zu wollen. «

Der Captain der Notstand-Regierung blickte den Major fragend an.

Dieser zeigte auf die Ausstiegs-Schleusen der Schiffe. Aus jedem Raumer stiegen sechs Personen aus. Major Travis erkannte von dem ersten Schiff Admiral Dragphan, den ehemaligen Leiter der zierrakischen Fern-Aufklärung, Commander Breckphan, seinen Stellvertreter und Captain Fragphan, den Sicherheits-Offizier des Admirals, die Ausstiegsbrücke herunterlaufen. Sie wurden durch drei Elite- Soldaten eskortiert.

Von dem zweiten Schiff erkannte er Admiral Lirthryth, Befehlshaber der 10.000 Schiffe, die der Groß-Kaiser zur Unterstützung entsandt hatte. Er wurde begleitet durch seinen 1. Offizier, Captain Rithphan. Auch sie wurden von drei Elite-Soldaten eskortiert. Die Gruppe hatte ihre zierrakischen Atemmasken angelegt.

Es dauerte einige Minuten, bis sie die wartende Gruppe erreicht hatten.

»Haben sie sich doch entschlossen, an den Gesprächen beizuwohnen?«, fragte Major Travis den Admiral.

Dieser lächelte ihn an.
»Es geht um die Zukunft unseres Volkes«, antwortete er.
»Wir möchten nicht abreisen, ohne den Worgass auf dem Heimat-Planeten der Zierrakies eine Möglichkeit gegeben zu haben, über ihre Zukunft zu entscheiden.«

»Sind die Aller-Ersten mit ihnen gereist?«, fragte Heran.
» Sie wollten eigentlich an den Beratungen teilnehmen.«

»Über sie mache ich mir keine Sorgen, antwortete der Admiral. »Sie kommen und gehen, wie es ihnen passt. Sie brauchen kein Raumschiff, um sich befördern zu lassen. Es sind Götter. Sie werden schon noch erscheinen.«

Heran verzog sein Gesicht und blickte Thoran an.
»Sie sind zu etwas Höherem aufgestiegen«, bemerkte der Flottenführer der Lantraner. »Es ist ihr Weg, den sie gehen möchten. Niemand wird sie hieran hindern.«

»Wir haben ihnen viel zu verdanken«, entgegnete Admiral Dragphan. »Ohne sie wäre uns der Weg in die Freiheit nicht gelungen.«

»Danken sie ihnen später«, antwortete Heran. »Vergessen sie bitte nicht Major Travis, der ihrem Volk einen neuen Planeten anbietet. «

Der Admiral blickte den Lantraner irritiert an. »Das werden wir sicherlich nicht«, antwortete er. »Wir sind dem Neuen-Imperium für seine Großzügigkeit sehr dankbar. Mit Major Travis haben wir alles besprochen. Unser Volk wird in dem Imperium seine Aufgaben übernehmen und für die Sicherheit des Ganzen sorgen. «

Major Travis blickte Captain Irugphan an. »Sie kennen Admiral Dragphan, Admiral Lirthryth und seine Begleiter? «, fragte er.

Der Captain nickte. »Es sind Angehörige unseres Hilfsvolkes, die sich gegen uns gewandt haben«, erwiderte er. » Sie wurden von unserem Kaiser mit hohen Ämtern betraut, die ihnen vermutlich zu Kopf gestiegen sind. «

»Unterdrückung und Knechtschaft zahlt sich nie aus«, entgegnete Major Travis. »Die Zeiten ändern sich sehr schnell. Jede Rasse hat ein Recht auf eine eigene Entwicklung und seine individuelle Selbstverwaltung. Jetzt hat dieser Freiheitswunsch auch den Kaiser des zierrakischen Imperiums von seinem Thron gestoßen. Sie stehen vor den Trümmern ihrer Zivilisation. Ich hoffe, dass sie nicht noch weitere Rückschläge hinnehmen müssen. «

»Wie kann ich das verstehen? «, fragte der Captain. » Werden wir mit weiteren Anschlägen rechnen müssen? «

»Ihr ehemaliger Kaiser hat an vielen Fronten kämpfen lassen«, erklärte der Major. »Er hat unterentwickelte Rassen brutal abschlachten und versklaven lassen. Jetzt haben sie ihre Kampf-Verbände von den Fronten abziehen lassen. Rechnen sie nicht damit, dass die unterdrückten Völker sich revanchieren werden? «

Der Captain der zierrakischen Notstands-Regierung dachte nach.

»Das wäre das Schlimmste, das uns noch passieren könnte«, antwortete er. »Unsere Flotten sind bis auf ein kleines Kontingent aufgerieben. Große Abwehrmöglichkeiten sehe ich nicht mehr. «

»Über wie viele Schiffe verfügen sie noch? «, fragte Heran.

Derzeit konnten wir 9.300 Groß-Kampfschiffe unversehrt in die Basen zurückführen«, teilte der Captain mit. » Weitere 43.000 Einheiten sind beschädigt und nicht mehr einsatzfähig. Sie müssen aufwendig repariert werden, aber das wird Zeit kosten. «

Sein Blick trübte sich.

»Lassen sie uns in den Sitzungssaal gehen«, bemerkte er. »Dort warten weitere Regierungs-Vertreter auf uns. Lassen sie uns über ihre Reparatur-Ansprüche sprechen.«

Er drehte sich um und ging durch die Pforte. Die Abordnung der Siegermächte folgte ihm.

Tart 1 und Tart 2 eskortierten Major Travis. Die Marines hatten den inneren Bereich gesichert und das Dienstpersonal und kleinere zierrakische Roboter in eine Ecke gedrängt. Nichts wurde mehr dem Zufall überlassen.

Riesige Fresken hingen an den Wanden des Korridors, die unterschiedliche Szenarien aus der Vergangenheit der Zierrakies zeigten. Diese Bilder wurden von Skulpturen unterbrochen, die glorreiche Admirale in unterschiedlichen Raumschlachten zeigten. Große

Leuchter hingen an der Decke. Tiefrote Vorhänge breiteten sich vor großen Fenstern aus. Der Korridor schien unendlich zu sein. Dann bog Captain Irugphan nach rechts ab. Eine große Doppeltüre wurde sichtbar. Er klopfte kurz und öffnete sie.

Die Gruppe wurde bereits von zwölf weiteren Regierungs- Mitgliedern erwartet. Sie alle sahen ähnlich aus. Die Körper waren hager und groß gewachsen. Nur die Rötung ihrer Augen unterschied sich etwas. An ihren silbernen Uniformen steckten viele bunte Abzeichen. Die Marines der Schiffe des Neuen-Imperiums strömten in den Saal und verteilten sich unauffällig an den Wänden.

Sergeant Hardin stand noch im Bereich der Türe.

»Der Raum ist gesichert«, teilte er Major Travis mit. »Sie können jetzt eintreten. «

Captain Irugphan schritt hindurch, gefolgt von der Abordnung der Siegermächte. Er zeigte auf die wartenden Zierrakies, die den Eintritt der Gäste zurückhaltend, mit emotionslosen Blicken, verfolgt hatten.

»Das sind die restlichen Mitglieder unserer Notstands-Regierung«, sagte er. »Ich verzichte jetzt bewusst darauf, jeden Einzelnen mit Namen vorzustellen. «

Er blickte seine wartenden Kollegen an.
»Zierrakies der Notstands-Regierung«, sagte er. »Die Siegermächte der fremden Flotte sind hier, um mit uns Verhandlungen über die Zukunft der zierrakischen Rasse zu führen. Wir sind unterlegen und werden die Forderungen annehmen müssen. «

Die Zierrakies verbeugten sich nach alter Sitte des kaiserlichen Hofes.

»Die Worgass bitte ich gehen«, sagte einer der Regierungs-Vertreter. »Sie haben in den kaiserlichen Hallen keinen Zutritt. «

»Die Worgass werden bleiben«, sagte Heran. »Sie werden über ihr weiteres Schicksal entscheiden. «

Commander Brenzby erkannte, wie es in dem Regierungs-Vertreter kochte.

Captain Irugphan hob seine Hand.
»Ich ermahne nochmals alle Zierrakies zur Zurückhaltung«, sagte er schroff. »Die alten Zeiten sind

vorbei und werden nicht mehr wiederkommen. Unser stolzer Kaiser ist geflüchtet. Er hat sein Volk sich selbst überlassen. Wir können für ihn die Scherben beseitigen. Das sollte allen Zierrakies hier im Raum klar sein. «

Er zeigte auf einen großen Tisch. Es waren genügend Plätze für alle Personen vorhanden.

»Nehmen wir Platz und beruhigen uns«, bemerkte er. »Es werden vermutlich keine einfachen Gespräche werden. «
»Wir sind Ablonder«, sagte Sil'drock. »Erstmalig stehen wir ihnen Auge in Auge gegenüber. Sie haben unsere Zivilisation ausgelöscht. Die Offiziere unseres Flotten-Oberkommando wurden von den Soldaten ihrer Armeen getötet, unsere Welten haben sie vernichtet. Glauben sie wirklich, dass sie ohne Gegenleistung jetzt davonkommen? «

»Vielleicht wäre es hilfreich für sie, wenn wir ihr Volk erst einmal für 250.000 Jahren auf einen Reservations-Planeten verfrachten und danach ihre Angehörigen zu Dienern unseres Volkes machen«, ergänzte Ras'ekin. »Ich kann mir vorstellen, dass die Worgass diese Aufgabe gerne übernehmen möchten. «

Die zierrakischen Regierungs-Mitglieder rissen ihre Augen auf.

»Dann sterben wir lieber im Kampf«, antwortete ein Vertreter. »Das werden wir unserem Volk nicht zumuten.«

»Wir sind nicht hier, um die zierrakische Zivilisation auszulöschen«, sagte Major Travis. » Mit diesem Schritt wären wir nicht besser als die Schergen ihres ehemaligen Kaisers. Ich bitte die beiden Ablonder, ihren Hass gegen die Zierrakies im Zaum zu halten. Das hilft uns jetzt nicht weiter. «

Die Regierungs-Mitglieder der Notstands-Regierung schrien laut auf. Ein Flimmern war vor ihnen entstanden. Ein blaues Energiefeld baute sich auf und öffnete sich Ein Durchgang entstand. Heraus schritten Geoffwan, der Sprecher des Ältestenrates der Aller-Ersten. Ihm folgten Balswan und Halswan, beides ebenfalls Mitglieder des Ältestenrates, Nadewan, der Befehlshaber der Wolkenstädte und Talswan, der Flotten-Befehlshaber. Das Flimmern erlosch, als der letzte von ihnen durchschritten war.

»Wie ist das möglich? «, fragten die Zierrakies.

»Weil sie Götter sind«, erklärte Admiral Dragphan. »Erkennen sie jetzt, wen sie vor vielen Jahrtausenden auf ihrem Reservations-Planeten eingesperrt haben? «

Den Zierrakies hatte es die Worte verschlagen. Sie blickten starr auf die Aller-Ersten.

»Wir bitten unsere Verspätung zu entschuldigen«, lächelte Geoffwan geheimnisvoll. »Wir sind eine Abordnung der Macoronarus, die sie 250.000 Jahre auf dem Reservations-Planeten 429 in ihrer Anomalie festgesetzt haben. Es war eine lehrreiche Zeit für uns. Wir bedanken uns bei ihnen, dass wir die Studien durchführen durften. «

Die Aller-Ersten gingen zu den freien Plätzen und setzten sich.

»Fahren sie mit ihren Gesprächen fort«, sagte Geoffwan.

Major Travis und die Gruppe der Siegermächte folgten dem Beispiel und setzten sich auf die Stühle vor dem großen Tisch. Gespannt blickten die Zierrakies die Vertreter der Siegermächte an.

Thoran stand auf und blickte in die Runde.

»Vielleicht ist es ihnen Recht, wenn ich anfange und unsere Wünsche äußere«, fragte er.

»Nur zu«, sagte Geoffwan. »Sprechen sie im Namen der Lantraner. «

Thoran nickte ihnen zu.

Er blickte die Zierrakies an.
»Sie sind eine alte Species in der Galaxie«, sagte er. »Das Gleiche behaupten wir von unserer Zivilisation. Vor vielen Millionen von Jahren traten die ältesten Rassen an einem geheimen Ort der Galaxis zusammen und erarbeiteten einen Vertrag, der die Zukunft des Universums regeln sollte. Dieser Vertrag begrenzte den Wirkungsbereich der alten Rassen auf die ihnen zugeteilten Sterneninseln. Der damalige Kaiser ihres Volkes stimmte diesem Vertrag zu und unterschrieb ihn. Wissen sie von diesem äußerst wichtigen Dokument? «

Captain Irugphan schüttelte seinen Kopf.
»Dieses wird vermutlich öffentlich nicht zugänglich gewesen sein«, antwortete er. »Sicherlich ist er in den kaiserlichen Archiven zu finden. «

Er winkte einem Adjutanten. Dieser kam zu ihm gelaufen.

»Versuchen sie diesen Vertrag zu finden«, befahl er. »Nehmen sie sich so viel Gehilfen, wie sie benötigen. Wir müssen wissen, was damals vereinbart wurde. «

Der Captain blickte wieder seine Gäste an.
»Das wird einige Zeit in Anspruch nehmen«, erklärte er. »Der Vertrag wird sich finden lassen. «

»Ich erkläre ihnen, was dieser Vertrag aussagt«, teilte Thoran mit. »Dieser Vertrag wurde von allen alten Rassen der Galaxie unterschrieben. Er regelte die Ausbreitung von Zivilisationen in dem uns bekannten Universum. Es wurde in langen Gesprächen vereinbart, dass alle damaligen Rassen für ihre Sterneninseln verantwortlich sein würden. Alle Parteien waren einverstanden und unterschrieben, dass sie keine Expansion ihres Reiches durchführen werden. Es wurde festgehalten, dass keine alte Rasse versuchen würde, eine fremde Sterninsel unter ihren eigenen Einfluss zu bringen. Viele Jahrtausende hatte dieser Vertrag Gültigkeit. Mit Argwohn und Enttäuschung stellten wir Lantraner nach vielen Jahrhunderten fest, dass die letzten Groß-Kaiser ihrer Rasse, diesen alten Vertrag ignorierten. Sie setzen sich hierüber hinweg. Ihre Kriegsflotten waren für die Ausrottung und die Unterwerfung vieler unterentwickelter Völker in dem näheren Umkreis ihrer Galaxie verantwortlich. Der unterschriebene Vertrag ist jedoch immer noch wirksam. Die aggressive Expansions-Politik der zierrakischen Kaiserkaste war für uns nicht länger hinnehmbar. Viel zu lange haben wir gezögert, um etwas hiergegen zu unternehmen. «

Thoran ließ eine kurze Pause vergehen. Dann sprach er weiter.

»Das Neue-Imperium wurde von den Ablondern um Unterstützung gebeten«, erklärte er. »Durch die freundschaftliche Beziehung, die wir zu dem Neuen-Imperium unterhalten, entschlossen wir uns, ebenfalls Hilfe zu leisten. Die Regierung meines Volkes erwartet, die Einhaltung des alten Vertrages, der zwischen den ersten Völkern der Galaxie geschlossen wurde. «

Thoran zeigte auf die Abordnung der Macoronarus, welche durch eine Abordnung des Ältestenrates ihrer Rasse vertreten wurde.

»Ich gebe das Wort weiter an Geoffwan«, sagte Thoran. »Er wird sicherlich auch etwas hierzu sagen mögen. «

Thoran blickte ihn an und nickte.
»Würden sie bitte die Sicht aus ihren Augen darstellen«, fragte er.

Geoffwan erhob sich.

»Ich danke Thoran für die Interpretation der Dinge aus der Sicht der Lantraner«, erwiderte er. »Es ist aus unserer Sicht nachvollziehbar, dass gemeinschaftlich geschlossene Verträge nicht einseitig, ohne Absprache aufgekündigt werden dürfen. «

Er blickte die Zierrakies intensiv an.

»Auch wir sind ein altes Volk der Galaxis«, erklärte er. »Den Generationen-Vertrag über die Aufteilung der Sterninseln haben wir ebenso unterschrieben, wie auch die Parlamentarier ihrer Rasse. Wir haben uns immer hieran gehalten und uns lediglich auf Expeditionen und Forschungen im externen Bereich des uns zugestandenen Gebietes konzentriert. Als wir vor langer Zeit bemerkten, dass immer mehr Welten aus unserem Einflussbereich von einer unbekannten Macht angegriffen wurden, machten wir uns auf dem Weg der Sache nachzugehen. Leider waren unsere Raumschiffe nicht als Kampfschiffe konzipiert. Es war ein Fehler von uns, nur mit unseren damaligen Forschungs-Schiffen und einer minimalen Bewaffnung, uns ihren weit entwickelten Groß-Kampf-Schiffen zum Kampf zu stellen.

Es kam, wie es kommen musste. Unsere Forschungs-Schiffe wurden vernichtet, die Planeten unserer Kultur, ebenso wie alle Welten unserer Hilfsvölker, wurden von ihren damaligen Kriegs-Schiffen verwüstet. Wir kapitulierten und wurden von ihnen auf einem ihrer Reservations- Planeten eingepfercht. Unser Hilfsvolk die Ablonder, hatten nicht viel Glück. Viele von ihnen mussten ihre Treue zu uns, mit ihrem Leben bezahlen. Doch wir hatten vorsichtshalber Nachschub-Depots angelegt und viele freiwillige Ablonder in den Kälteschlaf versetzt. Diese sollten nach einer langen Zeit wieder aktiv werden und nach uns suchen. «

Er zeigte auf die Ablonder und verbeugte sich.
»Eine solche Treue, die sie und ihr Volk uns gewahrten,

beschämt uns«, bemerkte er. »Wir werden für sie eine gerechte Entschädigung finden. «

Geoffwan blickte wieder die Zierrakies an.
»Doch ich möchte meine Rede abschließen«, ergänzte er. »Die lange Zeit, die wir auf dem uns zugeteilten Reservations-Planeten verbrachten, gab uns die Möglichkeit andere Völker und Rassen kennenzulernen und zu studieren. Auch über die Rasse der Zierrakies, haben wir viel Wissenswertes erlernt. Das war der Sinn unserer Forschung, den wir über den geplanten Zeitraum betrieben haben. Zu diesem Zweck haben wir den die

Stasis-Schlafkammern auf eine Zeit von 250.000 Jahren programmiert. «

Die Ablonder blickten ihn entsetzt an.

Geoffwan hob seine Hand.
»Die Zeit kommt ihnen lange vor, doch für uns ist das nur ein kleiner Moment «, erklärte er. »Die Worgass bezeichnen uns als Götter, die Ablonder betiteln uns als Herren. Wir selbst sehen uns als Unsterbliche zwischen den Gezeiten. Doch wenden wir uns wieder unseren Forschungen und den Erkenntnissen über die Zierrakies zu. «

Er blickte Captain Irugphan an.
»Zu den Hochzeiten ihres Imperiums haben wir großes Leid, Unterdrückung und Vernichtung registriert«, sagte er. »Zu keiner Zeit haben wir andere Rassen kennengelernt, die so rücksichtslos mit nachwachsenden jungen Species und Kulturen umgegangen sind. Aus ihrer Sicht sind die Zierrakies die Geißel der Galaxie. Sie können sicherlich verstehen, dass die militärischen Kräfte unseres Regierungs-Rates, eine Weiterexistenz ihres Volkes ablehnen. Es ist unseren gemäßigten Ältesten nur sehr schwer gelungen, sie von einer vollständigen Vernichtung ihres Planeten abzubringen. Auch wir dürfen nicht über andere Rassen urteilten. Es

steht auch uns nicht zu, eine fremde Species auszurotten, nur weil sie von falschen Herrschern geleitet wurde. «

Geoffwan sah, wie die Zierrakies aufatmeten. Der Aller-Erste schien innerlich zu schmunzeln, doch nach außen sah man seinem Gesicht keine Regung an.

»Sie sagten, dass sie den Generationenvertrag der ältesten-Rassen der Galaxie nicht kennen? «, bemerkte er. » Es geht darum, die Einhaltung dieses Vertrages strikt und unmissverständlich einzufordern und das Volk der Zierrakies in eine Demokratie zu überführen. Lassen sie ab von der Monarchie, verzichten sie auf die adeligen Kasten und das Kaisertum, wie sie es bisher kannten. Führen sie ihr Volk in eine Demokratie, aber lassen sie es vorher hierüber abstimmen. Gewähren sie Freiheit und Selbstverwaltung für die zierrakischen Clans. Entwickeln sie ihr Volk weiter, aber achten sie auf die Einhaltung des alten Vertrages, den die ältesten Rassen der Galaxie, mit ihrem Volk vor langer Zeit vereinbart haben. Wenn sie auf diese Punkte eingehen, verzichten wir auf Reparations-Zahlungen und geben ihrem Volk eine Chance, sich einem sich verändernden Universum weiterzuentwickeln. «

»So leicht sollten die Zierrakies nicht davonkommen«, fluchte Ras'ekin.

Er war wutentbrannt von seinem Stuhl aufgesprungen.

»Wollen sie es nicht wahrhaben«, tobte er. »Die Zierrakies haben Tod und Vernichtung über viele Rassen der Galaxie gebracht. Soll das alles vergessen sein? «

Ein scharfer Blick von Geoffwan ließ Ras'ekin verstummen. Sil'drock zog ihn auf seinen Stuhl zurück. Der ernste Blick des Aller-Ersten wandte sich den Zierrakies zu.

»Die Taten ihres Volkes und ihrer Hilfskräfte werden für immer in der Geschichtsschreibung der Galaxie existent bleiben«, sagte er leise. »Diesen schlimmen Teil ihrer Geschichte haben sie selbst verursacht. Leider ist der verantwortliche Kaiser ist geflohen und kann nicht zur Rechenschaft gezogen werden. Sollen die Nachkommen eines Volkes für die Taten der Vergangenheit büßen? Über 250.000 Jahre sind vergangen, die Verursacher dieser Misere längst zu Asche und Staub zerfallen. Ich frage hier alle Anwesenden an diesem Tisch. Sind sie alle mit unserem Vorschlag einverstanden, den Zierrakies eine letzte Chance zu geben?«

Er ließ seine Worte kurz wirken.

»Stimmen sie bitte einem Vorschlag zu, der erstmalig eine Demokratie auf dem zentralen zierrakischen Planeten einführt und der die Einhaltung des alten Generationen-Vertrages garantiert. Ein Vorschlag, der das ganzes bisherige Lebens des zierrakischen Volkes umkrempelt und sie zu einer Eigenverantwortung bestimmt. Ihre Verantwortung gegenüber andersartigen Lebensformen, muss völlig neu erlernt werden. Falls diese Forderungen von den Zierrakies akzeptiert werden, verzichten die Siegermächte auf Reparatur-Zahlungen und werden von Forderungen Abstand nehmen. «

Geoffwan blickte in die Runde der Zuhörer.

»Ich habe noch eine Bitte«, sagte Admiral Dragphan.
Der Aller-Erste wandte seinen Kopf und schaute ihn an.
»Ich kenne ihre Frage bereits«, antwortete er. »Selbstverständlich können die Worgass auf dem zierrakischen Planeten frei entscheiden, ob sie ihn verlassen möchten, oder ob sie weiter als Diener unter den Zierrakies arbeiten möchten. Alle Worgass, die auf eine Knechtschaft verzichten wollen, sei ein Leben in unbestimmter Zukunft garantiert. Sie dürfen mit ihnen in die Milchstraße auswandern. «

»Darauf wollte ich hinaus«, antwortete Admiral Dragphan.» Dieses Zugeständnis benötige ich von Captain Irugphan. «

»Wir können keinen Widerspruch in unser Position einlegen«, antwortete dieser. »Falls sich unsere Dienerschaft neuen Aufgaben widmen möchte, werden wir sie nicht aufhalten. «

»Damit erfüllen sie uns einen langersehnten Wunsch«, erwiderte der Admiral. »Ich hoffe sehr, dass die Worgass auf dem Heimat-Planeten der Zierrakies das ebenso sehen. «

Die anwesenden Zierrakies wirkten erleichtert. Sie hatten mit wesentlich härteren Strafen gerechnet.

»Das wird kein einfacher Weg für uns werden«, entgegnete Captain Irugphan. »Wir akzeptieren die Auflagen und werden die Forderungen umsetzen. Wieder mal müssen die Folgen der kaiserlichen Entscheidungen von dem zierrakischen Volk ausgebadet werden. Unsere Welt wird sich verändern. Der Kampfdrang der zierrakischen Clans unseres Planeten, wird ab heute nicht mehr in den Weltraum getragen. Wir werden lernen, diesen Drang mit uns selbst auszufechten, um ihn zu bändigen. Das wird nicht einfach werden. «

»Das hat auch keiner der hier anwesenden Personen angenommen«, erwiderte Geoffwan. »Es kann aber nicht sein, dass dieser zierrakische Drang andere Rassen in den Untergang stürzt. Letztlich ist es ausschließlich ein Effekt der zierrakischen Evolution. «

Die Zierrakies erkannten, dass der Sprecher der Aller-Esten Recht hatte.

»Wer garantiert uns, dass sich die Zierrakies sich an die Vereinbarung halten werden? «, fragte Sil'drock. » Diesem Volk konnte man noch nie trauen? «

Captain Irugphan sprang von seinem Stuhl auf.
»Mit dieser Aussage beleidigen sie uns«, erwiderte er. »Wir Zierrakies stehen zu unseren Zusagen. Zuverlässig und loyal haben wir alle Befehle unseres Groß-Kaisers ausgeführt. Es gab zu keiner Zeit einen Zweifel an unserer Zuverlässigkeit. «

»Das will ich nicht abstreiten«, antwortete Sil'drock. »Doch ihre Truppen haben diese niederträchtigen Befehle ihres Kaisers, ohne nachzudenken ausgeführt. Bereits hier hätte man als intelligentes Wesen intervenieren müssen.«

Die Zierrakies senkten ihren Kopf.
Captain Irugphan blickte den Ablonder an und schluckte kurz.

»Der Personenkreis, der die Befehle unseres Kaisers hinterfragte, wurde sofort von Sicherheits-Garden verhaftet und abgeführt. Spätere Nachfragen von hochrangigen Offizieren, konnten keinen Hinweis auf den Verbleib der Personen ermitteln. Vermutlich sind sie verschleppt und exekutiert worden. Es wurde hierüber nicht laut gesprochen, aber jeder Zierrakie, der in den Diensten des Kaisers stand, vermutete es.«

Der Captain hob seine Arme.
»Wir waren machtlos, gegen die kaiserlichen Machenschaften und gegen seine Sicherheits-Garde«, erklärte er. »Offen zu rebellieren, bedeutet freiwillig in den Tod zu gehen.«

»Es gibt immer Möglichkeiten«, antwortete Sil'drock eine Tonlage ruhiger. Er wollte die Situation nicht weiter eskalieren lassen.

Erst jetzt erkannten die Zuhörer das ganze Dilemma, in der sich die Untertanen des zierrakischen Imperiums befunden hatten.

»Meine Herren«, sagte Major Travis. »Das Geschehene lässt sich nicht mehr rückgängig machen. Wir sollten hieraus eine Lehre für die Zukunft ziehen. Nie mehr darf es zu solchen Taten kommen, die unschuldige Rassen in den Untergang stürzen. «

Er blickte Geoffwan an.
»Wie können wir die Einhaltung unserer Forderungen durch die Zierrakies kontrollieren? «, fragte er. » Durch uns ist dies nicht möglich. Unser Ziel wurde erreicht. Die Gefahr für die Milchstraße wurde gebannt. «

»Sie haben uns freundlicherweise Asyl angeboten«, bemerkte Admiral Dragphan. Wir akzeptieren und werden mit ihnen kommen. Unserer Flotte ist es daher ebenfalls nicht möglich, die Einhaltung der Absprachen zu kontrollieren. Ferner vermute ich, dass es den Zierrakies nicht gefallen würde, wenn ihre ehemaligen Diener sie kontrollierten. «

»Das betrifft unser Einflussgebiet«, antwortete Talswan trocken. »Das Flottenkommando der Aller-Ersten wird die Welten der Zierrakies vollständig überwachen und im

Auge behalten. Wir werden der Einhaltung unserer Absprachen Nachdruck verleihen und die Regierung der Zierrakies hieran erinnern. Bei der kleinsten Unregelmäßigkeit, ist unser Entgegenkommen hinfällig. Strafmaßnahmen dürfen dann mit sofortiger Wirkung eingeleitet werden. Das geht hin, bis zu einer Vernichtung des zierrakischen Heimat-Planeten. «

»Wir sind einverstanden«, antwortete der Captain der Notstands-Regierung. »Unseren Planeten setzen wir auf keinen Fall aufs Spiel. Ich verfluche Kaiser Zyrithsyth. Er soll Strafarbeit in den Minen von Gonzarith ableisten und für seine Taten büßen. Die Mächtigen werden nicht begeistert sein. «

Die Siegermächte blickten ihn irritiert an.
»Was meinen sie mit dem Hinweis auf die Mächtigen? «, fragte Major Travis.

Captain Irugphan blickte ihn mit schmalen Augen an. »Ich befürchte, unser Gross-Kaiser war nicht frei in seinen Entscheidungen«, erklärte er. »Ich habe Hyperkomm-Funksprüche mitgehört, als er mit einer Rasse gehalten hat, die sich Mächtige ausgaben. Ich hatte den Eindruck, dass sie ihm Befehle vorgegeben haben. «

»Existieren weitere Informationen über die Mächtigen? «, fragte Major Travis.

Captain Irugphan schüttelte seinen Kopf.
»Ich habe bereits heimlich aus eigenem Interesse recherchiert«, antwortete er. »Hiervon wurde nichts aufgezeichnet. Es scheint so, als ob der Kaiser die Befehle immer nur mündlich empfangen hatte. Ich hörte, wie ihnen mitteilte, dass alle Möglichkeiten ausgeschöpft werden, um das Ausbreiten von andersartigen Rassen zu verhindern. Mehr habe ich nicht mitbekommen. «

Major Travis blickte den Ältestenrat der Aller-Ersten an.

»Der zierrakische Kaiser muss einen Nutzen aus dieser Strategie gezogen haben«, teilte er mit. »Warum sollte er auf die Wünsche von einer fremden Rasse eingehen? «

Geoffwan und seine Begleiter unterhielten sich flüsternd. Dann hob der Sprecher des Rates seinen Kopf und blickte in die Runde der Zuhörer.

»Wir kennen diese Rasse nicht«, erklärte er. »Sie ist uns niemals begegnet. Noch kennen wir diese aus unseren früheren Zeiten, als wir Exkursionen in ferne Gebiete des

Weltraumes unternommen haben. Sie können uns glauben, dass wir viel gesehen haben. Doch niemals sind wir auf eine Rasse gestoßen, die sich die Mächtigen nannten. «

»Sie wirkten irritiert, als der Name von Captain Irugphan genannt wurde«, bohrte Major Travis nach. »Es sah für uns so aus, als ob sie einen Gedanken diskutieren würden.«

Talswan lachte.
»Sie sind ein guter Beobachter«, erwiderte er. »Geoffwan teilte uns mit, dass in dem Buch des großen Aahnn ein Hinweis auf die Rasse der Mächtigen enthalten ist. Wie sie wissen, war er der bedeutendste Seher und Prophet unseres Volkes. Er deutete an, dass nach vielen Jahren der Weiterentwicklung und des Wohlstandes im Universum, sich eine Zeit der Dunkelheit über die gesamte Galaxie ausbreiten würde. Er deutet an, dass eine furchtbare Rasse, die sich selbst als Mächtige bezeichneten, ins Universum einfallen würde. Er schrieb in seinen Buch, dass diese Rasse das Gesicht der Galaxien verändern und Tod und Vernichtung über uns alle bringen würde. Das Szenarium wurde mit schlimmen Worten interpretiert. Nach den Angaben des großen Aahnn, wird kein Stein mehr auf dem anderen bleiben. «

Eine kurze Pause verging.

»Wie zutreffend sind diese Niederschriften? «, fragte Heran interessiert.

»Alles, was unser Volk betrifft, ist eingetreten«, antwortete Geoffwan. »Wir verehren den großen Aahnn und haben keinen Anlass an seinen Niederschriften zu zweifeln. «

»Wehret den Anfängen«, sagte Admiral Dragphan. »Wir werden uns jedenfalls unsere neue Freiheit und Selbstverwaltung nicht mehr nehmen lassen. Falls ihre Aussage auf den Einfall einer fremden Macht hindeutet, dann lassen sich die Pläne noch im Anfangsstadium vereiteln. «

»Das ist alles gut und schön, aber wir besitzen keine Hinweise«, entgegnete Major Travis. »Wer oder was sind die Mächtigen? Wo halten sie sich auf und was führen sie im Schilde? Wir brauchen mehr Informationen. «

»Wir besitzen jetzt bereits einige Fakten«, bemerkte Thoran. »Die Mächtigen haben dem zierrakischen Kaiser Befehle erteilt, vielleicht ihm auch seine Expansions-Politik befohlen. Das kann vor vielen Generationen passiert sein. Die Daraner sprechen ebenfalls von einer geheimen Macht im Hintergrund. Das gleiche wird von den Netzwerk-Denkern vermutet. Was ist, wenn die Mächtigen für das ganze Unheil in der Galaxie verantwortlich sind? Dann wäre auch eine Verbindung zu den Rigo-Sauroiden möglich, die für die Vernichtung von Natrid verantwortlich waren. Das sind zwar reine Spekulationen, doch sind die Thesen von der Hand zu weisen? «

»Ohne weitere Informationen, können keine Gegenmaßnahmen beschlossen werden«, bemerkte Geoffwan. »Uns fehlen exakte Daten. Wir werden einige Kundschafter durch die Raum und die Zeit in unterschiedliche Dimensionen entsenden. Sie werden gezielt nach den Mächtigen forschen. Sobald wir weitere Informationen erhalten, werden wir sie aufsuchen und ihnen berichten. Ansonsten empfehlen wir jeder hier anwesenden Rasse, die Augen und die Ohren offenzuhalten. Jeder Hinweis auf diese Rasse ist wichtig. «

»Existieren geheime Archive des Groß-Kaisers? «, fragte Sil'drock. »Vielleicht verstecken sich hierin weitere Informationen? «

Captain Irugphan schaute ihn an
»Wir sind noch nicht dazu gekommen, die persönlichen Hinterlassenschaften des Kaiser zu durchsuchen«,

antwortete er. »Sicherlich konnte er vor seiner Flucht nicht alle Archive zerstören. «

»Das wäre doch ein wichtiger Ansatz«, bemerkte Ras'ekin. »Bevor neues Unheil über uns alle hereinbricht, sollten wir wissen mit, wem wir es zu tun haben? «

»Die Bezeichnung für die Mächtigen, kann für vieles stehen«, bemerkte Geoffwan. »Was sind die Mächtigen genau? Leider wurde das in dem Buch des großen Aahnn nicht näher spezifiziert. «

»Wir treten auf der Stelle«, bemerkte Major Travis. »Ich denke wir sind hier fertig. «

Er blickte Thoran und Heran an.
»Falls ihr nichts dagegen habt, schlage ich den Rückflug in die Heimat vor«, ergänzte er. »Dort werden wir sicherlich bereits erwartet. «

Die beiden Lantraner nickten.
»Wir sind einverstanden«, antwortete Heran.

Thoran wandte sich den Aller-Ersten zu.
»Sie arbeiten ein Kapitulations-Dokument mit den Zierrakies aus und sorgen für die Einhaltung des alten Generationen-Vertrag? «, fragte er.

»Seien sie ohne Sorge«, antwortete Geoffwan. »Es wird alles wieder in geordneten Bahnen laufen. Wir stehen mit unserem Namen hierfür ein. «

Er drehte sich dem Unterstützungs-Team des Neuen-Imperiums zu.

»Ihnen Allen danken wir aufrichtig für die Unterstützung unseres Hilfsvolkes«, sagte Geoffwan. »Erst durch ihre Hilfe war dieser Sieg möglich. «

Alarm-Sirenen heulten auf, die Lampen schalteten auf rotes Licht.

Captain Irugphan war von seinem Stuhl aufgesprungen. Ein Adjutant kam angelaufen. Er flüsterte ihm etwas ins Ohr.
»Alarmstart aller Kampf-Verbände«, befahl der Captain. »Auch die Kampf-Jets sollen starten. Alle feindlichen Einheiten müssen abgefangen werden. «

»Was ist los? «, fragte Commander Brenzby. Er und Major Travis waren ebenfalls von den Stühlen aufgesprungen.

»Wir werden angegriffen«, antwortete Captain Irugphan. »Gehen sie bitte auf ihre Schiffe zurück. Vermutlich werden Bomben auf dem Boden einschlagen. Hier kann ich ihre Sicherheit nicht mehr garantieren. «

Er winkte einen Adjutanten herbei.
»Bringen sie unsere Gäste aus dem Palast«, bat er. »Ich muss in die Leitstelle. «

»Wussten sie von dem bevorstehenden Angriff? «, fragte Major Travis Geoffwan.

Dieser schüttelte seinen Kopf.
»Nicht alle Wellen sind von uns zu empfangen«, entgegnete er. »Wir sollten die angreifenden Schiffe zu einer Umkehr bewegen. Die Zierrakies haben noch eine Aufgabe in der Galaxie. «

Major Travis blickte ihn fragend an, doch Geoffwan gab keine weitere Auskunft mehr.
Dann entmaterialisierte er und verschwand mit seinen Kollegen in einen flimmernden Energiekranz.

»Fliegen sie ihre Flotte hinter unsere«, sagte Major Travis zu Admiral Dragphan. »Wir werden erst einmal sondieren, wer zu Besuch kommt. Dann treffen wir weitere Entscheidungen. «

Der Admiral bestätigte und eilte mit seinem Stellvertreter zu den Schiffen. Auch die Lantraner hatten bereits eingecheckt.

Im Alarmstart hoben die unterschiedlichen Raumschiffe von dem zierrakischen Boden ab. Major Travis und sein Team waren froh, die Helme abnehmen zu können

Schnell war die Umlaufbahn des Planeten erreicht. Die Schiffe des Neuen-Imperiums hatten bereits eine breite Formation eingenommen.

»Was haben wir? «, erkundigte sich der Major.

»Die Ortungstaster melden 80.000 fremde Raumschiffe, die in dem System der Zierrakies materialisiert sind«, teilte Sergeant Dantow mit. » Sie sind auf einen Kollisionskurs eingeschwenkt. Es sind Schiffe einer 500 Meter-Klasse.«
»Sie müssen doch erkennen, dass wir keine zierrakischen Schiffe sind«, bemerkte Commander Brenzby.

»Vermutlich denken, dass wir ein Unterstützungs-Volk sind«, entgegnete Major Travis.

Sein Blick drehte sich dem Funk-Offizier des Schiffes zu. »Sergeant Farmer, funken sie die Schiffe an«, befahl Major Travis. »Teilen sie ihnen mit, dass die Zierrakies besiegt wurden und von nun an in unserem Imperium integriert wurden. Weisen sie die Schiffe an, sofort abzudrehen. «

»Befehl verstanden«, antwortete Sergeant Farmer. Er gab den Befehl durch. Die fremden Schiffe mussten ihn empfangen haben.

»Die fremden Einheiten reagieren nicht«, meldete Sergeant Dantow. »Sie setzen ihren Kurs unbeeinflusst fort. «

»Die Flotte der Ablonder formiert sich zum Angriff«, ergänzte der Ortungs-Offizier.

»Feinortung auf den Bildschirm legen«, sagte Major Travis. »Haben wir Daten über die Schiffsform vorliegen?«
»Nein«, antwortete die Hypertronic-KI des Schiffes. »Es handelt sich um eine fremde Species. Die Schiffe können nicht identifiziert werden. «

»Öffnen sie mir einen Kanal«, befahl der Major. »Ich möchte noch einmal mit de, Kommandeur der fremden Schiffe reden. «

»Sie können sprechen«, antwortet Sergeant Farmer. »Die Verbindung baut sich auf. «

Major Travis griff nach dem Communicator.
»Hier spricht Major Travis, Erbfolgeberechtigter Oberbefehlshaber der vereinigten Streitkräfte von Natrid und Tarid. Erhobener im Gefüge der Kaiserkaste mit Rang 1. Bestätigt und eingesetzt von Noel von Natrid im Rahmen der Nachfolge-Programmierung von Admiral Tarin. Ich rufe den Kommandeur der fremden Schiffe. Antworten sie unverzüglich, ansonsten werden wir das Feuer auf sie eröffnen. Das zierrakische Heimat-System steht unter unserem Schutz. «

Es knackte in der Leitung. Dann gurrte es unverständlich. »KI die Nachricht bitte übersetzen«, befahl der Major.

Es dauerte einen Augenblick, bis die natradische Hypertronic-KI den Wortlaut umwandeln konnte.
»Hier spricht der Oberbefehlshaber der Nari-Flotte«, hallte es aus den Lautsprechern. »Geben sie uns den Weg frei. Wir haben nicht den weiten Weg auf uns genommen, um jetzt unverrichteter Dinge abzuziehen.

Die Zierrakies haben vielen Welten von uns vernichtet und zahlreiche Kolonien in Brand gesteckt. Hierfür werden sie ihre gerechte Strafe erhalten. «

»Die Zierrakies werden ihre Strafe erhalten, aber nicht durch sie«, antwortete Major Travis. »Ziehen sie sich zurück. Wir sorgen für Gerechtigkeit. «

Die Verbindung brach ab.

Sil'drock beorderte einen Verband von 100.000 Schiffen in die Richtung der Eindringlinge. Die kleinen Angriffs-Schiffe der Ablonder formierten sie zu einer Sperre. Sie wollten die einfliegenden Schiffe blockieren und zu einem Umkehren bewegen.

Das Drama begann an den äußeren Planeten des zierrakischen Systems. Mehr als 2.000 Fremd-Schiffe bohrten sich durch die Barriere der ablondischen Schiffe. Ohne Rücksicht auf eigene Verluste, folgten sie unbeirrt den eingeschlagenen Kurs weiter. Mit dem Hass auf ihre zierrakischen Feinde, spulten sie ihre Pläne ab. Ohne Vorwarnung eröffneten sie das Laserfeuer auf die ablondischen Schiffe.

Im Salventakt feuerten sie ihre Waffentürme ab. Es hatte den Anschein, als ob sich eine Feuerwalze auf die Schiffe der Ablonder zubewegte. Zahlreiche Angriffs-Schiffe der Ablonder verglühten in den heißen Strahlen der Angreifer. Scheinbar hatten die von Sil'drock an die Front beorderten Einheiten nicht mit dem Ernst der Lage gerechnet. Hektische Funksprüche liefen durch den Äther. Hilferufe getroffener Schiffe wurden aufgefangen. Die Flotte der Ablonder konnte kaum reagieren und sich auf den Beschuss einstellen. Ihr fehlte die Kampferfahrung. Über ein großes Gebiet im All trieben Wrackteile und Reste von zerstörten Raumschiffen. Immer wieder erhellte der Atombrand brennender Metallstücke den Weltraum. Innerhalb kurzer Zeit hatte die ablondische Flotte 234 Schiffe verloren.

Mitten im Kampfgebiet, an der linken Flanke der einfliegenden Armada der Nari, materialisierte die lantranische Flotte. Die 500 Evolutions-Schiffe formierten sich in breiter Front. In einem Abstand von nur 5.000 Metern zueinander, fuhren die Schiffe ihre Buggeschütze aus.

Thoran, der Flottenbefehlshaber der Lantraner, beobachtete die Aktion wohlwollend.

»Aktivieren«, sprach Thoran in die offene Hyperkomm-Funkverbindung zu seinen Schiffen.

Die lantranischen Buggeschütze feuerten in Fächerbewegungen ihre Laser-Strahlen auf die fremden Schiffen ab. Die Strahlen verknüpften sich auf halber Strecke und bauten ein energetisches Gitter auf. Die heranfliegenden Feindschiffe ließen sich nicht irritieren. Sie flogen weiter auf das Gitter zu. In einem Abstand von 15.000 Metern fingen sie an, das Strahlen-Netz unter ein Dauerfeuer ihrer Laserwaffen zu legen. Doch die heran zischenden Strahlen, konnten dem lantranischen Energiegeflecht nicht gefährlich werden. Die auftreffenden Energiestrahlen wurden von dem Netz förmlich aufgesaugt. Das Energie-Netz wurde größer und dichter. Die Schiffe der Nari wollten es durchbrechen, doch das Energie- Netz hielt den Aufprall problemlos aus. Es schien vergleichbar mit Stahl zu sein. Die anfliegenden Schiffe wurden ruckartig gestoppt. Sie saßen fest und hatten sich in dem Netz verfangen.

Verärgert schossen die Nari-Schiffe ihre Strahlen auf das Energie-Gitter. Doch dieser Versuch scheiterte kläglich. Die Schiffe hingen fest und konnten nicht mehr vor und zurück. Immer weitere Schiffe der Nari drängten von hinten nach und schoben die vorderen Schiffe zusammen.

»Eingehender Hyperkomm-Funkspruch«, meldete Sergeant Farmer. »Thoran versucht sie zu erreichen. «

»Auf die Lautsprecher legen«, antwortete Major Travis. Er griff nach seinem Communicator.

»Hier spricht Major Travis«, antwortete er. »Was kann ich für sie tun, Thoran? «

»Hallo Major Travis«, sagte der Lantraner. »Wir konnten das Elend nicht mehr mit ansehen. Ich habe unsere Schiffe an die linke Flanke beordert. Die Aller-Ersten werden vermutlich keine Vernichtungs-Schlacht befürworten. Deswegen kommt von unserer Seite eine neue Waffe zum Einsatz. Es ist ein energetisches Netz, welche angreifende Schiffe in eine Art Energiebeutel hüllt. Was viele nicht wissen, ist, das Netz sieht nur so aus. Es ist in Wirklichkeit nichts anders als ein großer Schutzschirm, der als Fangschirm kalibriert wurde. «

»Ich verstehe«, antwortete der Major. »Vermutlich werden wir uns gleich die andere Flanke vornehmen. Ich möchte jedoch vorher noch mit den Aller-Ersten und mit Sil'drock sprechen. «
»Viel Erfolg«, antwortete Thoran. »Ich wollte sie nur kurz von unserem Eingreifen informieren. Die Ablonder scheinen mit dieser Situation völlig überfordert zu sein. «

»Das scheint mir auch so«, entgegnete Major Travis.
»Danke für ihre Informationen. «

Sil'drock formierte die Flotte der Ablonder neu. Er hatte
weitere 250.000 Schiffe ins Kampfgebiet beordert.
Derzeit verhielten sich die neu hinzugekommenen
Schiffe noch passiv. Sie machten nicht den Eindruck, die
einfliegende Flotte der Nari-Schiffe vor dem
zierrakischen Heimat-Planeten abwehren zu wollen.
Major Travis erkannte, dass der Hass der Ablonder auf
die Zierrakies immer noch sehr tief saß.

Der Major blickte auf das CIC. Commander Brenzby war
zu ihm getreten. Er zeigte auf die Schiffe der Zierrakies.
Die 9.300 noch intakten Schiffe der Heimat-Verteidigung
flogen auf 80.000 Schiffe der Nari zu. Die 500-Meter
messenden Raumschiffe wiesen eine seltsame Bauart
auf. Die Schiffe waren weder Rund noch Oval. Alle
geraden Linien wurden durch seltsame und
unterschiedlich große Aufbauten unterbrochen. Major
Travis konnte nicht identifizieren, wofür sie gedacht
waren.

»Ich empfange einen Hyperkomm-Funkspruch der
Zierrakies an die Schiffe der Nari«, teilte Leutnant
Farmer mit. »Captain Irugphan fordert sie auf, den
Anflug zu stoppen und umzukehren. Er teilt ihnen mit,

dass sich die Situation im Heimat-System der Zierrakies verändert hat. Er erklärt ihnen, dass der Kaiser verjagt wurde und dass die Vernichtungsfeldzüge ab sofort ein Ende haben. «

»Was antworteten die Nari? «, fragte Major Travis.

»Nicht viel«, teilte der Funk-Offizier mit. »Lediglich drei Worte wurden übermittelt. «

Major Travis blickte ihn fragend an.
»Sterbt, ihr Zerstörer«, teilte Sergeant Farmer mit.

»Eigentlich sind die Nari genauso stur, wie die Zierrakies«, erwiderte Major Travis. »Sie lassen nicht mit sich reden und versuchen keinen Kompromiss zu schließen. «

Beide Offiziere der Termar 1 blickten weiterhin auf das große Display des CIC.

25.000 Kilometer vor dem achten Planeten des zierrakischen Systems, hatte Captain Irugphan die 9.300 Groß-Kampfschiffe seiner Heimat-Verteidigung in Stellung gebracht. Er wusste, dass es nicht lange dauern würde, bis die Nari mit ihrem Angriff beginnen würden. Er hatte die Schutzschirme aller Schiffe auf die höchste

Einstellung befohlen und die Waffentürme ausfahren lassen. Die Schiffe befanden sich im Alarmzustand. Noch verhielt sich der fremde Flottenverband abwartend. Lediglich die vorderen Schiffe der Armada flogen an der ablondischen Einflugs-Barriere entlang. Es schien so, als würde der Befehlshaber der feindlichen Flotte nach der richtigen Strategie suchen. Sicherlich war er überrascht, eine so große Ansammlung von Schiffen in dem Gebiet der Zierrakies anzutreffen.

Plötzlich scherten Geschwader von insgesamt 25.000 Schiffen aus der Haupt-Armada aus und nahmen Kurs auf die zierrakischen Gross-Raumschiffe und die zahlreichen Kampf-Jets. Mit Höchstwerten näherten sie sich dem Raumsektor, in dem die zierrakischen Schiffe ihre Abwehrstellung einnahmen. Als sie in Schussreichweite gekommen waren, blitzten ohne weitere Vorwarnung ihre Laser-Geschütze auf. Der Weltraum erhellte sich. Ein unvorstellbares Blitzgewitter war in dem zierrakischen Heimatsystem entstanden.

Die zahlreichen Waffentürme der Schiffe der zierrakischen Heimat-Verteidigung antworteten in aller Härte.
Major Travis und Commander Brenzby verfolgten die Raumschlacht am CIC. Jedes Aufblitzen auf dem großen Display, bedeutete den Untergang eines Raumschiffes.

»Die zierrakischen Verteidiger schaffen es nicht, die Angreifer zurückzudrängen«, bemerkte Major Travis. »Sie stehen unter arger Bedrängnis.«

Er wandte seinen Kopf und suchte Sergeant Farmer. »Öffnen sie mir bitte eine Leitung zu Sil'drock«, befahl er.

»Die Leitung steht«, antwortete Funkoffizier Farmer. »Sie können sprechen. «

Der Major bedankte sich.
»Hier ist Major Travis«, sprach er in den Communicator. »Ich rufe Sil'drock. Bitte melden sie sich.

»Hier ist Sil'drock«, hallte die Antwort zurück.

»Ist Geoffwan bei ihnen auf dem Schiff? «, fragte der Major.

»Der Sprecher der Aller-Ersten ist bei uns«, antwortete Sil'drock. »Er hört sie. «

»Die Verteidigung der Zierrakies hält nicht mehr lange«, sagte der Major. »Sie sollten eingreifen, ansonsten sind die Verträge mit den Zierrakies belanglos. «

»Sie erhalten ihre gerechte Strafe«, sprach Ras'ekin voreilig in die offene Verbindung.

»Falls das ihre wahre Einstellung ist, dann bereue ich es jetzt schon, dass wir ihr Volk unterstützt haben«, antwortete Major Travis.

»Hier ist Geoffwan«, meldete sich der Sprecher der Aller-Ersten. Ras'ekin ist noch jung. Er hat seine Emotionen nicht im Griff. Entschuldigen sie bitte seine Äußerungen. Wir werden nicht zusehen, wie die fremden Schiffe die zierrakische Kultur vernichten. Sil'drock wird mit seinen Schiffen die Barriere verstärken und verhindern, dass weitere Schiffe der Nari in das innere System der Zierrakies vordringen. Positionieren sie sich bitte mit ihren Schiffen an der rechten Flanke und hindern sie bitte ausbrechende Schiffe an einem Eindringen. Die Lantraner haben schon von sich aus die Initiative ergriffen. Wir sollten schleunigst eine weiteres Ausbreitung der Schlacht verhindern. Vielleicht werden die Nari noch einsichtig. «

»Das machen wir«, antwortete Major Travis. »Hoffentlich handeln wir nicht zu spät. «

Der Verband aus 25.000 Nari-Schiffen, lieferte sich eine heftige Raumschlacht mit den Schiffen der zierrakischen Heimat-Verteidigung. Aufgrund des starken Abwehrfeuers, konnte Captain Irugphan kein Schiff entbehren, um die ausscherende Schiffe der Nari zu verfolgen. Das Heimat-System der Zierrakies umfasst 15 Planeten. Der 8. von ihnen ist der Haupt-Planet der Zierrakies und ehemaliger Sitz des Groß-Kaisers.

130 Schiffe lösten sich aus dem Verband und unterflogen die Abwehr-Flotte der Zierrakies. Sie hatten Kurs auf den vordersten der 15 zierrakischen Planeten genommen. Es war ein Erzabbau-Planet, der reich an Rohstoffen und für die zierrakische Raumschiffs-Industrie wichtig und bedeutend war. Er lieferte die meisten Erze, für alle möglichen Bedürfnisse dieses wichtigen Industriezweiges. Mehrere Geschwader Kampf-Jets warteten in der Umlaufbahn des Planeten. Sie sollten ihn vor anfliegenden feindlichen Schiffen schützen.

Die sich nähernden 130 Raumschiffe der 500-Meter-Klasse, waren keine einzelnen Raumschiffe, sondern ein ganzes Kampf-Geschwader. Die wartenden Kampf-Jets wurden sichtbar unruhig. Sie sollten den Planeten schützen, doch mit einem solchen Verband, waren sie überfordert. Die zierrakischen Kampf-Jets warteten ab, bis die Schiffe der Nari in Schussweite gekommen waren.

Dann beschleunigten sie und stießen ihre Laser-Stacheln in die Schiffe. Die Jets waren zu klein und zu wendig. Die Nari-Schiffe konnten sich nicht auf sie einstellen. Erste Feind-Schiffe vergingen in feurigen Explosionen.

Doch es waren einfach zu viele Angreifer. Trotz einem konzentrierten Sperrfeuer, gelang es einigen Schiffen der Nari, bis zu dem Planeten der Zierrakies vorzudringen. Die Kampf-Jets rissen tiefe Wunden in die Außenhüllen ihrer Schiffe. Doch das Abwehrfeuer hielt die Nari-Schiffe nicht auf. Die setzten ihren Flug fort. Dann zogen sich die Nari-Schiffe zu einer Kubus-Formation zusammen. Im Dauerfeuer erwiderten sie den Beschuss der Kampf- Jets. Zahlreiche zierrakische Kampf-Jets des Sperr- Riegel um den 15. Planeten, explodierten und wurden zu hellen Kunstsonnen. Der Untergang der kleinen Jets hatte begonnen. Die fremde Flotte bohrte sich immer weiter durch die Abwehr-Linien der leichten Jäger, die ihr Bestes gaben, um die Nari-Schiffe aufzuhalten.

Es dauerte nur noch wenige Minuten. Dann hatten die Nari ein freies Sichtfeld auf den Planeten. Er war der erste auf ihrer Liste, des gehassten Heimat-Systems der Zierrakies.
Die Nari-Schiffe starteten ihre Raketen und Bomben. Ein Teppich von Geschossen flog auf den Planeten zu. Niemand war mehr da, um sie aufzuhalten. Im

Sekunden-Rhythmus hagelten die Bomben vom Himmel und die Raketen schlugen ein. Dann folgten die Atom-Raketen. Der 15. Planet des Systems besaß ebenfalls eine Methan-Atmosphäre. Nacheinander explodierten die Geschosse am Boden. Die immense Hitze löste eine Kettenreaktion aus. Innerhalb von Sekunden entzündete sich die Atmosphäre. Das Feuer fraß sich weiter und hüllte den ganzen Planeten ein. Dann zerriss es ihn in viele kleine Gesteinsbrocken. Der 15. Planet der Zierrakies existierte nicht mehr.

»Eingehender Hyperkomm-Funkspruch von Captain Irugphan«, meldete Sergeant Farmer. »Er bittet um Unterstützung. «

»Legen sie auf die Lautsprecher«, antwortete Major Travis.

»Hier ist die Heimat-Flotte von Captain Irugphan«, hallte es aus den Tongebern. »Wir können die Schiffe der Nari nicht aufhalten. Falls ihre Worte eine Bedeutung haben, dann helfen sie uns, die zierrakische Zivilisation zu schützen. Die fremden Schiffe werden alle unsere Planeten vernichten. Wir benötigen dringend Unterstützung. Lassen sie es nicht so enden. «
Die Verbindung brach ab.

Major griff nach dem Communicator. »Hier ist Major Travis, der Befehlshaber der Flotte des Neuen-Imperiums", sprach er in seinen Communicator. »Die vorrückende Flotte der Nari muss aufgehalten werden. Alle Schutzschirme auf Maximum stellen. Die ausgescherte Flotte ist zu stoppen, oder zu vernichten. «

Die Schiffe bestätigten. Die Termar 1 übernahm die Führung des großen Flottenverbandes. Mit Höchstwerten beschleunigte sie und nahm Kurs auf die Flotte, die den zierrakischen Planeten gesprengt hatte. Diese hatte bereits Kurs auf den 14. Planeten des zierrakischen Systems eingeschlagen. Weitere Schiffe hatten sich der Abfang-Flotte angeschlossen. Statt 130 Schiffe, waren es jetzt 1.500 Schiffe, die auf den nächsten Planeten zuflogen.

20.000 Kilometer vor der Nari-Flotte, ging die Armada des Neuen-Imperiums in eine breite Abwehr-Formation.

»Öffnen sie eine Verbindung zu den fremden Schiffen«, befahl Major Travis.

»Sie können sprechen«, erwiderte der Funk-Offizier.

»Stoppen sie ihren Anflug«, sprach Major Travis in den Communicator. »Wir werden nicht zusehen, wie sie einen weiteren Planeten vernichten. «

»Wir erhalten keine Antwort«, entgegnete Sergeant Farmer. »Die Narri fühlen sich sehr sicher. «

Major Travis blickte Heinze an. »Sie sind voller Hass«, antwortete dieser. »Sie denken ausschließlich an Vergeltung. Der Tod der Zierrakies ist ihre einzige Option. «

»Die Schiffe kommen in Waffenreichweite«, meldete Sergeant Dantow.

»Feuerfreigabe für die Hyper-Space Geschütze«, befahl Major Travis.

»Der Befehl ist durch«, bestätigte der Funk-Offizier.

Die Frontgeschütze der Schiffe hoben sich ruckartig an und richteten sich auf. Die Hypertronic-KI der Termar 1 hatte alle Ziel-Koordinaten übermittelt. Die 5.000 Schiffe des Neuen-Imperiums standen 1.500 Schiffen einer fremden Species gegenüber. Diese wollten Vergeltung für die von den Zierrakies angerichteten Schäden. Die fremde Flotte reagierte auf keine Funksprüche mehr.

Heinze hatte mitgeteilt, dass ihre Gedanken sich ausschließlich um die Vernichtung der Zerstörer drehten.

»Die Zierrakies müssen ihnen übel mitgespielt haben«, dachte Major Travis. »Die Narri sind zu keinen Verhandlungen mehr bereit. «

Der Boden der Termar 1 vibrierte, als das schwere Geschoss der Hyper-Space-Kanone in den Weltraum geschossen wurde. Das Projektil der Termar 1, war eines von vielen, die beschleunigten und in den Hyperraum wechselten. Ab diesem Zeitpunkt waren die Geschosse für die Gegner nicht mehr sichtbar.

Die Besatzungen der fremden Schiffe orteten den Abschuss der Projektile, konnten aber ihren weiteren Flug nicht mehr verfolgen. Die naher kommenden Schiffe aktivierten ihre Waffentürme. Sie rätselten noch immer über die seltsamen Geschosse, welche die Flotte des Neuen-Imperiums, ohne Wirkung auf sie abgeschossen hatte. Eine Warnung war alles, was der Ortungs-Offizier des Flagg-Schiffes der Nari von sich geben konnte. Nur 1.000 Meter von den Schiffen, materialisierten die Hyper-Space-Geschosse wieder im Normalraum. Sie nahmen letzte Zielpeilungen vor, beschleunigten nochmals und schlugen mit brachialer Gewalt in die schwachen Schutzschirme der fremden Schiffe ein. Ein

Aufblitzen entstand in dem Sektor des zierrakischen Raumes. Schlagartig versagten die Schutzschirme der Nari-Schiffe.

Die nachfolgenden Lasersalven der natradischen Schiffe beschädigten die Schiffe schwer.

Major Travis hatte befohlen, auf eine Vernichtung der Schiffe zu verzichten. Es sollte den Narri nicht noch mehr Leid angetan werden. Leider funktionierte der Vollzug dieses Befehls nicht bei jedem Ziel. Einige der fremden Schiffe wurden voll getroffen und zerplatzten zu kleinen Kunstsonnen, die das Universum erhellten. Andere Schiffe konnten ihren Kurs nicht mehr halten. Ihre Antriebe waren ausgefallen. Sie fingen an zu trudeln und bohrten sich mit ihrer Frontnase in neben ihnen fliegende Schiffe. Ein heilloses Durcheinander entstand.

Die Schiffe des Neuen-Imperiums reduzierten ihr Laserfeuer. Lediglich die hinteren Schiffe, die im Dauerfeuer ihre Waffentürme einsetzten, wurden noch beschossen und ausgeschaltet. In wenigen Minuten verwandelte die Flotte die Schiffe der Nari in wertlosen Weltraumschrott.

Die Angriff-Synchronisation der Termar 1 war perfekt gewesen. Jedes natradische Schiff hatte einen Gegner ausgeschaltet. Ein kurzer, aber schmerzvoller Verlust für die Gegner.

Major Travis befahl das Kommando von Senga-Hol auf dieser Position zu verbleiben. Es sollte verhindern, dass nachrückende Nari-Schiffe einen erneuten Angriff durchführten.

Major Travis wartete ab, bis er realisieren konnte, dass der atlantische Commander mit dem Verband von 200 Schiffen der Kaiser-Klasse in Position geflogen war. Dann befahl er den Rückflug in das Zentrum des Angriffes, der von den ablondischen Schiffen unter schweren Verlusten gestoppt wurde.

Die Raumschlacht tobte noch immer in vollen Zügen. Sil'drock hatte erkannt, dass seine 250- Meter messenden Angriffs-Schiffe einen schweren Stand hatten. Die Strategie Schiff gegen Schiff funktionierte nicht. Die ungestümen und hasserfüllten Attacke der Nari-Schiffe auf die angeblichen Hilfsvölker der Zierrakies, hatte ihm bereits zahlreiche Schiffe und Piloten gekostet.

Die Schlacht wurde mit aller Härte geführt. Fünf Schiffs-Verbände der Fremden flogen auf Kollisionskurs in die Blockade-Sperre der Ablonder hinein. Den halb so großen Schiffen der Ablonder gelang es zwar, zahlreiche anfliegende Schiffe auszuschalten, dann waren die restlichen Schiffe der Nari da. Sie prallten auf die ablondischen Einheiten und explodierten.

»Selbstmord-Kommandos«, dachte Sil'drock. »Was für eine Schweinerei.«

Eine tiefe Schneise wurde in den Blockadewall der ablondischen Schiffe gerissen. Nachfolgende Fremd-Schiffe durchstießen die Feuerwolke und flogen tiefer in die Armada der Ablonder hinein. Im Dauerfeuer verschossen beide Schiffsseiten ihre Laserlanzen auf die ablondischen Schiffe. Sie reagierten zu langsam. Jetzt zeigte sich die fehlende Kampferfahrung des Hilfsvolkes der Aller-Ersten.

Sil'drock hatte das Durchbrechen der fremden Schiffe erkannt. Er beorderte 50.000 von Robotern gesteuerte Schiffe in den Rücken seiner Angriffskreuzer. Sein Befehl lautete, die fremden Schiffe abzufangen und zu zerstören. Langsam bekam er Wut auf die nicht einsichtigen Fremden.

Er zog Parallelen mit seiner eigenen Rasse.

»Auch wir sind nicht besser«, dachte er. »In uns keimt auch ein schwer zu bändigender Hass auf die Zierrakies. Wir sollten sie sterben lassen. «

Sein verhaltener Blick huschte zu Geoffwan herüber. Dieser schien ihn die ganze Zeit beobachtet zu haben.

»Wir brauchen die Zierrakies noch«, bemerkte der Aller-Erste. »Sie sind der Schlüssel zu vielen Problemen in der Galaxie. Auch das Volk, welches den Schlüssel zu dem Frieden in sich trägt. «

Sil'drock verstand nicht, was Geoffwan meinte.

»Die fremden Schiffe brechen durch«, warnte er. »Wir haben bereits viele Schiffe verloren. Können sie nicht etwas unternehmen? «

Der Aller-Erste lachte laut auf.

»Erst wenn alles Versuchte versagt, dann können wir etwas unternehmen«, erklärte er. » Das ist der Preis unserer Weiterentwicklung. Unsere Taten werden kontrolliert. Auch wir haben klare Verhaltensregeln. Verstoßen wir hiergegen, dann fallen wir in eine untere Form der Evolution zurück. «

»Wer macht diese Regeln? «, fragte Sil'drock.

»Das wiederum darf ich nicht sagen, weil sich ansonsten die Universen vermischen würden«, antwortete Geoffwan. »Bitte akzeptiert das. Jede Dimension ist mit eigenen Lebewesen bevölkert. «

»Das bedeutet, wir müssen weiterkämpfen und wertvolle Piloten in den Tod schicken? «, fragte Sil'drock ärgerlich.

»So steht es in dem Buch des großen Aahnn geschrieben«, erwiderte Geoffwan.

»Ihr Buch des Propheten geht mir so langsam auf die Nerven«, fluche Sil'drock leise.

Geoffwan lächelte still vor sich hin. Er erkannte in Sil'drock bereits erste Anzeichen für eine Abkoppelung, von der Führung durch seine Herren.

»Erteile bitten den kleinen Booten den Befehl, nur noch in Gruppen zu drei Schiffen anzugreifen«, teilte Geoffwan mit. »Dann werdet ihr eure Verluste minimieren können.«

Sil'drock horchte auf und gab den Befehl weiter. Die Flotte formierte sich neu und griff in Gruppen zu drei Schiffen die Gegner an.

Sil'drock erkannte auf dem großen Schirm, dass die Flotte des Neuen-Imperiums in den Kampf eingegriffen hatte. Sie stoppte den Einflug der fremden Schiffe von der rechten Flanke her. Immer mehr Schiffe vergingen in hellen Explosionen. An der linken Flanke hatten die Lantraner ein energetisches Netz errichtet. Vorrückende Schiffe der Nari verfingen sich hierin und konnten sich nicht mehr befreien. Es sah für Außenstehende aus, wie ein großes Fischernetz, das sich immer weiter füllte. Die lantranischen Energie-Netze zogen die Nari-Schiffe magisch an. Die fremden Schiffe bauten sich zu einem riesigen Metallklumpen auf, der sich nicht mehr befreien konnte.

Von den an der vordersten Front kämpfenden zierrakischen Schiffen, waren nur noch 5.800 unbeschädigt und einsatzfähig. Alle anderen waren vernichtet, oder beschädigt worden. Sie mussten abgezogen werden. Die ablondische Flotte profitierte durch die von Sil'drock befohlene Verstärkung. Sie gewann immer mehr die Oberhand. Die Schiffe des Neuen-Imperiums hatten die linke Flanke aufgerissen. Immer mehr Schiffe trudelten in diesem Sektor antriebslos durchs Weltall. Die Schlacht dauerte bereits drei Stunden.

Das lantranische Energie-Netz blähte sich immer weiter auf. Heran schätzte die Anzahl der eingefangenen und lahmgelegten Schiffe auf über 8.000 Einheiten. Er stellte eine Hyperkomm-Funkverbindung zu Major Travis her.

»Hier ist Heran«, sprach er in seinen Communicator. »Ich rufe Major Travis. Bitte antworten sie. «

Auf der Termar 1 wurde der Funkspruch registriert. »Heran versucht sie zu erreichen«, teilte Sergeant Farmer mit.

»Legen sie auf die Lautsprecher«, entgegnete der Major. »Ich hoffe nicht, dass es unserem Freund langsam langweilig wird? «

»Die Leitung ist offen, sie können sprechen«, bestätigte der Sergeant.

»Hier ist Major Travis«, sprach er in den Communicator. »Was hast du auf dem Herzen? «

»Die Nari fliegen mit Sturheit weitere Angriffe«, sagte Heran. »Sie müssen doch erkennen, dass sie unterlegen sind. «

»Das gleiche Problem haben wir an der linken Flanke auch«, erklärte der Major. »Sobald wir die vorderen Schiffe ausgeschaltet haben, rücken weitere nach. Das Spiel geht von neuem los. «

»Wollen die Aller-Ersten die Angelegenheit nicht beenden? «, fragte Heran. » Du hast doch einen guten Draht zu diesem Geoffwan. Frag ihn doch einmal, ob er nicht die Antriebe der fremden Schiffe ausschalten kann. Damit wäre der Angriff vorbei. Vielleicht hat er noch mehr Tricks auf Lager. «

»Ich kann es probieren«, erwiderte der Major. »So verhindern wir in jedem Fall weitere Komplettausfälle unter den fremden Schiffen. «

Die zierrakischen Schiffe feuerten ihre Breitseiten auf die Angreifer. Tausende neuer kleiner Kunstsonnen flammten auf. Captain Irugphan wusste, dass in allen Schiffen tapfere Piloten gesessen hatten, die jetzt für ihre Ideale gestorben waren.

Ungläubig starrte er auf den Bildschirm in der Zentrale seines Schiffes.

»Das ist keine Raumschlacht mehr«, dachte er. »Das ist ein sturer Vergeltungsangriff. Befohlen von der Regierung der Nari.«

In einem immer großer werdenden Raumsektor schwirrten teilweise noch glühende Wrackteile umher. Die Rettungskapseln brachten sich in Sicherheit. Die angreifende Flotte der Nari hatte keine Zeit, sich um die Schiffbrüchigen zu kümmern. Im Kampfgebiet war der Funkverkehr zusammengebrochen. Die ungeheure Ansammlung von Laserstrahlen auf kleinstem Raum, verursachten viele störende Hyperkomm-Funk-Turbulenzen

Verständigung

Die unvermittelt anhaltende Raumschlacht im Gebiet des zierrakischen Heimat-Systems hielt unvermindert an. Obwohl die Nari immer mehr Schiffe verloren, oder ihre Schiffe sich in dem lantranischen Energie-Netz verfingen, ließen sie nicht von ihrem Angriff ab. Die ablondischen Kampf-Einheiten nahmen es nicht sehr genau, mit der von Major Travis befohlenen Deaktivierung der angeordneten Feind-Schiffe. Es sollte nur auf die Antriebe und die Waffentürme geschossen werden. Eine komplette Vernichtung der Feind-Schiffe musste vermieden werden. Obwohl die Waffen-Phalanx der Schiffe der Ablonder diese anvisierten, trafen sie in vielen Fällen nicht richtig. Dem synchronisierten Beschuss der ablondischen Kampf-Kreuzer, fielen zahlreiche Nari-Schiffe zum Opfer. Unzählige Laser-Strahlen schlugen in die Mitte der Schiffe ein, rissen Löcher in die Bordwände und drangen bis zu ihren Energie-Meilern vor. Die heißen Strahlen verwandelten die Schiffe in gleisende Explosionen.

Major Travis hatte eine Hyperkomm-Funkverbindung zu Sil'drock aufbauen lassen.

»Wollen sie die Angreifer aus dem Weltall sprengen? «, fragte er den Befehlshaber der ablondischen Schiffe. »Sollen sie jetzt für die Fehler der Zierrakies büßen? «

Sil'drock antwortete nicht sofort.

»Ich habe ihnen ja bereits mitgeteilt, dass unsere Flotte nicht über eine praktische Kampferfahrung verfügt«, erwiderte er. »Ich bin froh, dass wir die Oberhand gewonnen haben. Wir zielen auf die Antriebe und die Waffen-Systeme. Doch viele Treffer gehen mittschiffs in die Außenwände. Ich kann es leider nicht ändern. «

»Das Vernichten der Nari-Schiffe muss aufhören«, befahl Major Travis. »Das Leben der Besatzungen soll verschont werden. Sie sind in der gleichen Situation wie ihr Volk. Sie wehren sich lediglich gegen die Aggressionen der Zierrakies. «

Ein verständliches Lächeln spiegelte sich auf Sil'drock's Gesicht.

»Sie haben natürlich Recht«, bestätigte er. »Ich weise unsere Geschwader nochmals daraufhin, nicht übereilt zu schießen. Wir versuchen die Vernichtungsrate zu senken.«

»Danke«, antwortete Major Travis. »Das hilft uns allen weiter. «

Die Verbindung brach ab.

Die Schiffe des Neuen-Imperiums drangen weiter auf die Hauptflotte der Nari zu. Die anfliegenden Nari-Schiffe wurden flugunfähig geschossen. Die Laser-Strahlen erhellten den Weltraum. Sie konnten vermutlich noch in weiter Entfernung beobachtet werden. Das ganze Kampfgebiet wurde von den Laserstrahlen erhellt.

Eine weitere Katastrophe bahnte sich oberhalb der Flotte des Neuen-Imperiums an. Über 2.000 Schiffe der Nari flogen mit Höchstgeschwindigkeit auf die ablondischen Roboter-Schiffe zu. Ohne Rücksicht auf eigene Verluste, wollten sie vermutlich die Schiffe rammen. Die Roboter- Raumer hatten das Manöver durchschaut. Sie legten ein Sperrfeuer und schossen aus allen Rohren. Mit der Präzision von tödlichen Maschinen führten sie ihre Befehle aus. Im Salventrakt feuerten die Schiffe auf die näherkommenden Nari-Kreuzer.

Die vordersten Schiffe vergingen in einem brachialen Atomfeuer. Ganze 33 Schiffe hatten dem massiven Abwehrfeuer der Roboter-Schiffe nicht standhalten können und waren explodiert. Die nachrückenden Nari-Schiffe durchflogen die Feuerwolke und rasten auf die Roboter-Raumer zu. Ein Dauerfeuer aus hellen Laser-Strahlen, fegte den ablondischen 1.500-Meter-Schiffen entgegen. Wo sie gebündelt auftrafen, brachen die Schutzschirme der Roboter-Schiffe zusammen. Die nachfolgenden Einschläge beendeten die Existenz der Schiffe. Über das Kampfgebiet breiteten sich glühende Wrackteile aus, die auf nachfolgende Schiffe prallten.

Die Termar 1 hatte sich in ein feuerspeiendes Monstrum verwandelt. Ihre Waffentürme legten Schiff für Schiff lahm. In nur wenigen Fällen wurde ein gegnerisches Schiff komplett zerstört.

»Mit wie vielen Gegnern haben wir es noch zu tun? «, fragte Major Travis seinen Commander.

»Die neueste Zählung unserer KI ermittelte knapp 47.000 feindliche Einheiten«, teilte Commander Brenzby mit. »Die gegnerische Flotte nimmt weiter ab. «

»Sie kommen nicht zur Vernunft«, ärgerte sich der Major. »Das ist noch ein Volk, das keine Gespräche führen möchte. «

»Sie haben den Befehl, bis zu dem letzten Schiff zu kämpfen, um die Zierrakies zu besiegen«, teilte Heinze mit. »Sie kommen nicht gegen ihren eigenen Hass an. «

»Kannst du sie mental beeinflussen? «, fragte Major Travis. » Wenn nicht alle, dann suche nach dem Flagg-Schiff. Versuche den befehlshabenden Flottenführer zu überzeugen, dass wir nicht an einer Vernichtung seiner Flotte interessiert sind. Beeinflusse ihn auf Verhandlungen einzugehen. «

Der Ro nickte.
»Ich versuche es«, antwortete er.
Er legte seinen Kopf schräg und sandte seine Psi-Wellen aus. Es war keine leichte Aufgabe, unter den vielen Nari-Schiffen den Befehlshaber zu ermitteln.

Major Travis und Commander Brenzby blickten auf das CIC. Wieder hatte ein gebündelter Punkt-Beschuss der Roboter-Schiffe, fünf Schutz-Schirme von Nari-Schiffe überlastet. Die nachfolgenden Laserstrahlen verwandelten die Schiffe in eine brodelnde Feuergischt.

Commander Stuart begnügte sich damit, anfliegende Schiffe kampfunfähig zu schießen. Die auf seinen Verband auftreffenden Laser-Strahlen wurden von den Super-Schutzschirmen der Schiffe problemlos absorbiert. Pausenlos hämmerte sein Schiffsverband massive Laser-Strahlen auf die anfliegenden Schiffe. Die Anzeigen der Kontrollen meldeten eine Belastung der Schirme von 43 Prozent.

»Weiter auf die Antriebe zielen«, befahl Commander Stuart. »Major Travis möchte die Schiffe nicht vernichtet sehen. Die Nari sollen mit an den Verhandlungs-Tisch. «

In einer Distanz von 3.000 Kilometern näherte sich ein Verband von 70 Nari-Schiffen dem Geschwader von Commander Senga-Hol. Die Hypertronic-KI seines Flagg-Schiffes hatte bereits den Alarm ausgelöst. Gelassen blickte der Commander den anfliegenden Schiffen entgegen. Die 200 Schiffe der Kaiser-Klasse hatten ihre Backbordseiten den Nari-Schiffen zugewandt.

Der Commander verzichtete bewusst auf den Einsatz der Hyper-Space-Kanone. Hiervon würden sofort die Schutz-Schirme der Nari-Schiffe kollabieren. Ihnen sollte noch die Möglichkeit eines Rückzuges gewährt werden.

»Schiffe in Schussweite«, meldete der Ortungs-Offizier.

»Wir warten ab, bis die Nari-Schiffe angreifen«, befahl Commander Senga-Hol. »Unsere Einheiten werden sich lediglich verteidigen. «

Die Nari-Schiffe teilten sich auf, flogen einen Bogen und wollten die Schiffe des Geschwaders von Commander Senga-Hol in die Zange nehmen. Sie hatten noch nichts aus den Verlusten ihrer Flotte gelernt. Im Normalfall sollten sie bereits über die Waffenstärke des Gegners informiert sein.

Dann war es so weit. Die Schiffe der Nari eröffneten das Feuer. Unzählige Raketen und Torpedos rasten auf die Schiffe des Neuen-Imperiums zu. Unterstützt von Laser-Salven aus ihren Waffentürmen, rückten die Schiffe naher.

»Alle Raketen und Torpedos noch im Flug vernichten«, befahl der Commander Senga-Hol. »Dann die Waffen-Systeme der Schiffe absprengen. «

Der Befehl wurde von der KI direkt an alle Schiffe des Geschwaders übermittelt. Die großen Schiffe der natradischen Kaiser-Klasse verfugten über insgesamt 50 Waffentürme. Hiervon waren 25 auf jeder Schiffsseite montiert. Die schweren Zwillings-Rohre richteten sich auf. Die Hypertonic-KI des Flagg-Schiffes, hatte in Lichtgeschwindigkeit die Koordinaten der anfliegenden Geschosse erfasst und diese in die automatischen Geschütze eingespeist. Im Salventakt feuerten sie ihre massiven Lasersalven auf die anfliegenden Geschosse.

Unzählige kleinere Explosionen entstanden vor der natradischen Flotte. Zahlreihe Laser-Fächerstrahlen vernichteten alle anfliegenden Raketen und Bomben. Die einschlagenden, feindlichen Strahlen, wurden von den Schutzschirmen der Schiffe der Kaiser-Klasseneutralisiert. Dann richteten sich die Waffentürme der natradischen Zerstörer neu aus. Sie nahmen Waffentürme der Nari-Schiffe ins Visier.

Schwere Explosionen entstanden auf den anfliegenden Schiffen, als die Türme der 500-Meter-Kreuzer explodierten und in zahlreiche kleine Metallteile gesprengt wurden. Den angreifenden Nari-Schiffen wurden innerhalb von wenigen Minuten ihrer wichtigsten Waffen geraubt. Ihnen verblieb nur noch die Möglichkeit, weitere Raketen und Bomben auszuschleusen.

Die Flotte von Commander Senga-Hol, feuerte den Nari-Schiffen eine breite Welle von Laser-Strahlen entgegen. Einige Schiffe der Nari vergingen in feurigen Explosionen. Endlich erkannten die nachfolgenden Schiffe die Sinnlosigkeit ihrer Aktion. Sie drehten ab und flogen zu ihrer Haupt-Flotte zurück.

Der Commander erkannte den Abbruch des Angriffes auf dem zentralen Monitor seines Schiffes.

»Den Beschuss einstellen«, befahl er. »Die Nari drehen ab. Sie haben genug. «

»Der Befehl wurde an das Geschwader übermittelt«, teilte die Hypertronic-KI mit.

Die atlantische Besatzung des Flagg-Schiffes jubelte laut auf. Sie hatte sich bewährt.

Major Travis hatte die Einsatzleitung des atlantischen Commanders verfolgt. Er war sichtlich zufrieden. Der 1. Offizier von Atlanta hatte seine Sache gutgemacht.

»Senga-Hol ist ein guter Mann«, sagte er zu Commander Brenzby. »Atlanta hat ihn perfekt geschult. «

»Letztendlich besitzt er wesentlich mehr Kampf-Erfahrung als wir alle zusammen«, erwiderte der Commander. »Allein durch seinen Einsatz im großen Krieg, gegen die Rigo- Sauroiden, musste er sich in aller Härte beweisen. «

»Hoffen wir, dass wir nicht einmal in die gleiche Situation geraten«, entgegnete Major Travis. » Wer weiß, was uns noch alles im Weltall begegnet. Das Universum scheint voll mit aggressiven Rassen zu sein. «

»Der Schiffs-Neubau wird von General Poison weiter vorangetrieben«, teilte der Commander mit. »Die

Flotten des Neuen-Imperiums sind ein ernstzunehmender Gegner geworden. «

Der große Schiffs-Verband der zierrakischen Groß-Raumschiffe stand etwas abseits. Admiral Dragphan, der ehemaliger Leiter der Fern-Aufklärung in der 2. Anomalie und sein Stellvertreter Commander Breckphan, beobachten die anhaltende Raumschlacht mit Argwohn.

»Das ist das erste Mal, dass wir nur zum Zuschauen verdammt sind«, sagte der Worgass-Admiral. »Mir ist dabei nicht ganz wohl. Die anderen Schiffe sorgen für unsere Freiheit und wir können nichts tun. Es tut mir fast schon leid, dass die Zierrakies unter dem Befehl von Captain Irugphan immer mehr Schiffe verlieren. «

»Diesen Scherbenhaufen hat der verfluchte Groß-Kaiser hinterlassen«, antwortete Commander Breckphan. »Ihm haben die Zierrakies diese Misere zuzuschreiben. Wir haben den Befehl von Major Travis, uns nicht einzumischen. «

»Ich weiß«, antwortete der Admiral. »Wir sind es immer gewohnt gewesen, emotionslos zu kämpfen. Jetzt fehlt uns eigentlich irgendetwas. «

»Wir werden neue Aufgaben erhalten«, betonte der Commander.

»Nicht vergessen dürfen wir unsere Leute, die wir in unseren Schiffen evakuieren«, sagte Admiral Dragphan »Falls ein Groß-Kampfschiff unserer Flotte vernichtet wird, sterben Tausende unserer Freunde. «

»Dessen bin ich mir bewusst«, antwortete Commander Breckphan. »Vielleicht sollten wir schon jetzt einige Spezialisten unseres Volkes beauftragen, eine zivile Struktur des Zusammenlebens zu entwickeln. Der Planet, den uns Major Travis übergibt, wird vermutlich urwüchsig sein. Wir brauchen einen Standort für unsere Stadt. Eine Verteilung der Ämter und der Aufgaben sollte schnell durchgeführt werden. Wir werden nicht viel Zeit zum Feiern haben. Die Sicherheits-Systeme müssen integriert werden. Unser Volk braucht eine Verwaltung und eine neue Aufgabenverteilung. «

Admiral Dragphan nickte.
»Sie haben Recht«, antwortete er. »Das wird unsere vorrangige Aufgabe sein. Suchen sie entsprechende Speziallisten hier für aus. «

Er blickte wieder auf das CIC.

Der Admiral spürte das Pochen in seiner Brust. Der Druck schnürte ihm die Kehle zu. Aber nach wie vor zögerte er, die Entscheidung seines Lebens zu treffen.

»Darf ich das Leben von vielen Worgass riskieren, um die einfliegenden Nari aufzuhalten? «, fragte er sich. » Major Travis hatte mir gesagt, dass eine Instabilität des zierrakischen Systems vermieden werden müsse. «

Er blickte wieder auf den großen Schirm seines Schiffes. »Die Ablonder kämpfen wie unerfahrene Anwärter«, dachte er. »Es ist mir schleierhaft, wie sie die zierrakischen Schiffe besiegen konnten. «

Er sah wieder zahlreiche Explosionen auf den Bildschirmen entstehen.

Ein Gedanke schien ihm das einzige Richtige zu sein. »Kapitulation«, sagte er.

Commander Breckphan blickte ihn fragend an.
»Nur eine schnelle Kapitulation kann unsagbares Leid von den Nari abwenden«, teilte er mit.

»Das scheinen die Nari nicht zu akzeptieren«, erwiderte der Commander. »Sie kämpfen bis zum letzten Schiff. «

»Genauso, wie es unser verfluchter Groß-Kaiser von uns erwartet hat«, antwortete Admiral Dragphan. »Die Regierung der Nari ist nicht weit entfernt von den Gepflogenheiten unseres Kaisers. Wir erleben hier wieder den Untergang einer sturen Rasse.«

»Was können wir hiergegen tun?«, fragte der Commander.

»Nicht viel«, antwortete der Admiral. »Ich kann lediglich probieren, die Nari davon zu überzeugen, dass wir uns von den Zierrakies befreit haben. Vielleicht lenken sie dann ein und beenden ihren Angriff.«

»Öffnen sie mir eine Verbindung zu den Schiffen der Angreifer«, befahl der Admiral.

»Die Verbindung baut sich auf«, antwortete der Funk-Offizier des Schiffes. »Sie können sprechen.«

Der Admiral nickte und griff nach dem Communicator. »Hier spricht Admiral Dragphan, ehemaliger Offizier in den Diensten der Zierrakies und Leiter der Fern-Aufklärung der 2. Anomalie«, sprach er in das Gerät. »Ich bin ein Worgass, ein Hilfsvolk der von ihnen gehassten Zierrakies. Sie kennen uns. Die Aussagen von Major Travis sind richtig. Wir haben den zierrakischen Kaiser zur Flucht gezwungen. Er ist nicht mehr die befehlsgebende Kraft. Das System ändert sich und wird zur Demokratie.

Wir als Hilfsvolk verlassen die Zierrakies und suchen uns eine neue Heimat. Auch wir sind es leid, unter den Befehlen des Kaisers leiden zu müssen. Es bricht eine neue Zeit für das Gebiet des zierrakischen Imperiums an. Es wird ab sofort keine Angriffe mehr auf andere Völker geben. Die Notstand-Regierung der zierrakischen Planeten hat zugestimmt und wird die Scherben des Kaisers beseitigen. Ihr Angriff ist sinnlos. Sie erleiden Verluste, die es nicht geben muss. Das zierrakische Imperium bedeutet keine Gefahr mehr. Brechen sie ihren Angriff ab. Verhandeln sie vielmehr mit der zierrakischen Notstands-Regierung über eine zukünftige Vorgehensweise. Sie ist dazu bereit. Brechen sie ihren Angriff ab und zwingen sie uns nicht zu einer Gegenwehr. Auch das zierrakische Volk möchte überleben. «

»Ich habe das Flagg-Schiff ermittelt«, erklärte der Ro. »Ich versuche jetzt den Befehlshaber zu erfassen. «

Der glasige Blick von Heinze, teilte Major Travis die großen Anstrengungen des kleinen Gefährten mit.

»Ich suggeriere ihm positive Gedanken in seinen Kopf«, meldete der Ro. »Die ganze Besatzung des Schiffes denkt nur an Vergeltung. «

Er verharrte angestrengt.
»Beende den Kampf«, sandte Heinze. »Die Zierrakies wollen den Kampf nicht. Sie verteidigen sich nur. Der gefürchtete Groß-Kaiser ist geflüchtet. Er bedeutet keine Gefahr mehr. «

Er bemerkte, wie der Befehlshaber der Nari-Schiffe nachdenklich wurde.

»Wir empfangen einen Hyperkomm-Funkspruch von dem Flagg- Schiff der Worgass«, meldete Sergeant Farmer. »Er ist an die Schiffe der Nari gerichtet. «

»Legen sie auf die Lautsprecher«, befahl Major Travis. »Was hat Admiral Dragphan vor? «

»Die Verbindung ist eingerastet«, teilte der Funk-Offizier mit. »Wir können mithören. «

»Hier spricht Admiral Dragphan, ehemaliger Offizier in den Diensten der Zierrakies und Leiter der Fern-Aufklärung der 2. Anomalie«, tönte es aus den Lautsprechern. »Ich bin ein Worgass, ein Hilfsvolk der von ihnen gehassten Vogelwesen. Sie kennen uns. Die Aussagen von Major Travis sind richtig. Wir haben den zierrakischen Kaiser zur Flucht gezwungen. Er ist nicht mehr die befehlsgebende Kraft der Zierrakies. Das System ändert sich und wird zur Demokratie. Wir als Hilfsvolk verlassen die Zierrakies und suchen uns eine neue Heimat. Auch wir sind es leid, unter den Befehlen Des Kaisers leiden zu müssen.

Es bricht eine neue Zeit für das Gebiet des zierrakischen Imperiums an. Ab sofort wird es keine Angriffe mehr auf andere Völker geben. Die Notstand-Regierung der zierrakischen Planeten hat zugestimmt und wird die Scherben des Kaisers beseitigen. Ihr angriff ist sinnlos. Sie leiden Verluste, die es nicht geben muss. Das zierrakische Imperium bedeutet keine Gefahr mehr. Brechen sie ihren Angriff ab. Verhandeln die vielmehr mit der zierrakischen Notstands-Regierung über eine zukünftige Vorgehensweise. Sie ist dazu bereit. Brechen sie ihren Angriff ab und zwingen sie uns nicht zu einer Gegenwehr. Auch das zierrakische Volk möchte überleben. «

Major Travis blickte Heinze an.
Dieser lächelte plötzlich.

»Es hat gefruchtet«, teilte der Ro mit. »Meine Vorbehandlung und der Funkspruch von Admiral Dragphan haben den Ausschlag gegeben. Die Nari werden den Angriff abbrechen. «

Gespannt blickten die Offiziere der Termar 1 auf den großen Bildschirm. Die Flotte der Nari stellte ihren Beschuss schlagartig ein, drehte ab und zog sich aus dem Kampfgebiet zurück.

»Eingehender Hyperkomm-Funkspruch von dem Flaggschiff der Nari«, meldete Sergeant Farmer. »Der Oberbefehlshaber ruft sie. «

»Ich rufe Major Travis«, hallte es aus den Lautsprechern. »Bitte antworten sie. «

Major Travis griff nach dem Communicator.
»Hier ist Major Travis«, meldete sich der Ober-Befehlshaber der Flotte aus dem Sol-System. »Ich höre sie. «

»Mein Name ist Garadan Regulas, Oberbefehlshaber der Nari-Flotte«, teilte er mit. » Wie sie sehen, haben wir unseren Angriff abgebrochen. Die Worgass, das älteste Hilfsvolk der Zierrakies hat sich befreit und verlässt das dunkle Imperium. Dieser Sachverhalt hat uns umdenken lassen. Wir haben erkannt, dass eine Veränderung begonnen hat. Wir erklären uns zu einem Treffen bereit, um über das weitere Zusammenleben der Völker in dieser Galaxie zu verhandeln. «

»Sind sie berechtigt, auch für andere Völker zu sprechen? «, fragte Major Travis nach.

»Wir unterhalten mengenmäßig den größten Flotten-Verband aller von den Zierrakies unterdrückten Rassen«, erklärte der Flottenbefehlshaber. »Andere Regierungen schätzen unsere Meinung. Die Verluste waren nicht unerheblich für uns. Falls es eine andere Lösung gibt als das Aufeinandertreffen unserer Flotten, ziehen wir diesen Weg vor. «

»Die Verluste wären nicht nötig gewesen, wenn sie direkt zu Verhandlungen bereit gewesen wären«, antwortete der Major. »Wir ziehen unsere Schiffe ebenfalls zurück. Landen sie mit einem Schiff und ihrer Verhandlungs- Delegation auf dem 8. Planeten des Systems. Er ist der Regierungs-Sitz der Notstand-Regierung der Zierrakies und ehemaliger Planet der kaiserlichen Familie. Wir sogen für die Sicherheit ihrer Delegation. «

Garadan Regulas überlegte einen Augenblick. Er blickte seinen Stellvertreter an.

Dieser nickte nur kurz.

»Wir sind einverstanden«, antwortete der Flottenbefehlshaber der Nari. »Ich werde mit meinem Flagg-Schiff, auf der mir von ihnen zugewiesenen Position landen. «

»Danke für ihr Einlenken«, erwiderte Major Travis. »Bitte erwarten sie in Kürze unseren Leitstrahl. Halten sie mit ihrer Flotte einen ausreichenden Abstand zu unserer Flotte. «

Sechs Stunden später fühlte sich Major Travis besser. Das Gemetzel im Weltraum hatte ein Ende gefunden. Die künstlichen Sonnen im Heimat-System der Zierrakies waren erloschen. Die Nari hatten mit der Bergung von Überlebenden und den Rettungskapseln begonnen. Niemand hinderte sie hieran. Die grauenhafte Bilanz sagte Folgendes aus:

13.000 Raumschiffe der Nari wurden zerstört. Weitere 22.000 trieben antriebslos im All. Ihre einsatzfähige Flotte war auf 45.000 Schiffe geschrumpft. Letztendlich hatte sich ein großer Teil von ihnen, in dem energetischen Netz der Lantraner verfangen und konnten nicht mehr an den Kampfhandlungen teilnehmen.

7.852 Raumer der Ablonder wurden zerstört, oder galten als vermisst. Ein herber Verlust, für die Hilfsflotte der Aller-Ersten. Diese hatten sich nicht in den Kampf eingebracht. Die Heimat-Flotte der Notstands-Regierung war auf 4.500 einsatzfähige Schiffe zusammengeschmolzen. Ganze 1.700 Schiffe wurden zerstört, die anderen zierrakischen Groß-Kampfschiffe der ursprünglich noch 9.300 Einheiten umfassenden Flotte, wurden massiv beschädigt. Sie mussten ihre Basen ansteuern, um dringende Reparaturen durchzuführen.

Für die lantranischen Schiffe und ihre Verbündeten aus dem Sol-System, konnte eine positive Bilanz gezogen werden. Der lantranische Schutz-Schirm war allen Belastungen gewachsen gewesen. Es gab auf beiden Seiten keine Verluste.

Die Siegermächte waren ein zweites Mal auf dem 8. Planeten der Zierrakies gelandet. Zehn Schiffe der Kaiser-Klasse schleusten ihre Marines und ihre Kampf-Roboter aus. Diese sicherten die nähere Umgebung. Ein Hinterhalt, wie bei dem ersten Besuch, sollte bereits in den Anfängen ausgeschlossen werden. Sergeant Hardin hatte den Oberbefehl über die Kampf-Teams übernommen.

Die Flotte der Lantraner und die Schiffe des Neuen-Imperiums sicherten die den Planeten von der Umlaufbahn aus. Die Flotten-Verbände der Ablonder warteten in einem sicheren Abstand. Sil'drock hatte das Kommando an einen zuverlässigen Stellvertreter abgegeben, der seine Befehle und die Wünsche der Aller-Ersten akzeptierte. Er wollte sich es nicht nehmen lassen, die Rasse der Nari kennenzulernen und an den Gesprächen teilzunehmen. Ebenso wie Admiral Dragphan, welcher noch glaubte, einige Ideen beisteuern zu können.

Langsam öffneten sich die Ausstiegsbrücken. Sergeant Hardin hatte die Sicherung der Anlage gemeldet.

Major Travis und sein Team hatten sich am Boden mit den Lantranern Thoran und Heran getroffen. Langsam kamen Admiral Dragphan und sein Stellvertreter Commander Breckphan auf die Gruppe zugeschritten. Er begrüßte die Anwesenden.

Major Travis blickte ihn an.
»Danke«, sagte der Major.

»Wofür? «, erkundigte sich der Admiral.

»Dafür, dass sie sich eingemischt haben«, antwortete Major Travis. »Dank ihrer Mitteilung an die Nari, hat die Weltraumschlacht ein Ende gefunden. Vermutlich sind die Worgass den Nari ein Begriff? «

»Das kann gut sein«, entgegnete der Admiral. »Wir Worgass haben im Auftrag des zierrakischen Kaisers viel Unheil im Universum angerichtet. Damals war unsere Genmanipulation noch so intensiv, dass wir keine Gedanken an die Freiheit, oder eine Selbstverwaltung verschwendet haben. Heute bedauern wir dies zutiefst. «

»Ich verstehe das sehr gut«, erwiderte Major Travis. »Ihr Volk wurde von vielen Species des Universums missbraucht. Vielleicht bringen wir in naher Zukunft Freiheit zu den unterschiedlichen Stämmen ihrer Rasse. Dafür werden wir aber ihre Unterstützung benötigen. «

»Wir werden bereit sein«, entgegnete Commander Breckphan.

Das Schiff von Sil'drock war gelandet. Er und Ras'ekin stießen zu der Gruppe.

»Ich hoffe, die Nari werden einsichtig sein? «, sagte Sil'drock. » Es gab schon genug Verluste auf beiden Seiten. «

»Warten wir es ab«, antwortete Major Travis. »Ich kenne die Nari noch nicht. Für uns sind sie eine unbekannte Rasse.«

»Die Zierrakies müssen verpflichtet werden, den Blutzoll wieder gutzumachen«, sagte Ras'ekin.

»Die Zierrakies sind bereits am Boden«, beteiligte sich Heran an dem Gespräch. »Wie sollen sie jetzt noch eine Gefahr für andere Rassen werden? «

»Aber die Zierrakies.....«, sagte Ras'ekin.

Sil'drock konnte es nicht mehr hören.
»Halte dich am besten zurück«, sprach er den jungen Ablonder an. »Hier ist mehr Feingefühl gefragt, als du je haben wirst. «

Irritiert schaute Ras'ekin den älteren Ablonder an. Er verzichtete jedoch auf weitere Äußerungen.

Thoran zeigte mit seiner Hand in die Luft.
»Die Nari kommen«, bemerkte er.

Gespannt beobachteten die Wartenden den Landeanflug des 500-Meter messenden Schiffes. Der Kreuzer verringerte seine Geschwindigkeit, aktivierte seine Gegenschubdüsen und setzte vorsichtig auf.

Es dauerte noch einige Minuten, bis sich eine Landeklappe öffnete. Eine Art Aufzug senkte sich zu Boden. Aus diesem stiegen sechs Gestalten humanoiden Ursprungs aus.
»Es sind Zwerge«, sagte Heinze erstaunt. »Das wusste ich nicht. «

Auch sie trugen Helme und Schutzanzüge. Die Luft des Planeten schien für sie ebenso wenig geeignet zu sein, wie für die Siegermächte. Die Wesen waren nicht größer als 1,60 Meter. Es sah lustig aus, wie sie sich auf ihren kurzen Beinen bewegten. Unsicher kamen die Kleinwüchsigen auf die wartende Gruppe zugeschritten. Sie hielten Laser-Gewehre in ihrer Armbeuge.

»Sie führen nichts Böses im Schilde«, bemerkte Heinze. »Sie sind lediglich verunsichert, weil sie bemerkt haben, dass sie die kleinsten Humanoiden sind. «

»Verschreckt sie nicht«, sagte Major Travis. »Das könnte

unsere Verhandlungen erschweren.«»Trotz ihrer kleinen Größe haben sie uns den Kampf nicht leicht gemacht. Mut haben sie. Falls wir nicht einen Weg gefunden hätten sie zu überzeugen, dann würden sie bis zu ihrem letzten Schiff kämpfen.

Die Nari traten an die Gruppe heran. Sie hatten kleine Translatoren vor ihrer Brust hangen. Der Vorderste der Gruppe schien der Kommandant zu sein. Sein durchsichtiger Helm zeigte das genarbte Gesicht einer älteren Person.
»Ich bin Garadan Regulas«, stellte er sich vor.

Der Translator gab die Worte etwas blechern wieder.
»Sie sprechen vermutlich kein Zierraky?«, fragte er.

Sein Blick schweifte auf Tart 1 und Tart 2, die sich neben Major Travis aufgebaut hatten.

»Das sind aber schrecklich große Maschinen«, ergänzte der Flottenführer der Nari. »Sie machen uns ein wenig Angst, bezüglich ihrer Größe. «

Major Travis lächelte sie an.
»Das ist verständlich«, erwiderte er freundlich. »Es sind ganz friedfertige Personenschutz-Roboter unserer Flotte. Sie brauchen keine Angst vor ihnen zu haben. Sie

werden erst zu extremen Kampf-Maschinen, wenn jemand das Lasergewehr auf uns richtet. Wir sprechen Natradisch. «

Die Nari sahen sich an und schulterten eiligst ihr Gewehr.

»Die Übersetzer benötigten einige Minuten, bis sie genügend Begriffe gesammelt haben, um ihre Sprache korrekt wiederzugeben«, teilte der Flotten-Befehlshaber der Nari mit.

Major Travis nickte.

»Nein Name ist Major Travis«, sagte er. »Wir kommen aus einem fremden Sonnen-System und haben unseren ablondischen Freunden beigestanden, die nach ihren Herren suchten. Diese wurden vor 250.000 Jahren von den Zierrakies verschleppt. «

»Nach einer so langen Zeit konnten sie ihre Herren noch finden? «, fragte der Oberbefehlshaber der Nari.

Sil'drock nickte und stellte sich und seinen Begleiter vor.

»Es sind unsere Götter«, antwortete er. »Sie sind unsterblich. Wir sind sehr froh, sie gefunden zu haben. «

»Sie mussten ihre Götter befreien? «, fragte Valgum Dugalus, der als Stellvertreter des kommandieren

Befehlshabers der Nari-Flotte vorgestellt wurde. »Konnten sie sich nicht selbst helfen?«

»Die Wege der Götter sind nicht immer zu durchschauen«, antwortete Sil'drock. »Zeit spielt für sie keine Rolle. Sie wollten die Zierrakies studieren.«

»Was kann man an aggressiven und lebensverachtenden Wesen studieren?«, fragte Garadan Regulas.

»Es war der Wunsch unserer Herren, diese Studien zu führen«, antwortete Sil'drock. »Sie gehen ihre eigenen Wege.«

»Seit wir sie kennen, versuchen sie alle bewohnten Planeten unseres Sektors zu überfallen«, ergänzte Garadan Regulas. »Wo es ihnen gelungen ist, wurden die dort lebenden Bewohner ausgerottet. Dann haben sie die Planeten ausgeweidet, um an die Rohstoffe zu kommen.«

Er schüttelte seinen Kopf.
»Die Zierrakies sind Tiere«, sagte er. »Sie haben es nicht verdient weiterleben zu dürfen.«

»Jedem Lebewesen sollte eine zweite Chance gegeben werden, um sich zu verändern«, teilte Heran mit. »Wir haben den zierrakischen Brückenkopf in der zweiten Anomalie zerstört. «

»Wie konnten sie das schaffen? «, fragte Flottenführer Regulas. » Die Entfernung ist für unsere Schiffe zu weit gewesen. Auch den Wechsel von unserem Universum in die 2. Dimension, könnten wir nicht vollbringen. «

»Dafür sind neue Erkenntnisse nötig«, lächelte Heran. »Sie werden alles später noch erkennen. Die Weisheit und das Wissen über das Universum, muss man sich mühsam erarbeiten. Erst wenn man versteht, dass unser normales Universum, nur eine von vielen Ebenen der Konstruktion des Ganzen entspricht, ist man bereit für weitere Wege. Für den Übergang ist ein Dreiecks-Amulett der Ablonder nötig. «

Der Befehlshaber der Nari schaute ihn irritiert an. »Haben sie Angehörige unserer Rasse in der zweiten Dimension gefunden? «, fragte er.

»Wir haben nicht hiernach gesucht«, beteiligte sich Thoran an dem Gespräch. Es wurden 8.300 Reservations-Planeten von den Zierrakies in dieser Anomalie eingefangen. Auf allen diesen Planeten wurden Angehörige von unterschiedlichen Species untergebracht. So auch die Götter unserer ablondischen Freunde.«

»Es wäre also durchaus möglich, dass wir noch vermisste Nari auf einem dieser Planeten finden?«, fragte Valgum Dugalus. » Viele Nari von unterschiedlichen Kolonien haben ihre Heimat verloren. Der Schock über die plötzlichen und von uns nicht vorhersehbaren Angriffe der zierrakischen Flotte, waren sehr groß unter unserer Bevölkerung. Bevor wir reagieren konnten, wurden viele Planeten unseres Lebensraumes verwüstet und die Bevölkerungen entführt. Die Tragweite der Geschehnisse wurde uns erst allmählich bewusst. Die unmittelbare Bedrohung durch die Zierrakies nahm immer mehr zu. Wir zogen alle verfügbaren Schiffe zusammen und versuchten das weitere Vordringen der Zerstörer zu verhindern. «

»So ist es uns allen gegangen«, antwortete Sil'drock. »Wir waren Forscher und suchten mit unseren Herren nach neuen Erkenntnissen und Geheimnissen im Universum. Dann zu einer Zeit, traf eine unserer Forschungs-Flotten auf die Zierrakies. Ohne weitere Vorwarnung wurden alle Schiffe vernichtet. Wir zogen ebenfalls viele Flottenteile zusammen, und rüsteten sie mit Geschützen aus. Leider waren unsere Schiffe in erster Instanz immer noch Forschungs-Raumschiffe. Wir wurden bis dahin nie in einen Kampf verwickelt und dachten, es gäbe keine aggressiven Kräfte im Universum.

Unsere Flotten wurden von den kampfstarken Groß-Raumschiffen der Zierrakies zerstört, unser geschätztes Flotten-Oberkommando geschlagen und unsere Welten verwüstet. Unsere Herren wurden von den Zierrakies gefangen genommen und auf einem ihrer Reservations-Planeten ausgesetzt. Das ist jetzt 250.000 Jahre her. Ich erspare mir alle detailgenauen Einzelheiten. «

»Dann ist unsere Entwicklung gar nicht so verschieden verlaufen«, bemerkte Garadan Regulas. » Ist nicht auch in ihrem Volk ein immenser Hass auf die Zierrakies ausgebrochen?«

»Das ist normal«, antwortete Sil'drock. »Unsere ersten Gedanken waren Rache und Vergeltung. Doch unsere Herren und Major Travis haben uns gezeigt, dass auch die Zierrakies nur Marionetten ihres Kaisers waren. Falls sie seinen Befehlen nicht gefolgt wären, dann hätten sie kein anderes Schicksal erleiden müssen, wie die Angehörigen unserer Rassen auch. «

»Ich verstehe endlich«, erwiderte der Oberbefehlshaber. »Dann ist der geflüchtete Groß-Kaiser für die ganze Misere verantwortlich? «

»Das ist richtig«, antwortete Major Travis. »Wir kennen ihre Rasse nicht. Wir sehen aber, dass sie humanoiden Ursprungs sind. Können sie sich vorstellen, dem Volk der Zierrakies eine zweite Chance zu geben? Ich weiß nicht, wie die Entwicklung auf ihrem Planeten verlaufen ist. Doch im Laufe der Evolution gab es auf vielen Planeten Diktatoren, die ihr ganzes Volk unterworfen haben. Sie waren nicht frei in ihren Entscheidungen. Wer sich hiergegen aufgelehnt hat, wurde brutal ermordet. Erst jetzt konnte dem zierrakischen Volk geholfen und der Groß-Kaiser in die Flucht geschlagen werden. Geben sie nicht dem Volk die Schuld, für die Befehle des wahnsinnigen Groß-Kaisers. «

Der Flottenbefehlshaber der Nari schaute Major Travis und die umstehenden Personen an.

»Es stimmt«, antwortete er. »Auch wir mussten durch Höhen und Tiefen in unserer Evolution gehen. Auch Diktatoren mussten wir in der langen Zeit unserer Entwicklung überwinden. «

Er drehte sich um und schaute über das Landefeld hinüber zu der Stadt. Langsam drehte er sich wieder um.

»Es ist das erste Mal, dass wir auf dem Boden eines zierrakischen Planeten stehen«, bemerkte er. »Das Ziel unseres Hasses war es, Vergeltung für das unsagbare Leid zu verüben, dass diese Rasse über uns gebracht hatte. Natürlich wussten wir, dass dies nur mit immensen Verlusten an Material und Personal zu schaffen war. Unsere Flotte wurde mit ausgewählten Freiwilligen bemannt, die den Tod nicht scheuten. Wir sind aufgebrochen, um die Zierrakies zu vernichten. Doch ich sehe, dass auch sie bereit sind, dem Volk der Zierrakies eine Chance zu geben. Ich werde ihren Vorschlag mit meiner Flotte besprechen und abstimmen lassen. Dann gebe ich ihnen unsere Entscheidung bekannt. «

»Berücksichtigen sie bitten auch unsere Unterstützung«, bemerkte Sil'drock. »Wenn wir nicht die Flotten-Verbände der zweiten Anomalie ausgeschaltet hätten, dann wäre ihr Angriff gescheitert. «

Er zeigte auf Admiral Dragphan.

»Allein diesem Worgass-Admiral ist es zu verdanken, dass sich unter seinem Kommando knapp 14.000 Groß-Kampfschiffe der Zierrakies von der kaiserlichen Flotte abgespalten haben und zu uns übergelaufen sind«, erklärte er. »Die Besatzungen von den Worgass geführten Schiffen waren es leid, die Befehle des Kaisers auszuführen und andere Rassen abzuschlachten.

Ihnen sollte klar sein, dass diese Flotte von ihnen niemals hätte besiegt werden können. Sehen sie es als Unterstützung unserseits an, dass wir jetzt die Möglichkeit haben, die Zierrakies in eine Demokratie zu überführen. Nie mehr werden sie andere Rassen vernichten, unterwerfen, oder drangsalieren. Dafür haben sie unser Wort. Wir werden eine Kontroll-Flotte stationieren, die den weiteren Verlauf der zierrakischen Entwicklung beobachtet. «

»Sie setzen sich so sehr für die Zierrakies ein, dass uns nichts anderes möglich ist, als den gleichen Weg zu gehen«, bemerkte Valgum Dugalus, der Stellvertreter des Oberbefehlshabers. »Wir versuchen unser Bestes, um die Empörung in unserem Volk zu besänftigen. Geben sie uns etwas Zeit. «

Der Worgass-Admiral trat vor.
»Wir sind eine künstliche Rasse, von Göttern erschaffen wurde«, erklärte er. »Nach dem Rückzug der Götter wurden die Zierrakies und viele andere Rassen auf uns aufmerksam. Wir wurden von ihnen genmanipuliert und als Hilfsvolk eingesetzt. Nicht nur hier, sondern in vielen Sterneninseln der Galaxie. Sie können mir glauben, dass mein Volk noch mehr leiden musste als die Zivilisation der Nari. «

Er blickte Garadan Regulas an. Dieser hörte gespannt zu. »Viele Jahrtausende mussten wir unterschiedlichen Rassen dienen«, ergänzte der Admiral. »Nie eröffnete sich eine Möglichkeit für uns, dieser Unterdrückung zu entfliehen. Mit der Wiedererweckung der Ablonder und ihrem Angriff auf das zierrakische System, änderte sich dies schlagartig. Alle Worgass-Offiziere, die unter der Knechtschaft der Zierrakies litten, wurden von uns im Untergrund angesprochen. Wir konnten uns von der selbsternannten Herren-Rasse abspalten. Die Worgass in der weißen Anomalie, werden nie mehr unter irgendwelchen Herren dienen und für sie die Schmutzarbeit erledigen. Ich habe alle Worgass-Besatzungen aufgefordert, unserem Beispiel zu folgen. Sie verweigerten ihren zierrakischen Herren die Gefolgschaft. So konnte eine Spaltung der Flotte erfolgen. Sie folgen uns auf einen eigenen Planeten, mit eigener Verwaltung. Dieser wird uns von Major Travis freundlicherweise zur Verfügung gestellt. «

Der blickte in die Richtung von Major Travis und nickte.

»Die Zierrakies sind Vogelwesen«, fuhr er fort. »Sie haben uns in der langen Zeit unserer Dienerschaft ausgenutzt und als Kanonenfutter verheizt. Alle Worgass-Offiziere, die ihre Anweisungen hinterfragt haben, wurden von ihnen abgeurteilt und hingerichtet. Sicherlich ist es hier auf dem Heimat-Planeten der Zierrakies, nicht anders abgelaufen. Wir haben ihre Befehle ignoriert und ihre Flotte verlassen. Ich habe unsere Soldaten aufgefordert einen letzten Kampf zu bestreiten. Dieser war gegen Knechtschaft und gegen Unterdrückung ausgerichtet. Fast alle Worgass waren es leid, unter den Zierrakies zu dienen, sie schlossen sich unserer Flotte an. Wir stehen jetzt vor ihnen, auf dem Weg in eine neue Freiheit. «

»Ich verstehe«, antwortete Gardan Rugulus. »Wir wussten nicht, dass sie so viel Leid ertragen mussten. Sie haben unser volles Mitgefühl. Leider ändert ihre Schilderung nichts an unseren Gefühlen. Auch unser Volk wird demokratisch verwaltet. Wir werden eine Befragung durchführen und abstimmen lassen. Anders geht es nicht.«

»Machen sie das«, antwortete Major Travis. »Sie haben unsere Unterstützung. Eines sollte ihnen klar sein. Wir werden einer Vernichtung des zierrakischen Volkes nicht zustimmen. «

Der Flottenbefehlshaber schaute ihn an.
»Dann sind sie auch nicht besser als die Zierrakies«, grollte der Flottenbefehlshaber.

»Bitte verdrehen sie nicht die Tatsachen«, antwortete Major Travis. »Sie wollten die Rasse der Zierrakies auslöschen«, erwiderte er. »Das ist nichts anderes als das, was die Zierrakies vor vielen Jahrtausenden gemacht haben. Wollen sie sich auf die gleiche Stufe stellen? Die Zeiten haben sich verändert. Das zierrakische Kaiser-System existiert nicht mehr. Captain Irugphan hat die Notstand-Regierung des ehemaligen Kaiser-Systems übernommen. Er hat von uns die Zusage erhalten, dass wir ihm bei einem Aufbau der Demokratie helfen. Glauben sie ernsthaft, dass wir nicht zu unseren Zusagen stehen? «

»Dann können wir uns nur mit den Gegebenheiten abfinden«, antwortete der Flotten-Befehlshaber. »Die Abstimmung unserer Besatzung ist eine reine Phrase. «

Major Travis schüttelte seinen Kopf.
»Holen sie sich die Zustimmung ihrer Besatzung«, erklärte er mit. »Es ist leichter, wenn die Wahrheit unter ihrem Volk bekannt ist. Versuchen sie alle zu überzeugen, dass dies ein neuer Weg in die Zukunft ist. Es ist nicht möglich, so weiterzumachen wie in der Vergangenheit. «

Die Gruppe der Nari hatte schweigend zugehört. Die Lebewesen wandten sich wortlos ab und gingen zu ihrem Schiff zurück.

»Das scheint ihnen nicht geschmeckt zu haben«, sagte Thoran. »Sie haben keine andere Möglichkeit, als unserem Plan zuzustimmen. «

»Hoffentlich sind sie einsichtig«, ergänzte Sil'drock. »Das Gemetzel muss langsam einmal ein Ende haben. «

»Das höre ich gerne«, erwiderte der Major. »Können sie sich vorstellen, dass die Nari eine Flotte abstellen, die den weiteren Verlauf der zierrakischen Entwicklung kontrolliert? Würden sie mit ihnen zusammen eine Kontroll-Flotte unterhalten? «

»Das hängt davon ab, welche Vorstellungen sie haben«, antwortete Sil'drock. »Ferner sollten noch unsere Herren zustimmen. «

»Da habe ich keine Bedenken«, entgegnete der Major. »Geoffwan wird sicherlich diesem Vorschlag zustimmen.«

Die Kampf-Roboter und die Marines hatten eine breite Gasse zum Palast gebildet. Sergeant Hardin informierte den Major, dass das komplette Gebiet um die Residenz der Notstands-Regierung gesichert war. Keine Heckenschützen, oder Untergrundgruppen wurden gesichtet.

»Gehen wir zu den Zierrakies«, schlug Major Travis vor. »Sie warten sicherlich bereits auf uns. «

Die Gruppe setzte sich in Bewegung und schritt auf den Palast zu. Tart 1 und Tart 2 nahmen ihren Schutzbefohlenen in die Mitte. Sie hatten ihre eigenen Sicherheits-Vorstellungen. Ohne Zwischenfälle hatten die Siegermächte den großen Regierungssaal erreicht.

Die ganze Notstands-Regierung hatte sich um Captain Irugphan versammelt. Die Zierrakies standen in dem Saal und unterhielten sich aufgebracht, als die Gruppe eintrat. Abrupt verstummten die Gespräche. Captain Irugphan ging auf die Gäste zu. Sein Gesicht machte einen entspannten Eindruck.

»Sie sehen, unsere Notstands-Regierung hat sich versammelt, um ihre Anordnungen aus erster Hand zu hören«, begrüßte er die Gäste.

Heran, Thoran, Admiral Dragphan, Sil'drock und Ras'ekin ließen seine Blicke schweifen. Nicht alle Zierrakies schienen über das Auftauchen der Siegermächte erfreut zu sein.

Der Ro zupft an dem Ärmel von Major Travis Uniform. Dieser beugte sich etwas zu ihm herunter.

»Ich empfange nicht nur positive Gedanken«, teilte Heinze mit. »Nicht alle Anwesenden stimmen mit der Meinung von Captain Irugphan überein. Wir sollten vorsichtig sein. «

Major Travis blickte ihn an.
»Danke«, sagte er. »Belausche sie bitte weiter. «

Er griff nach seinem Communicator.
Sergeant Hardin meldete sich.
»Kommen sie bitte mit einer Einheit Marines und einer Gruppe Kampf-Roboter in den Sicherungssaal und positionieren sie sich diskret im Hintergrund an der Wand«, flüsterte er. »Noch nicht alle Regierungs-Mitglieder sind einsichtig. «

Captain Irugphan hatte das Gespräch mitbekommen und wirkte verstimmt.

»Ihre Sicherheit ist hier im Sitzungssaal garantiert«, bemerkte er. »Sie brauchen sich keine Sorgen zu machen.«

Major Travis zog ihn etwas zu Seite.
»Unser kleiner Freund kann Gedanken lesen«, weihte er den Captain ein. »Er hat festgestellt, dass einige der Regierungs- Mitglieder nicht ihre Meinung teilen. Sie sollten vorsichtig sein. Die Personen zweifeln ihre Kompetenz an, das zierrakische Volk in eine neue Zukunft führen zu können. «

»Das kann ich nicht glauben«, antwortete der Captain. »Sie haben alle geschworen, unser Volk zu unterstützen.«

Er winkte zwei seiner Kollegen heran.
»Darf ich ihnen Lord Syrumsyth vorstellen? «, sagte er. » Ihm obliegt der Befehl über unsere Flotten-Verbände. Commander Tyrsanrith ist für die innere Sicherheit zuständig. «

Die beiden Zierrakies blickten Tart 1 und Tart 2 in die Augen. Ihnen war sichtlich unwohl. Captain Irugphan beugte sich etwas zu ihnen vor.

»Wir haben ein Problem«, teilte er mit. »Das Team von Major Travis besitzt einen Telepathen. Sie haben festgestellt, dass einige unserer Regierungs-Mitglieder nicht mit unserem Vorgehen einverstanden sind. Es ist möglich, dass sie etwas im Schilde führen. «

»Das glaube ich nicht«, antwortete Commander Tyrsanrith. »Alle Zierrakies sind am Eingang auf Waffen durchleuchtet worden. Ansonsten wären sie nicht durch die Sicherheits- Kontrollen gekommen. «

»Trotzdem möchte ich, dass sie die alle Personen nochmals durchchecken lassen«, sagte Captain Irugphan. »Für uns ist der Palast neu. Vielleicht befinden sich geheime Verstecke von Waffen hier im Palast, die wir noch nicht kennen?«

Der Commander der inneren Sicherheit reagierte sofort.

178
»Ich lasse alles nochmals verdeckt scannen«, flüsterte er. Dann entfernte er sich.

Captain Irugphan bat seine Gäste auf die Empore zu. dort befanden sich die Sitzplätze der früheren adeligen Regierungsmitglieder. Sie lagen fünf Stufen erhöht.

»Nehmen sie hier oben Platz und verkünden sie bitte der Notstand-Regierung ihre Wünsche«, sagte Captain Irugphan.

Die großen Türen des Saales wurden aufgestoßen. Sergeant Hardin trat ein. Er hatte 50 Marines und die gleiche Anzahl Kampf- Roboter dabei. Sie drangen in den Saal ein und verteilten sich an den Wänden. Die Stimmenkulisse unter den Mitgliedern der Notstands-Regierung wurde lauter. Captain Irugphan hob seine Hände in die Höhe.

»Ich rufe alle hier im Saal anwesenden Personen zur Ruhe auf«, sagte er. »Wir haben Hinweise auf Attentate. Die Einsatzkräfte der Siegermächte werden für unsere und ihre Sicherheit sorgen. «

»Wir sind nicht mehr Herr in unserem eigenen Palast«, protestierte einer der Abgeordneten.
»Haben sie etwas anders erwartet«, erwiderte der Captain. »Ich rufe sie nochmals zur Ordnung. Das hier ist eine besondere Situation. Entspannen sie sich. Dann wird nichts passieren. «

Wieder ging die Türe auf.
Die Abordnung der Nari, wurde in den Saal geleitet. Die Zwerge sahen sich unsicher um. Dann erkannten sie

Major Travis und die weiteren Siegermächte. Langsam gingen sie auf die Gruppe zu.

»Das ist die Abordnung der Nari«, stellte Major Travis die neuen Gäste vor.

Captain Irugphan ging auf sie zu.
»Ich bin der eingesetzte Vorsitzende der Notstands-Regierung«, sagte er. »Mein Name ist Captain Irugphan. Es ist schön, dass sie es noch zu unserer Versammlung geschafft haben. «

»Sie sind ein Zierrakie? «, erkundigte sich Gardan Rugulus.

Der Captain nickte.
»Wir sind zu ihnen gekommen, um ihre Rasse auszulöschen«, sagte der Flotten-Befehlshaber. »Danken sie ihren anderen Gästen, dass sie uns von dieser Absicht abgebracht haben. Sie haben unserem Volk unsagbar viel Leid beigefügt. «

Der Captain blickte ihn mit traurigen Augen an.
»Leider sind sie nicht die einzige Rasse, der das widerfahren ist«, entgegnete er. »Der Groß-Kaiser ist nach unserer Meinung wahnsinnig geworden. Leider hatten wir nicht die Möglichkeit ihn vom Thron zu

stoßen. Seine Sicherheits-Garden standen ihm stets treu zur Seite. Unsere Versuche scheitern bereits im Ansatz. Es tut uns leid. «

»Ich verstehe«, antwortete der Flotten-Befehlshaber der Nari. »Erst durch Major Travis haben wir erkannt, dass ihr Volk ebenso unter dem Kaiser leiden musste, wie andere Species in der Galaxie auch. Sie haben unser Mitgefühl. «

Gardan Rugulus, der Oberbefehlshaber der Nari-Flotte wandte sich Major Travis zu.

»Sie haben uns die Pistole auf die Brust gesetzt«, sagte er. »Wir haben unseren Besatzungen ihre Argumentation mitgeteilt. Es war eine knappe Abstimmung. «

Major Travis blickte ihn fragend an.

»Eine Mehrheit hat sich für ihren Vorschlag gefunden«, teilte der Befehlshaber mit. »Wir stimmen zu, vorausgesetzt die weitere Entwicklung der Zierrakies wird durch die Siegermächte kontrolliert. «

»Das sichern wir ihnen zu«, antwortete Major Travis. »Ich kann mir vorstellen, dass sie sich mit einem

Kontingent ihrer Schiffe beteiligen wollen, um die Ablonder zu unterstützen. «

»Das wäre für uns wichtig«, erwiderte Gardan Rugulus. »So brauchen wir nicht auf die Meldungen der Ablonder zu warten. «

»Können wir anfangen? «, fragte Sil'drock sichtlich genervt. » Wir möchten dem Volk der Zierrakies einen Vorschlag unterbreiten. «

Captain Irugphan nickte. Er wies den Nari freie Plätze zu. Als er sich umdrehte, sah er in seinem Rücken ein helles Leuchten. Diese Energiewolke baute sich zu einem ovalen Durchgang auf. Heraus traten die fünf Mitglieder des Ältestenrates der Aller-Ersten.

Die Nari waren erschreckt aufgesprungen.
»Keine Sorge«, beruhigte Sil'drock sie. »Unsere Herren sind eingetroffen. «
»Es sind tatsächlich Götter«, bemerkte Valgum Dugalus, der Stellvertreter des Flotten-Befehlshabers. »Wie ist das möglich?«

Geoffwan blickte in seine Richtung.

»Sie sind von der Rasse der Nari«, fragte er. »Mit ihrem Erscheinen haben wir gerechnet. Darf ich sie in unserer Runde begrüßen. «

»Sie sprechen unsere Sprache? «, erkannte Valgum.

»Wir sprechen viele Sprachen des Universums«, antwortete Geoffwan. »wir wollten sie nicht aufhalten. Machen sie bitte weiter, wir verstehen uns als lediglich Beobachter und werden nur im Notfall unsere Meinung vortragen. Die Rassen im Universum müssen selbst einen Weg für das zukünftige Zusammenleben finden. «

Sil'drock stand auf. Er blickte lange die Abgeordneten an. »Ich bin ein Ablonder«, sagte er. »Eine alte Rasse im Universum, die vor 250.000 Jahren von der zierrakischen Flotte fast ausgelöscht wurde. Sie können sich vorstellen, wie unser stark Hass auf dieses Volk war. Aber dank unserer Herren, konnten wir unsere Nachschub- Depots aktivieren und zu neuer Stärke wachsen. Unser Ziel war es, die Zerstörer töten. So wurde die Rasse der Zierrakies von allen Rassen im Universum genannt. «

Er ließ eine kleine Pause vergehen und blickte die Abgeordneten an.

Es war eine merkbare Ruhe eingetreten. Jeder Zierrakie war sich der Schuld bewusst, die sie im Auftrag des Groß- Kaisers anderen Rassen angetan hatten.

»Doch unser Hass ist nach langen 250.000 Jahren erloschen«, fuhr er fort. »Danken sie unseren Herren, dass sie uns einen neuen Weg aufgezeigt haben. Vor kurzer Zeit haben sich die Raumschiffe vieler Rassen vereinigt und sich darauf vorbereitet, eine große Raumschlacht zu schlagen. Das zierrakische Imperium sollte vernichtet werden. Die Ursache für unsagbares großes Leid in der Galaxis sollte restlos ausgelöscht werden. Doch unsere Herren zeigten uns eine neue Lösung. Wir haben erkannt, dass das zierrakische Volk auch nur unter dem Groß-Kaiser gelitten hatte. Vernichtung, dieses Wort sollte von uns ab heute besser hinterfragt werden. «

Sil'drock ließ eine kurze Pause vergehen. Dann sprach er weiter.

»Dank unserer Gemeinschafts-Flotte wurde die Niederlage für das zierrakische Imperium eingeleitet«, erklärte er. »Wir sind stolz, für unsere Freiheit gekämpft zu haben. Alle hier anwesenden Rassen sind gegen ihre Ausrottung aufgestanden, haben sich zusammengetan und für das Recht zu Leben gekämpft. Wir alle werden zukünftig nicht mehr zusehen, wie andere Völker und Rassen vernichtet werden. Ab heute werden wir sofort reagieren. Ich warne alle fremden Rassen davor, diesen Weg einzuschlagen. Heute ist der Tag unseres gemeinsamen Erfolges. Wir hoffen sehr, dass auch die Zierrakies hieraus lernen werden und ein verlässliches Mitglied in unserem Universum werden. «

Beifall wurde von den Abgeordneten hörbar. Erst leise, dann immer lauter und rhythmischer.

»Ich danke dem Ablonder Sil'drock«, sagte Captain Irugphan.

Geoffwan stand auf.
»Darf ich um das Wort bitten? «, fragte er. » Ich möchte noch etwas ergänzen. «

»Selbstverständlich«, antwortete der Captain. »Treten sie bitte vor den Ton-Geber. »

Der Aller-Erste nickte und schritt zu Captain Irugphan. Dieser stellte den Ton-Geber auf die Körpergröße des Macoronarus ein.

»Sehr geehrte Abgeordnete«, sprach Geoffwan in das Mikrofon. »Sie haben die einmalige Chance, das Volk der

Zierrakies in eine Demokratie und in eine Eigenverwaltung zu überführen. Verspielen sie diese Chance nicht. Es wird keine Zweite für ihr Volk geben. Dieser Krieg ist vorbei, das zierrakische Kaiser-Imperium existiert nicht mehr. Die aggressive Flotte des Groß-Kaisers wurde vernichtet. Ihre Heimat ist frei von dem kaiserlichen Diktat.

Wir verzichten darauf, alles Böse umzubringen und geben ihnen eine neue Chance für die Zukunft. Wie viel Blut musste erst vergossen werden, bis dieser neue Anfang für ihr Volk möglich war? Also setzt euch hin und redet zusammen. Findet eine Lösung, in Freundschaft und Friedfertigkeit, mit allen anderen Rassen zusammenzuleben. Es ist ihre letzte Chance. «

Geoffwan ging zu seinem Platz zurück. Ihm wurde ein gebührender Beifall gespendet. Die Regierungs-Mitglieder waren aufgestanden und applaudierten laut. Jetzt stand Major Travis auf und schritt zu dem Mikrofon. Er blickte die Delegierten an.

»Mein Name ist Major Travis«, stellte er sich vor. Wir sind den langen Weg aus der Milchstraße gekommen, um unseren Freunden, den Ablondern, zu helfen. Freundschaft verbindet Zivilisationen und Rassen. Diese stehen auch in Notsituationen zusammen, um

Bedrohungen abzuwenden. Sie haben erlebt, wie hasserfüllte Rassen, denen unsagbares Leid zugefügt wurde, reagieren können. «

Er zeigte auf die Nari.

»So wie es den Ablondern ergangen ist, so wurden auch die Welten der Nari von der zierrakischen Flotte angegriffen«, ergänzte er. »Sie brachte Vernichtung und Tod über sie. Ab diesem Zeitpunkt beharrten die Nari auf Rache. Ihr Feindbild war das zierrakische Imperium. Doch dieses Imperium hat sein schreckliches Bild verloren. Der gehasste Groß-Kaiser und seine Vasallen sind geflohen und haben dem Volk nur Scherben hinterlassen. Es schaut unsicher zu uns hoch und erwartet seine Vergeltung, für die Taten der Vergangenheit. «

Der Major legte eine kurze Pause ein und blickte auf Captain Irugphan.

»Darf ich sie zu mir bitten? «, bemerkte Major Travis.

Unsicher trat der Captain auf den Sprecher zu.
»Ich spreche hier für die Ablonder, die Macoronarus, die Worgass, die Lantraner und Terraner, die lediglich als Unterstützung aufgetreten sind. Selbstverständlich auch

für die Nari, die in letzter Minute diesem Vorschlag zugestimmt haben. Die Siegermächte verzichten auf Repressalien und Reparaturzahlungen, wenn das zierrakische Volk unter der Führung von Captain Irugphan bereit ist, ein neues Kapitel in ihrer Geschichte aufzuschlagen. Die Monarchie wird abgeschafft und das Volk in eine freie Demokratie geführt. Das ist die Chance, die wir ihnen anbieten.

Wir erkennen, dass sie auch nur Befehle ausgeführt einem totalitären Regime ausgeführt haben. Erneuern sie die Gültigkeit des alten Generationen-Vertrages. Bestätigen sie uns, dass sie ihr Einzugsgebiet auf ihre heimatliche Sterneninsel beschränken. Wir erwarten, dass sie gemeinschaftlich mit anderen Rassen, die Whirlpool-Galaxie schützen und gegen äußere Aggressoren sichern. Im Gegenzug werden wir keine Forderungen gegen die Notstands-Regierung und gegen das Volk der Zierrakies erheben. Sind sie mit unserem Vorschlag einverstanden? «

Eisige Ruhe herrschte im Sitzungssaal des Palastes. Die Zierrakies schienen noch die gesprochenen Worte zu verarbeiten. Dann brach immenser Jubel aus. Captain Irugphan fiel auf seine Knie und verbeugte sich vor Major Travis.

»Hiermit hätten wir nicht gerechnet«, antwortete er. »Wir wollten uns für unsere Taten verantworten. So viel Güte haben wir noch nie kennengelernt. Unser Dank ist unsagbar groß. Sie geben dem Volk der Zierrakies eine neue Hoffnung. «

»Danken sie nicht mir«, lächelte Major Travis. »Ohne die Zustimmung der Ablonder, der Worgass und der Nari, wäre dieses Entgegenkommen nicht möglich gewesen. Einen negativen Beigeschmack hat dieser Vorschlag für sie. «

Captain Irugphan stand auf und blickte den Major an. »Es wird ein Konsulat auf ihrem Planeten errichtet, dass von den Ablondern und den Nari unterhalten wird«, teilte er mit. »In wichtigen Fragen stimmen sie sich mit ihnen ab. Zusätzlich wird eine Flotte aus Ablonder- und Nari- Schiffen in ihrem Orbit stationiert. Sie wird in den nächsten Jahren den demokratischen Prozess auf ihrem Planeten verfolgen. Selbstverständlich werden sie nicht in ihren Entscheidungen beeinflusst, doch sie verstehen sicherlich, dass wir nicht ohne eine Kontrolle ihrer Zusage abfliegen können. «

»Das ist das geringste Übel«, antwortete der Captain. »Für mich ist es wichtig, dass keine Strafmaßnahmen an dem Volk der Zierrakies durchgeführt werden. «

Er drehte sich zu den Abgeordneten der Notstands-Regierung um und hob beide Hände in die Luft.

»Was sagt ihr, seid ihr bereit auf den gnädigen Wunsch der Siegermächte einzugehen und eine neue Zukunft für unser Volk einzuleiten? «, sprach er laut die Abgeordneten an.

»Ja, Ja, Ja«, kreischten alle Zierrakies laut.

»Die Angriffe von zierrakischen Flotten auf andere Sternen-Systeme, sind für alle Zeiten vorbei«, fuhr Captain Irugphan fort. »Wir werden versuchen, das Vergangene wieder gutzumachen. Niemals mehr sollen andere Species Angst vor den unseren Zerstörern haben. Unser Kaiser ist geflüchtet. Wir werden zu gegebener Zeit die Suche nach ihm aufnehmen und ihn hoffentlich seiner gerechten Strafe zuführen. Wir bauen unseren Planeten nach unseren Wünschen um. Dank den Siegermächten dürfen wir mit erhobenem Kopf in eine neue Zukunft gehen. Das ist viel mehr, als wir erwartet haben. «

»Wir danken den Siegermächten für ihr Entgegenkommen. Gewürdigt sind die Zierrakies? «, antworteten die Delegierten laut und bedächtig.

»Lassen sie uns in einen separaten Raum gehen«, sagte Captain Irugphan. »Meine Adjutanten haben den alten Vertrag gefunden, der von den Ältesten-Rassen im Universum ausgearbeitet wurde. Wir werden diesen mit unserer Unterschrift erneuern. Zusätzlich werden wir einen Friedensvertrag unterschreiben. «

Major Travis nickte.
Die Gäste standen auf und folgten dem Captain, unter lautem Applaus der Abgeordneten zum Ausgang des Saales.

Viele Arbeiten wurden an den nachfolgenden Tagen durchgeführt. Friedensverträge wurden ausgearbeitet, mehrfach verworfen, bis eine endgültige Version von allen Parteien akzeptiert wurde. Die alten Generations-Verträge wurden unterschrieben und erneuert. Thoran erhielt eine Ausfertigung, die er der Hohen-Empore konnte. Die Siegermächte waren sichtlich zufrieden mit der Kooperation von Captain Irugphan und der zierrakischen Notstands-Regierung. Sie bemühten sich intensiv, im Beisein der verschiedenen Rassen, eine neue Struktur in das zivile Leben der zierrakischen Bevölkerung zu bringen.

Die Verwaltungen wurden aufgebaut, die Anlaufstellen für das Volk installiert, die nach einer Arbeit und einer neuen Aufgabe suchten. Die Beamten der Notstand-Regierung waren sichtlich überfordert mit dem Andrang. Fast jede Person der zierrakischen Bevölkerung wollte mithelfen, den Aufbau ihres Planeten zu unterstützen.

Admiral Dragphan und Commander Breckphan waren mit einem großen Zerstörer gelandet. Sie hatten ein Büro in einer Werft eingerichtet. Es wurden zahlreiche Gespräche mit zierrakischen Worgass geführt, die an einer Evakuierung interessiert waren. Weitere Worgass-Teams aus den Evakuierungs-Schiffen unterstützten den Admiral hierbei. Sie bildeten Arbeits-Gruppen, die mit unentschlossenen Worgass-Clans Kontakt aufnahmen und in einem persönlichen Gespräch von den Absichten von Admiral Dragphan berichteten. Sie teilten den Worgass die Absicht von Major Travis mit, ihnen einen eigenen Planeten zur Verfügung zu stellen.

Hier konnten die Evakuierten eine eigene Verwaltung und eine neue Struktur aufbauen. Niemals mehr müssten sie unter der Herrschaft der Zierrakies leben. Er jetzt verstanden viele Zierrakies, worum es eigentlich ging. Auch auf dem kaiserlichen Planeten des Systems, war es nicht anders gewesen, wie in der zweiten Anomalie. Die Clans der Worgass waren unterdrückt und als niedrige Dienstboten gehalten worden. Der Ansturm auf das Büro des Admirals und seiner Gehilfen wurden immer starker.

Zwischenzeitlich hatte er das ganze Personal seiner Fern-Aufklärung der 2. Anomalie wieder reaktiviert. Über 230 Worgass-Offiziere versuchtem den Ansturm der zierrakischen Worgass zu bewältigen. Sie legten Personal-Akten an und registrierten die Fluchtbereiten. Ihre Stammdaten und ihre Ausbildungen wurde gespeichert und direkt an die zentrale Hypertronic-KI des Flagg- Schiffes von Admiral Dragphan weitergegeben. Sie ermittelte freie Plätze auf den zierrakischen Groß-Kampfschiffen. Das Team von dem provisorischen Büro des Admirals war sichtlich bemüht, Familien nicht auseinanderzureißen.

»Wie viele Ausreiseanträge haben wir registriert? «, fragte Admiral Dragphan einen Mitarbeiter.

Er lehnte sich in seinem Stuhl zurück und blickte den Offizier an seiner Seite an.

»Moment bitte«, antwortete dieser. »Ich lasse eine Zählung durchführen. «

Gespannt wartete der Admiral ab.

»Wir haben 287.000 Anträge genehmigt«, antwortete der Gehilfe. »Die Zahl der Worgass, die hierbleiben mochten, nimmt stetig weiter ab. «

»Wie sieht die Kapazität auf unseren Schiffen aus? «, erkundigte sich Commander Breckphan.

»Derzeit noch gut«, antwortete der Offizier. »Alle Worgass haben einen Liegeplatz erhalten. Ich hoffe nur, dass die Verpflegung reichen wird. Das hängt von der Flugdauer ab. Wie lange sind wir zur Milchstraße unterwegs? «

»Major Travis unterrichtete mich, dass dies ein Sprung von wenigen Stunden sein würde«, erwiderte der Admiral. »Durch eine spezielle Wurmlochtechnik wären wir in der Lage, die Entfernung innerhalb kürzester Zeit zu absolvieren. «

Der Offizier blickte ihn ungläubig an. »Wie ist das möglich? «, fragte er.

Der Admiral schüttelte seinen Kopf.
»Über die genaue Technik bin ich nicht informiert«, antwortete er. »Aber ich vertraue den Angaben des Majors. «

»Trotzdem werde ich zusätzliche Vorräte laden lassen«, entgegnete der Offizier. »Es kann immer einmal etwas dazwischenkommen.

»Machen sie das«, entgegnete der Commander.

Erneut ruckten weitere Worgass nach.
»Name, Alter und Beruf«, fragte der Admiral.

Der Ansturm der Ausreisewilligen nahm kein Ende.

***

Major Travis hatte einen Tag mit Sirin verbracht. Sie war sichtlich froh, dass die Mission einen guten Ausgang genommen hatte.

»Wann geht es zurück? «, erkundigte sie sich.
»Die Worgass nehmen immer noch Ausreisewillige auf«, antwortete er. »Ich denke, wir werden noch einen Tag brauchen. Die Warteschlange wird kürzer. «

»Ich bin froh, wenn ich wieder auf der Tarid bin«, lächelte sie. »Ich habe mich so an ihn gewöhnt, dass ich den Planeten stark vermisse. «

»Mir geht es nicht anders«, schmunzelte der Major. »Es ist der schönste Platz im Universum. «

Sie setzte sich neben ihn auf das breite Sofa. Schnell drückte sie ihm einen Kuss auf die Backe.

Der Major wusste, was sie wollte.

»Kann ich etwas für dich tun? «, fragte sie verführerisch. Major Travis legte einen Arm um sie und wollte etwas sagen. In diesem Moment summte der Communicator in seiner Tasche.

»Verdammt«, lächelte er. »Immer wenn es gemütlich wird. «

Der Major öffnete die Verbindung.
»Hier ist Major Travis«, sprach er in das Gerät.
»Sergeant Farmer spricht«, hallte es aus dem Gerät. »Sie haben eine dringende Depesche von General Poison erhalten. Sie war lange unterwegs und wurde von diversen Relais-Stationen weitergeleitet. «

»Ich komme«, antwortete der Major. »Informieren sie bitte Commander Brenzby. «

»Wird erledigt«, erwiderte der Funk-Offizier.

»Ich muss leider gehen«, teilte Marc der Prinzessin mit. »Aber wir sehen uns bald wieder. Lass dir die Zeit nicht zu lange werden. «

»Das bin ich ja bei dir gewohnt«, antwortete sie enttäuscht. »Beeile dich. Ich bereite in der Zwischenzeit etwas zu Essen für uns vor. «

Der Major küsste sie auf die Wange und verließ seine Kabine. Schnell war er auf der Brücke angekommen. Commander Brenzby war ebenfalls bereits eingetroffen.

»Was gibt es so Dringendes? «, fragte der Befehlshaber der Termar 1.

»Wir haben eine Depesche von General Poison erhalten«, teilte Sergeant Farmer mit. »Sie wurde mit Alpha-Order belegt. Sie können diese Nachricht nur mit ihrer Freigabe öffnen. «

Major Travis blickte Commander Brenzby an

»Der General macht wieder ein großes Geheimnis um seine Nachrichten«, lachte er. »Legen sie die Dechiffrierung auf die Lautsprecher. Der Code lautet MT-001-79878599N. «

»Danke«, antwortete Sergeant Farmer. »Ihr Code wurde eingegeben. «

Er drückte auf einen roten Knopf.

»Die Dechiffrierung wurde beendet«, meldete die Hypertronic-KI des Schiffes. »Ich trage die Meldung vor. «

Eine kurze Pause verging.

»Angriff auf das Neue-Imperium von Natrid & Tarid im Sektor Centauri«, teilte sie mit. »Eine Kriegsflotte der Daraner hat den Planeten der Centauri-Scruffs besetzt. Es handelt sich um eine Rasse, die dem ehemaligen kaiserlichen Imperium angeschlossen war. Der Planet besitzt eine noch nicht reaktivierte Verwaltungs-KI. Die Scruffs haben aus Verzweiflung Sabotage auf Natrid verübt, um Aufmerksamkeit auf sie zu ziehen. Es wurde eine Flotte von 600 Schiffen zur Unterstützung in das Gebiet befohlen. Oberst Cameron beteiligt sich mit 300 Prinz-Schiffes des ISD an dem Einsatz. Ferner wird er von Captain Hunter und 300 Schiffen der Cuuda- Klasse unterstützt. Wir wissen nicht, ob die Verwaltungs-KI wieder aktivieren lässt.

Fliegen sie bitte auf ihren Rückflug das Gebiet an und unterstützen sie unsere Einsatz-Flotte. Es ist damit zu rechnen, dass weitere daranische Verbände in das Gebiet einfliegen. Ihr Eingreifen ist dringend erforderlich. Die Koordinaten finden sie im Anhang. Bestätigen sie bitte diesen Befehl. General Poison, Ende der Mitteilung. «

Commander Brenzby verzog sein Gesicht.
»Ein weiter Krisenfall«, sagte er. »Das nimmt ja im Moment kein Ende. «

»Das Universum ist voll von aggressiven Rassen«, antwortete der Major. »Bestätigen sie bitte den Erhalt der Depesche und sagen sie zu, dass wir uns sofort auf den Weg machen. Bitten sie den General, nochmals die daranische Königin zu verhören. Er möchte Noel mitnehmen. Vielleicht gelingt es ihnen, an weitere Informationen zu kommen. «

»Ihre Meldung wurde eingegeben und verschickt«, bestätigte der Funk-Offizier.

Er blickte seinen Commander an.
Commander Brenzby, bitte informieren sie unsere Flotte, dass wir uns zum Abflug bereitmachen und den Sektor Centauri anfliegen«, befahl Major Travis.

Er blickte Sergeant Farmer an.

»Öffnen sie mir bitte eine Hyperkomm-Funkverbindung in das Büro von Admiral Dragphan«, instruierte er ihn.

»Die Verbindung baut sich auf«, antwortete der Sergeant. Sie können sprechen. «

Der Kommandeur der Termar 1 nickte und griff nach dem Communicator.

»Hier ist Major Travis, ich rufe Admiral Dragphan«, sprach er in das Gerät. »Bitte melden sie sich. «

»Hier spricht Admiral Dragphan«, hallte es von der anderen Seite der Verbindung. »Was kann ich für sie tun, Herr Major. «

»Wir haben einen weiteren Vorfall«, teilte der Major mit. »Die Daraner haben einen Planeten unseres Imperiums besetzt. Wir wurden aufgefordert Unterstützung zu leisten. Bringen sie bitte ihre Mission zu Ende. Es ist erforderlich, dass wir uns zum Abflug bereitmachen. «

»Die Daraner sind in die Milchstraße eingedrungen? «, fragte der Admiral. » Ich kenne dieses Volk. Es ist genauso herrschsüchtig, wie die Zierrakies. Auch dort werden Worgass als Diener gehalten. «

»Wie lange brauchen sie noch für ihre Evakuierungs-Pläne? «, fragte der Major.

»Wir sind fast durch«, antwortete der Admiral. »Die letzten Worgass, die an unserer Evakuierung teilnehmen möchten, werden derzeit registriert. Geben sie uns noch eine Stunde, dann sind alle auf den Schiffen verladen. Wir bereiten uns auf den Abflug vor. «

»Danke«, entgegnete Major Travis. »Das Zeitfenster passt. Ich werde die Lantraner und die Ablonder unterrichten. Warten sie auf unsere Startvorgaben. «

»Das mache ich«, antwortete der Admiral. »Bis später. «

Ganze 90 Minuten waren vergangen. Major Travis hatte die Führungsoffiziere der Siegermächte zu einem letzten Gespräch auf sein Schiff gebeten. Auch die befehlsführenden Offiziere der Flotte des Neuen-Imperiums, waren hinzu gebeten worden. Commander Stuart, Commander Malley, Commander Cottle, Commander Haught, Commander Lindsey Fontana und der atlantische Commander Senga-Hol waren der Einladung gefolgt.

Die Termar-Schiffe verfügten über eine Transmitter-Plattform. Hiermit war es für die Commander sehr einfach, an der Zusammenkunft teilzunehmen. Auch Thoran und Heran waren eingetroffen. Sie hatten mit einem Evolutions-Schiff an dem Flagg-Schiff von Major Travis angedockt. Das letzte Gespräch ließen sich auch Sil'drock und Ras'ekin nicht entgehen. Sie hatten Geoffwan dabei.

Major Travis bot allen Gästen einen Sitzplatz an und ließ Erfrischungen servieren.

»Sie wollen uns verlassen? «, fragte Geoffwan.

»Unsere Arbeit ist beendet«, antwortete der Major. » Ich denke, sie kommen allein zurecht. Wir haben eine dringende Depesche erhalten. Daraner haben einen Planeten unseres Imperiums besetzt und wollen die Centauri-Scruff gefangen nehmen. Wir sind zur Unterstützung dorthin beordert worden. «

»Ich verstehe«, antwortete Geoffwan. » Es liegt noch viel Arbeit vor ihnen. Vergessen sie nicht den Datenwürfel auszuwerten und die Kon-Ra-Tak aufzusuchen. Auch sie sind Mächtige und über jeden Zweifel erhaben. Sie sind humanoiden Rassen sehr angetan. Informieren sie ihre Vertreter von ihren Erlebnissen in der Whirlpool-Galaxie. Fragen sie nach den Mächtigen, die nach unseren Erkenntnissen hinter den Zierrakies stehen müssen. Sie werden sie kennen. Keiner ist weiser als diese alte Rasse. Man wird ihnen Antworten geben. «

»Das mache ich«, antwortete Major Travis. »Danke für ihr Vertrauen. «

»Wir haben zu danken«, erwiderte Geoffwan. »Dank ihrer Hilfe ist es unserem Hilfsvolk gelungen, die Zierrakies in die Knie zu zwingen und die 2. Anomalie aufzulösen. Falls ihr Imperium einmal in Bedrängnis geraten sollte, rufen sie nach uns. Vielleicht können wir ihnen dann einmal helfen. «

»Sie werden sich um alles Weitere kümmern? «, fragte der Major. » Unterstützen sie die Zierrakies bei einem Neuanfang. «

»Das ist unsere Absicht«, entgegnete Geoffwan. »Seien sie versichert, dass wir die Fehler der Vergangenheit nicht wiederholen werden. Die nächsten Jahre wird noch eine Flotte im Orbit des zierrakischen Systems stationiert sein, die dem Volk den richtigen Weg weist. Danke für alles. «

Er trat zur Seite.

Sil'drock und Ras'ekin traten vor.

»Auch wir möchten ihnen unseren Dank mitteilen«, sagte Sil'drock. »Sie sind Verbündete, worauf man sich verlassen kann. Danke, für ihre Unterstützung. «

»Das haben wir gerne gemacht«, antwortete der Major. »Helfen sie ihren Herren sie wieder zurechtzufinden? «

»Wir werden sehen, was die Zukunft bringt«, antwortete Ras'ekin. »Vielleicht müssen uns ja unsere Herren bei unserer zukünftigen Entwicklung behilflich sein. Warten sie es ab. «

Geoffwan hatte sich zwischenzeitlich bei Heran und Thoran bedankt. Major Travis hatte nicht mitbekommen, was die alten Rassen untereinander vereinbart hatten.

»Wir halten sie nicht länger auf und verabschieden uns«, teilte Geoffwan mit. »Kommen sie einmal wieder vorbei und besuchen sie uns. Wir würden uns freuen. «

»Das machen wir bestimmt«, lächelte der Major. »Alles Gute für sie. «

Geoffwan lächelte ebenfalls und trat einen Schritt zurück. Er zeichnete mit seiner Hand einen ovalen Kreis in die Luft. Dieser flammte plötzlich auf und füllte sich mit Energie. Ein breiter Durchgang entstand.

»Bitte meine Herren«, sagte Geoffwan.
Ohne weitere Fragen schritten Sil'drock und Ras'ekin durch den künstlichen Durchgang. Als letzter ging der Aller-Erste durch. Kurz nach ihm fiel das Energietor in sich zusammen.

»Das ist für mich immer wieder faszinierend«, bemerkte Heran. »Doch so weit sind wir noch nicht. «

Er blickte Major Travis an.
»Meine Damen und Herren«, sagte Major. » Lassen sie uns den Rückflug beginnen. Leider habe ich soeben eine schlechte Nachricht aus der Zentrale auf Natrid erhalten. Daraner haben im Centauri-System einen Planeten besetzt, der zu unserem Imperium gehört. Er wird von einer friedfertigen Rasse bewohnt, die sich Scruffs nennen. Wir wurden als Unterstützung dorthin beordert. Ich stelle die Frage an Thoran, ob uns die lantranischen Schiffe begleiten könnten? «

Heran blickte seinen Vorgesetzten an.
»Das sollte möglich sein«, bemerkte er.

»Nicht so voreilig«, antwortete der Befehlshaber der lantranischen Streitkräfte. »Uns fehlt hierzu die Bevollmächtigung unserer Hohen-Empore. Falls das herauskommt, dann gibt es wieder Ärger. Die ganze mühsam aufgebaute Unterstützung für die Milchstraße, könnte neu überprüft werden. Unser Befehl war eindeutig und unmissverständlich. «

»Was können wir dafür, wenn wir auf unserem Rückflug auf aggressive Rassen stoßen? «, fragte Heran. » Letztendlich müssen wir für die Worgass einen geeigneten Planeten suchen. «

»An deine Gerissenheit muss ich mich noch gewöhnen«, antwortete Thoran. » Falls wir bei unserem Rückflug auf Feinde stoßen, dann müssen wir uns natürlich wehren. Also gut, sie können mit unserer Hilfe rechnen. «

»Danke«, lächelte Major Travis. »Das hilft uns sehr. «

Er blickte seine Commander an.
»Jeder von ihnen führt weiter das Kommando über seine 1.000 Schiffe«, teilte er mit. »Im Krisenfall entscheiden sie direkt. Die Schiffe der Worgass verbleiben in unserem Rücken und werden nicht an Kampf-Handlungen teilnehmen. Haben sie noch irgendwelche Fragen? «

»Haben wir Informationen, mit wie vielen feindlichen Schiffen wir es zu tun haben? «, fragte Commander Fontana.

»Leider nicht«, antwortete Major Travis. »Bereits 600 Schiffe unseres Imperiums befinden sich vor Ort und kämpfen gegen die Daraner. Nach unserem Eintritt in den Sektor werden alle Schutzschirme aktiviert und die Waffentürme ausgefahren. Es wird eine Sicherheitszone eingerichtet. Angreifende Schiffe sind zu eliminieren. «

»Wir haben verstanden«, antworteten die Commander.

»Auf dem Planeten gibt es eine noch nicht aktivierte natradische Verwaltungs-KI«, ergänzte der Major. »Diese soll wieder an das Imperium angeschlossen werden. «

Die Commander und die Gäste standen auf.
»Gehen sie auf ihre Schiffe und bereiten sie sich vor. « sagte Major Travis.

»Wir öffnen zehn Wurmlochfenster in 30 Minuten«, teilte Heran mit.

»Hier sind die Koordinaten«, ergänzte Major Travis.

Er rechte Heran einen Speicherkristall.

»Wir sehen uns auf der anderen Seite«, entgegnete er.

Im Eiltempo verließen die Gäste den Sitzungssaal.

Major Travis und Commander Brenzby gingen auf die Brücke der Termar 1.

»Was machen die Schiffe der Worgass? «, fragte der Major.

»Sie sind gestartet und hinter uns in eine Warteposition gegangen«, meldete Sergeant Dantow. »Admiral Dragphan wartet auf ihre Instruktionen. «

»Weisen sie die Schiffe an, ihre Antriebe zu starten«, befahl der Major.

Er blickte auf den Zeitgeber des Schiffes.
»In 15 Minuten öffnen die Lantraner zehn große Durchgänge«, teilte er mit. » Alle Schiffe sollen ohne Verzögerung hindurch fliegen. «
Die Zeit verstrich sehr langsam. Alle Schiffe hatten ihre Antriebe aktiviert. Sie warteten geduldig auf die lantranischen Wurmloch-Fenster.

Schließlich war es so weit. Zehn große Durchgänge entstanden im dunklen Weltraum. Die Flotten-Verbände beschleunigten und tauchten in die hellblau leuchtenden Portale ein.

Entdeckung auf Atlantis

»Sie suchen nach einer geheimen Spur des Kaisers Quoltrin-Saar-Arel? «, fragte Marin.

»Das ist richtig«, antwortete der General. »Barenseigs glaubt eine Spur zu einer alten geheimen Basis des Kaisers gefunden zu haben. «

Marin und Gareck lachten laut auf.
»Der Kaiser hat im ganzen Imperium andauernd geheime Basen angelegt«, teilte Gareck mit. »Nur die Hälfte hiervon ist wirklich geheim geblieben. Was erwarten sie dort zu finden? «

Ihre Protesthaltung war verschwunden. Der Forscherdrang in ihnen stieg wieder an die Oberfläche.

»Was für eine geheime Basis soll das denn sein? «, fragte Marin erneut.

»Es geht um eine kaiserliche Zeit-Basis, die hier irgendwo versteckt ist«, antwortete Barenseigs. »Um sie zu finden, benötigt man einen Schlüssel. Wir hoffen, dass sie uns helfen können? «

»Es gibt keine Zeitbasis«, antwortete Marin. »Hiervon würden wir wissen. «

Barenseigs überlegte intensiv.

»Sind sie mit ihrem Latein schon am Ende«, stichelte Atlanta.

Sie schmunzelte den Gildoren an.
»Etwas anderes habe ich auch von ihnen nicht erwartet«, sagte sie frostig.

Der Blick von Noel ließ sie verstummen.

»Warum hat denn die große Hypertronic-KI von Natrid die Daten eingefroren und gibt sie nicht frei? «, bemerkte er.

»Die Hypertronic-KI kann keine Daten einfrieren«, erwiderte Marin. »Sie ist programmiert, um sämtliche Anfragen zu beantworten. «

»Jetzt muss ich aber lachen«, sagte Barenseigs. »Sie scheinen ihre eigene Groß-Hypertronic-KI nicht ausreichend zu kennen. Es sieht fast so aus, ob sie ihnen bewusst nicht alles mitteilt. «

»Wir beenden das hier jetzt«, maulte Gareck. »Für so etwas haben wir keine Zeit. «

»Darf ich sie an das Terminal bitten, Noel? «, fragte Barenseigs. » Wiederholen sie unseren Versuch. Es kann sein, dass wir uns getäuscht haben. «

Emotionslos trat Noel vor den Terminal.
»Sonderabfrage Noel«, sprach er in das Mikrofon. Natradischer Klon der Hypertronic-KI, Befehlsgebung Q1-992117495 Alpha-Natrid-Imperator. Ich befehle die Öffnung der geheimen kaiserlichen Archive. «

Einige Sekunden vergingen. Endlose Daten-Kolonen liefen über den Bildschirm ab. Dann erteilte die Hypertronic-KI eine Absage.

»Der Zugriff wird verweigert«, antwortete die KI erneut. »Noel ist ein Kind meiner Erschaffung. Leider nicht von adeliger Geburt und nicht mit der Autorisierung des Kaisers ausgestattet. Die Öffnung der geheimen Archive wird weiterhin verweigert. «

Den Umherstehenden fielen die Mundkiefer nach unten.

»Das ist nicht vorgesehen und nicht zulässig«, bemerkte Marin. »Ich verstehe die Antwort nicht. «

»Was gibt es da nicht zu verstehen? «, fragte Gareck. » Es wurde eine Blockade-Sicherung eingebaut. Barenseigs hat Recht. Hier riecht es gewaltig nach einer extremen Verschleierung. Dieses kleine kaiserliche Programm jetzt zu finden, das wird eine lange Zeit brauchen.

»Es scheint sich hier um eine spezielle kaiserliche Sonder-Autorisierung zu handeln«, bemerkte Noel. »Der Hypertronic-KI ist die Freigabe strengstens untersagt. Vermutlich handelt es sich um ein kleines Programm, das vom Kaiser persönlich integriert wurde. Es hat zu diesem Verhalten der großen Hypertronic geführt. «

»Wie kommen wir jetzt weiter? «, erkundigte sich der Gildor. » Sehen sie noch eine Möglichkeit? Wir brauchen weitere Hintergrund-Informationen. «

»Ich zeige ihnen unseren zweiten Versuch«, teilte Noel mit.

»Sonderabfrage Noel, natradischer Klon der Hypertronic-KI, Befehlsgebung Q1-992117495 Alpha-Natrid-Imperator«, sprach der die KI an. »Systemanalyse der erteilten Sonder-Prioritäten von Quoltrin-Saar-Arel. Ich befehle dir die Auflistung aller verfügbaren, lebenden adeligen Personen mitzuteilen. «

Wieder liefen unzählige Zahlenkolonnen über den Bildschirm. Die Zuschauer warteten interessiert ab.

Blitzschnell wurden Namen an dem großen Bildschirm angezeigt und wieder gelöscht. Die Geschwindigkeit der Bearbeitung erhöhte sich kontinuierlich. Jetzt waren nur noch Lichtimpulse auf dem Bildschirm erkennbar. Dann stoppte der massenhafte Ablauf der Daten-Kolonnen. Ein Name stand auf dem Bildschirm und blinkte intensiv.
»Atlanta«

Barenseigs atmete tief aus.

Alle blickten Atlanta an.

»Sie sind der Schlüssel zu diesem Geheimnis? «, sagte Marin. » Sind sie bereit, dass wir ihr Gehirn auslesen?

»Unterstehen sie sich«, ereiferte sich Atlanta. »Hier wird nichts ausgelesen. Es muss sich eine normale Erklärung hier für finden lassen. «

»Wie kommen wir weiter? «, fragte Noel. » Es gibt etwas, das ihnen Kaiser Quoltrin-Saar-Arel anvertraut hat. Vielleicht nutzt er bewusst ihr Unwissen aus. «

»Ich rufe alle Daten aus meinem Langzeitgedächtnis ab«, teile Atlanta mit. » Vielleicht ist hier irgendwas hinterlegt. Folgen sie mir. Ich bringe sie zu den kaiserlichen Gemächern. Sie sind seit dem Tode des

Kaisers nicht mehr geöffnet und hermetisch versiegelt worden. «

Atlanta beorderte einen Gleiter an ihre Position. Das Team von Secret X-Natrid, Noel, General Poison, Marin, Gareck und Atlanta stiegen auf.

»Zu den kaiserlichen Gemächern«, befahl Atlanta. Langsam setzte sich der Anti-Graf-Gleiter in Bewegung und beschleunigte. Die Mitarbeiter des Gildoren hielten sich krampfhaft an der Haltestange fest. Sie waren so eine zügige Fahrt nicht gewohnt.

Die Fahrt dauerte 20 Minuten, dann hatten sie die 7. Etage des zentralen Turmbaues erreicht. Die ehemaligen kaiserlichen Gemächer lagen nahe der Aussichtsplattform. Quoltrin-Saar-Arel hatte scheinbar auch auf der Atlantis-Basis nicht auf seinen gewohnten Komfort verzichten wollen.

Der Gleiter verlangsamte seine Fahrt und stoppte schließlich. Vor den Gästen lag ein großer breiter Korridor. Auf der rechten Seite des Ganges waren 11 Türen zu sehen.

»Das ist die Etage des ehemaligen Kaisers«, erklärte Atlanta. »Dieser Bereich war ausschließlich ihm und seiner Sicherheits-Garde vorbehalten. «

Neugierig blickte sich General Poison um.

»Ist dieser Bereich untersucht worden? «, fragte Noel.

»Ich denke schon«, antwortete Atlanta. »Die Techniker haben alle Bereiche der Basis durchgesehen und fehlerhafte Elemente erneuert. «

»Waren es Wartungs-Roboter von Natrid, oder Technik-Teams von Tarid«, erkundigte sich Noel.

Atlanta überlegte kurz.
»Dieser Bereich wurde von unseren eigenen Wartungs-Robotern durchgecheckt«, antwortete sie.

Noel blickte sie kurz an.
Nachdem alle Personen von dem Gleiter abgestiegen waren, zeigte Atlanta auf die 6. Türe. Sie war auffällig und im Gegensatz zu den restlichen Türen nicht aus Natridstahl gefertigt. Diese Türe bestand aus reinem Gold. Zahlreiche Verzierungen waren auf ihr angebracht.

General Poison winkte Marin und Gareck herbei.

»Was sind das für Zeichen? «, erkundigte er sich.

Die Genies schauten sich die eingravierten Embleme an. »Das ist eine Kombination aus unterschiedlichen Sprachen des kaiserlichen Imperiums«, erklärten sie. »Wir erkennen Schriftzüge der Najekesio, der Morina, den Atlantern, den Sarrtolan und vielen anderen. «

»Das ist der Haupteingang zu den kaiserlichen Gemächern«, sagte Atlanta. »Alle anderen Türen sind nur von innen zu öffnen. Vermutlich hat der letzte Kaiser das aus Sicherheitsgründen veranlasst. «

»Wann waren sie das letzte Mal hier? «, fragte Noel.

»Was soll ich ihn sagen«, antwortete sie. »Das ist jetzt über 100.000 Jahre her. So wie ich mich erinnere, handelt es sich um die kaiserlichen Aufenthaltsräume, ohne viele technische Einfluss-Möglichkeiten. Die Steuerung der Basis erfolgt von unserer Zentrale aus. Bei Sonderbefehlen ist Kaiser Quoltrin-Saar-Arel immer in unsere Leitstelle gekommen, auch wenn er spezielle Informationen haben wollte. Ich habe keinen Anlass gesehen, mich in diesen Räumen häuslich niederzulassen. Das auch aus Respekt vor unserem ehemaligen Kaiser.«

»Ich verstehe«, antwortete Noel.

Langsam ging die Gruppe auf die goldene Türe zu.

»Was für ein herrlicher Anblickt«, sagte General Poison. »Das ist der reine Luxus. Heutzutage können sich das nur Imperatoren leisten. «

Ein natradisches Code-Schloss war neben der goldenen Pforte angebracht.

»Ich öffne die Türe«, entschied Marin.

Er ging auf das Code-Schloss zu und gab seinen übergeordneten, natradischen Geheim-Code ein. Er tippte die geheime Zahl Q1-983897569 Alpha-Natrid-System- Analytik, über die Sensor-Tastenfelder ein. Hiernach drückte er auf die grüne Taste.

Ein lautes unüberhörbares Alarm-Piepsen erfüllte den Korridor. Eine breite rote Taste, mit dem natradischen Wort "Nor", blinkte auf.

Marin blickte erstaunt Noel an.
»Der Zugang wurde verweigert«, bemerkte er. »Mein Code scheint nicht mehr akzeptiert zu werden. «

Der natradische Kunst-Klon blickte ihn emotionslos.

»Die alten Codes wurden nicht geändert«, antwortete er.

»Sie funktionieren aber nicht«, antwortete Gareck mit lauter Stimme. »Das werden sie sicherlich erkennen können. Hier stimmt etwas nicht. Das dürfte nicht sein. «

Sechs schwer bewaffnete Shy-Ha-Narde stürmten in den Korridor. Ihre Waffen lagen schussbereit in ihren Händen. Als sie Atlanta erkannten, blieben sie stehen und salutierten.

»Bleibt hier zu unserer Verfügung«, befahl Atlanta. »Vielleicht brauchen wir euch noch. «

Die Kampf-Roboter bildeten eine Gruppe und warteten auf neue Befehle.

»Die Sicherheits-Programme funktionieren jedenfalls noch«, sagte Barenseigs.

Seiner Mitarbeiterin Sessi Seifert, waren die finster blickenden Kampf-Roboter nicht geheuer.

»Ich versuche es einmal«, sagte Noel.

Er schritt vor das Code-Eingabegerät und tippte seinen überlagernden Code ein. Q1-992117495 Alpha-Natrid-Imperator, dann drückte er vorsichtig auf die grüne Taste.

Wieder erfüllte ein grelles Piepsen den Korridor.

Die Shy-Ha-Narde hatten bereits nachfolgende Kontroll-Teams informiert, dass es sich um einen Test handelte. Die rote Taste mit dem lateinischen Wort »Nor« blinkte erneut auf.

Noel blickte Marin an.
»Der Zugang wurde verweigert«, bemerkte er. »Mein Code scheint ebenfalls nicht akzeptiert zu werden. «

»Da haben wir ja aber eine sehr hartnäckige Türe«, lächelte General Poison. »Die ganze natradische Technik scheint unseren Experten langsam über den Kopf zu wachsen. Es kann doch nicht sein, dass keine Person mehr in der Lage ist, eine Metalltüre zu öffnen. «

Barenseigs blickte Atlanta an.
»So viel zu den kaiserlichen Geheimnissen«, sagte er. »Es scheint sich doch etwas hinter den Türen zu verbergen? «

Atlanta schaute ihn böse an.

Er ignorierte ihren Blick bewusst.
Sein Kopf drehte sich Noel und General Poison zu.

»Lassen sie doch mal unsere atlantische Prinzessin ihr Glück probieren«, schlug er vor. »Sie als ehemalige Freundin des Kaisers, hat bestimmt den aktuellen Code.«

»Ich verbitte mir solche Bemerkungen«, schimpfte Atlanta. » Wir hatten eine rein freundschaftliche Beziehung. «

»Etwas anderes wollte ich auch nicht ausdrücken«, erwiderte der Gildor. »Das war ja im kaiserlichen Imperium strikt verboten. «

Er blickte Noel an.
»Lassen sie es Atlanta versuchen«, empfahl der Gildor. »Vielleicht hat sie mehr Glück. Ich habe da so einen Verdacht. «

Atlanta wollte protestieren, doch Noel reagierte sofort. »Der Gildor hat Recht«, bemerkte er. »Sie sind unsere letzte Chance. Geben sie bitte ihren Code ein, Atlanta. Es ist auch ihre Basis. «

Atlanta nickte gehorsam und ging zu dem Code-Gerät. »Befehlsgebung A1-999117999-Alpha-Tarid-Imperator«, flüsterte sie leise.

Noel hatte ihn trotzdem mitbekommen.
»Ich wusste gar nicht, dass sie über einen solchen speziellen Code verfügen? «, fragte er erstaunt. » Das ist einer der Wenigen, die der Kaiser persönlich ausgegeben hatte. «

»Das ist richtig«, bestätigte Atlanta. »Den Code habe ich von ihm bekommen. «

Sie drückte auf die grüne Taste, die Türe sprang zum Erstaunen aller Umherstehenden auf.

Marin und Gareck sahen sich an. Auch General Poison und Noel wirkten sehr erstaunt.

»Wie kann man das jetzt verstehen? «, fragte Barenseigs. » Das sollten sie uns später einmal erklären. «

Atlanta griff nach ihrem Communicator, den sie in der Seitentasche ihres Kampf-Anzuges trug.

Sie stellte eine Verbindung zu der Zentrale der Basis her. »Schickt mir Jahol-Sin, den kaiserlichen Hypertronic-Experten«, befahl sie. « Wir sind in der siebten Etage, in den kaiserlichen Gemächern. Er soll Ratah-Sin mitbringen.«

Die Umherstehenden sahen sie an.

»Das war der geschätzte Dienst-Roboter des Kaisers«, erklärte Atlanta. »Er ist in viele Dinge eingeweiht gewesen, die mir nicht bekannt sind. «

»Wir gehen kurz in unsere Labors«, bemerkte Marin. »Es ist gut, wenn wir über einige Messinstrumente verfügen«, ergänzte Gareck. »Fassen sie nichts an. Wir gehen erst hinein, wenn wir zurückgekehrt sind. Vielleicht sind noch irgendwelche Fallen aktiv? «

»Das hätten die Wartungs-Roboter ja melden müssen? «, antwortete Atlanta.

»Vielleicht reagieren diese Sperren nicht auf Roboter«, erwiderte Marin. »Bei dem Kaiser weiß man nie genau, was er geplant hatte. Hören sie auf unsere Empfehlung. «

»Wir warten«, bestätigte Noel. » Sie sind die Experten. «

Marin und Gareck drehten sich um und liefen davon.

»Ich habe ein ungutes Gefühl«, bemerkte General Poison. »Wie kann man nur den Gedanken haben, interne Fallen aufzubauen? «

»Ist das nicht das Problem, worüber sich Captain Hunter immer aufregt? «, schmunzelte Barenseigs. » Sie können das in den Gebäuden der EWK auch sehr gut. «

General Poison blickte ihn an und verzog sein Gesicht. »Das ist etwas anderes«, erwiderte er. »Wir verstehen das als Sicherheits-Kontrollen. Diese werden nur an zentralen Ein- oder Ausgängen installiert. «

»Hier wird es nicht anders gewesen sein«, antwortete der Gildor.

General Poison griff nach seinem Communicator, den er in seiner Uniform-Innentasche trug. Er zog es aus der Tasche und aktivierte ihn.

»Hier ist General Poison«, sprach er in das Gerät. »Ich benötige sechs Marines der Elite-Einheit in voller Kampfausrüstung und einen mobilen Laser-Spürpanzer. Sie sollen sofort in den Verwaltungsturm von Atlantis kommen, Zielort siebte Etage, zu den kaiserlichen Gemächern. Wir warten auf sie, es eilt. «

»Ich veranlasse alles«, teilte der diensthabende Offizier der Sicherheits-Abteilung mit. »Warten sie bitte einige Minuten. «

Der General ließ seinen Communicator wieder in seiner Innentasche verschwinden.

Noel blickte ihn an.
»Wofür soll dieser ganze Aufwand sein? «, fragte er.

»Sicher ist sicher«, antwortete der General. »Ich habe seit einigen Minuten ein ungutes Gefühl, was ihren ehemaligen Kaiser anbelangt. Es scheint so, dass er ihnen nicht alles mitgeteilt hat. Wenn er in der Lage war, die große Hypertronic-KI für seine Zwecke zu beeinflussen, dann hat er sicherlich noch mehr zu verbergen. «

»Wir wissen doch gar nicht, ob er etwas vor uns verheimlichen will«, erwiderte Atlanta. »Vielleicht ist der Zugriff auf die geheimen Daten nur über seinen eigenen Terminal möglich? Dieser steht in seinen Gemächern. Sobald Marin und Gareck zurückkommen, versuchen wir über das kaiserliche Terminal an die Daten zukommen. «

»Das wäre einen Versuch wert«, antwortete Noel. »Besitzen sie den Zugangs-Code? «

»In der Vergangenheit durfte ich mich immer über meinen Zugangs-Code einklinken«, teilte Atlanta mit. » »Ich habe Quoltrin-Saar-Arel gelegentlich bei der Eingabe spezieller Daten geholfen. Ansonsten hoffe ich sehr, dass Ratah-Sin vielleicht helfen kann. Er war der Service- und Protokoll-Roboter unseres Kaisers. «

»Ich wusste gar nicht, dass es Service- und Protokoll-Roboter gibt«, staunte General Poison.

»Diese gibt es eigentlich auch nicht«, antwortete Noel. » »Nur Kaiser Quoltrin-Saar-Arel bestand auf einen speziellen, nur für ihn aktiven Gehilfen. Marin und Gareck haben ihn nach Wünschen des Kaisers gebaut und programmiert. «

»Bisher habe ich keine Verwendung für ihn gehabt«, sagte Atlanta. »Er ist seit 100.000 Jahren eingelagert und nicht mehr aktiviert worden. Es kann sein, dass er Probleme macht. Diesem Protokoll-Roboter wurde noch keine aktuelle Software überspielt. Doch das ist jetzt die Aufgabe unseres beiden Genies. «

Die Minuten vergingen sehr langsam. Ungeduldig wartete das Team von Secret X-Natrid auf die Rückkehr von Marin und Gareck. Geräusche wurden lauter.

General Poison drehte seinen Kopf und blickte hinaus zu dem Korridor. Sechs Marines in Kampfanzügen, eilten im Laufschritt heran. Der Vorderste von ihnen hielt eine Fernbedienung in den Händen und trieb einen vierrädrigen Laser-Spürpanzer vor sich her.

»Immerhin sind die Marines eingetroffen«, sagte der General. »Jetzt fühle ich mich ein wenig sicherer. «

»Wir haben doch auch noch meine Kampf-Roboter«, bemerkte Atlanta. »Auf sie ist in jedem Fall Verlass. «

»Das wollen wir hoffen«, antwortete General Poison. »Ansonsten lasse ich sie schnell einstampfen. «

Nach zwei weiteren Minuten kamen Marin und Gareck zurück. Jeder von ihnen hatte einen Rucksack bei sich.

»Wir haben uns beeilt«, beteuerten sie. »Auch wir sind neugierig, was sich hinter den Türen verbirgt.
«
Marin zog seinen Rucksack von der Schulter. Er griff hinein und holte einen seltsamen aussehenden Scanner

aus der Tasche. Seine Finger glitten in Windeseile über mehrere Knöpfe und Schalter. Das Gerät aktivierte sich. Marin hielt es vor das Code-Schloss der goldenen Türe. Diese stand immer noch einen kleinen Spalt offen. Das Gerät summte und zeigte verworrene Zeichen an. Dann piepste es laut auf.

»Fehlfunktion«, teilte Marin mit.

»Grandiose Technik«, murrte General Poison. » Werft das Gerät in den Müll. Vermutlich hat es die 100.000 Jahre Lagerung nicht überstanden. «

»Nicht so voreilig«, lächelte Gareck. »Wir wissen ja mittlerweile, dass sie Bedenken gegen unsere alte, aber gute Technik haben. «

»Fehlfunktion heißt bei dem Gerät, das es mit den gescannten Zeichen nichts anfangen kann«, teilte Marin mit. »Es handelt sich um eine völlig fremdartige Kodierung. Der Scanner hat registriert, dass dieses Code-Schloss nicht in natradischer Sprache programmiert wurde. «

Er hob seinen Kopf und blickte die Umherstehenden an. »Was ist die Ursache? «, fragte Noel.

Gareck lachte laut auf.

»Wir können dem Kaiser nur unseren Respekt zollen«, schmunzelte er. »Unser Spezial-Scanner hat eine nicht imperiale Sprache registriert, die als Programmierung des Code-Schlosses verwendet wurde. Das ist in der Tat sehr ungewöhnlich. «

»Trotzdem wurde der Code von Atlanta akzeptiert«, überlegte Gareck laut. »Der Kaiser will uns aussperren. Was will er uns verheimlichen? «

Metallische Geräusche drangen vom Korridor zu den Personen herüber. Marin blickte kurz auf.

Jahol-Sin und ein 2-Meter großer, goldener Robot eilten heran. Jeder Schritt des Roboters verursachte quietschende, metallische Geräusche.

Jahol-Sin nickte Atlanta zu und begrüßte die Gruppe. »Ich bitte die Geräusche des Roboters zu entschuldigen«, sagte er. »Er hat bisher noch keine Wartung erhalten und konnte noch nicht ins Natrid-Ölbad. Er hat ganze 100.000 Jahre im Lager gelegen. Ich bin froh, dass noch sein Energiespeicher zur Hälfte gefüllt war. Ansonsten wäre er nicht zu gebrauchen gewesen. «

»Fangen wir an«, sagte General Poison. »Wir haben schon zu viel Zeit verloren. Andere Arbeiten warten auf uns. «

Barenseigs und sein Team gingen auf die goldene Türe zu und wollte sie aufziehen.

»Stopp«, sagte General Poison laut.
»Dafür haben wir den Laser-Spürpanzer. «

Er winkte die Marines heran, die den Panzer an die goldene Türe fuhren. Vorsichtig öffneten sie die aufgesprungene Seite der Pforte etwas, so dass der Spürpanzer hineinfahren konnte.

Einer der Marines zog ein Steuer-Tablet heraus, auf denen aufgezeichnete Bilder des Spür-Panzers empfangen werden konnten.

»Ich fahre die sechs Lasersensoren aus«, teilte der Marine mit. »Die Räumlichkeiten werden gescannt und vermessen. «

Er steuert das metallische Gefährt durch die Öffnung der Pforte. Das Bild des Displays zeigte Dunkelheit an. Die Laser-Sensoren leuchteten den großen Raum aus.

Lediglich zahlreiche graue Umrisse von Einrichtungs-Gegenständen waren zu erkennen.

»Keine Sprengfallen, keine versteckten Bomben, oder Drähte«, meldete der Marine. »Der Raum ist dunkel und verlassen. Es werden keine Lebenszeichen angezeigt. Ebenso werden keine Energie-Verbraucher registriert. Die Luft ist für uns atembar, jedoch leider sehr abgestanden. Überall sind dicke Staubablagerungen zu registrieren. «

»Hier wurde seit langer Zeit nicht mehr gelüftet«, scherzte Marin.

Atlanta schaute ihn ärgerlich an.
»Unterlassen sie diese dummen Vermutungen«, giftete sie ihn an. »Wartungs- und Technik-Teams haben die Räumlichkeiten geprüft und als bereinigt in den Arbeitslisten vermerkt. Bisher konnte ich mich auf alle technischen Instrumentarien verlassen. «

»Wir haben hier einen Sonderfall«, bemerkte Noel. » Hier scheint nichts der Regel zu entsprechen. Beruhigen sie sich wieder. Wir werden den Grund hier für schon finden.«

»Der Raum besitzt einen Durchmesser von 3.200 Quadratmetern«, ergänzte der Marine. »Verbindungstüren zu weiteren Räumen werden aufgezeichnet. Sie alle scheinen geschlossen zu sein.

»Ich fahre jetzt Leuchtstrahler aus«, meldete der Marine.

Die Umherstehenden rückten näher heran und schauten auf das Display, welches der Marine in seinen Händen hielt.

Ein Aufschrei kam über die Lippen der Zuschauer. Goldener Glanz spielte sich wieder, wohin die Leucht-Strahler trafen. Säulen und Mobiliar, in Matt-Gold, wurden auf dem Tablet sichtbar. Tiefrote, Vorhänge hingen steif und bewegungslos an den Wänden. Die verschnörkelten Einrichtungsgegenstände sahen aus, wie aus Zeiten des französischen Königs, Ludwig des XIV.

Die Leuchtstrahler drehten sich zur rechten Wand. Hier hingen große Fresken, die natradische Raumschiff-Szenen darstellten. Die Leuchtstrahler wechselten zur linken Seite, des riesigen Raumes und erhellten die Wand. Diese war technisch und zweckmäßig eingerichtet. Zahlreiche Monitore, Schaltpults, Display und unbekannte Geräte waren hier aufgestellt. In der

Mitte dieser Anlage war eine vier Meter breite Türe aus Natridstahl zu erkennen. Sie war verschlossen.

»Das ist vermutlich der Durchgang zu dem nächsten Raum«, bemerkte der Marine. »Sie weist keine energetische Signatur auf. «

Er drehte sich zu General Poison um.
»Der Scan ist abgeschlossen«, teilte er mit. »Wir konnten keine tückischen Fallen, oder aktive Energie-Verbindungen feststellen. Trotzdem rate ich zu Vorsicht. Es können immer noch Systeme installiert sein, die sich erst bei einem Kontakt mit Energie versorgen. «

»Danke«, antwortete der General. »Ziehen sie ihren Spürpanzer zurück. Wir übernehmen jetzt. «

General Poison drehte sich zu den Wartenden um. »Der Raum scheint ungefährlich zu sein«, betonte er.

Noel nickte ihm zu.
»Das habe ich nicht anders erwartet«, sagte er. »Nach 100.000 Jahren sollten nicht mehr viele Geheimnisse vorhanden sein. «

Zwischenzeitlich hatte Marin dem Protokoll-Roboter ein neues Speichermodul eingesetzt und die aktuellen Zeit-

Daten überspielt. Der Roboter stand im Wartungsmodus und schien die neuen Daten einzuspielen. Dieser Vorgang dauerte nur wenige Sekunden. Dann richtete er sich auf.

»Neue Daten konnten erfolgreich eingelesen und verarbeitet werden«, teilte er mit tiefer Stimme mit. »Die Änderung der Machtverhältnisse wurden gespeichert, die neuen Befehlsgeber meiner Datenbank hinzugefügt. Meine Datenfreigabe erfolgt an Noel, hinterlegt und bestätigt als Kunst-Klon der natradischen Groß- Hypertronic-KI mit Einstufung des kaiserlichen Ranges 1, ferner an General Poison, Oberbefehlshaber der EWK und des Neuen-Imperiums von Natrid & Tarid. Die Einstufung erfolgte ebenfalls mit dem kaiserlichen Rang 1. Überlagernde Befehlsführung durch Major Travis, genoptimierter Befehlshaber von Admiral Tarin mit Rang 1 und Verwalter der natradischen Hinterlassenschaften, wurde akzeptiert und eingespeist. Ich stehe zur Verfügung«.

»Die Umstellung ist positiv verlaufen«, teilte Marin mit. »Der Roboter ist jetzt auf dem neusten Stand der Zeitdaten. «

»Was heißt der Zusatz bezüglich Major Travis? «, fragte der General.

»Das muss noch analysiert werden«, bemerkte Gareck. »Vermutlich ist es nur eine umständliche Wortwahl des Roboters. «

Ohne nachzudenken, nahm General Poison die Erklärung des natradischen Genies auf.

Noel trat an den Roboter heran.
»Beantworte mir bitte einige Fragen«, sagte er.

»Welche Fragen werden gestellt? «, fragte der Roboter emotionslos.

»Du warst in den Diensten des Kaisers Quoltrin-Saar-Arel? «, fragte Noel.

»Das ist richtig«, antwortete der Roboter. »Ich war sein persönlicher Hilfs- und Protokoll-Robot. «

»Du warst in die engsten Aufgaben des Kaisers involviert? «, fuhr Noel fort.

»Das war meine Arbeit«, antwortete der Roboter. »Meine Programmierung forderte die Unterstützung der persönlichen Aufgaben von Kaiser Quoltrin-Saar-Arel. «

»Du hast dich öfters in seinen Gemächern aufgehalten? «, fragte der Kunst-Klon.

»Diese Frage wird bestätigt«, erwiderte der goldene Robot. »In welcher Sprache wurde das Code-Schloss an der Türe zu den Gemächern des Kaisers programmiert? «, ergänzte Noel seine Frage.

Das Code-Schloss wurde von dem Kaiser in der Sprache Redartan-Uylan programmiert «, antwortete der Robot.

Noel drehte seinen Kopf und blickte Atlanta, Marin und Gareck an.
»Wussten die das? «, fragte er. » Ist ihnen hiervon etwas bekannt? «

Die Gesichter der drei Offiziere waren merkbar blass geworden.

»Das sagt mir nichts«, antwortete General Poison.

Er bemerkte, wie Barenseigs intensiv grübelte.

»Was ist los? «, fragte der General. » Es sieht fast so aus, als haben sie den Teufel gesehen? «

Der Gildor blickte ihn an.

»Der Teufel ist ein Mythos und auf der Erde nicht nachweisbar«, antwortete Marin.

Er blickte seine natradischen Kollegen an.
»Gehen wir von der gleichen Tatsache aus? «, fragte der Gildor.

»Es scheint so«, bemerkte Noel.

»Klären sie mich bitte auf«, knurrte der General ungeduldig. »Was wissen sie über diese Rasse? «
Atlanta blickte ihn an.

»Lesen sie den Namen einmal rückwärts«, erklärte sie. »Redartan umgedreht, heißt nichts anderes als Natrader. Der Ausdruck Uylan stammt aus dem Siron-Naat, dem verbotenen Wortschatz unseres Volkes und heißt so viel wie Super-Rasse. Der Kaiser hat demnach mit einer genmodifizierten natradischen Super-Rasse experimentiert. «

»Vermutlich wollte er ein Neues-Imperium der Super-Natrader aufbauen«, ergänzte Noel. »Hoffentlich ist ihm das nicht gelungen. «

»Vermutlich hat der große Krieg seine Pläne vereitelt«, sagte General Poison. »Haben sie jemals Spuren von diesen Super-Natradern gefunden? «

»Nein«, erwiderte Noel. »Hierüber ist nichts in den Archiven meiner Mutter zu finden. Der Kaiser hat alles im Geheimen ausgetüftelt. «

»Er muss Unterstützung gehabt haben«, griff Marin in das Gespräch ein. »Ein solcher Plan erfordert eine Unmenge an Personal. Wissenschaftler, Techniker, Ärzte und noch zahlreiche andere treue Ergebene des Kaisers. Ich frage mich nur, wie er so etwas vor uns verheimlichen konnte?«

»Ich empfehle der Spur weiter nachzugehen«, bemerkte Gareck. »Wer weiß, was alles noch ans Tageslicht kommt.«

»Ich muss unserem neuen Team Secret X-Natrid ein Kompliment aussprechen«, sagte General Poison. »Kaum im Amt, haben sie bereits eine heiße Spur gefunden, die uns alle vor ein Rätsel stellt. «

Er blickte die Personen des Teams an.
»Weiter so«, bemerkte er. »Sie haben unseren vollen Respekt verdient. «

»Atlanta, führen sie uns in die Gemächer des Kaisers«, sagte Noel. »Sie waren bereits mehrmals hier und kennen sich aus. «

»Gerne«, erwiderte die Kommandantin von Atlantis. »Die Räume befinden sich auf meiner Basis. Dafür bin ich verantwortlich. Leider ist die Basis zu groß, als dass ich jeden Raum persönlich inspizieren kann. «

»Niemand macht ihnen einen Vorwurf«, sagte General Poison. »Mit den Gebäuden der EWK ergeht es mir genauso. Dafür habe ich entsprechendes Personal. Bleiben sie ganz entspannt. «

Sie winkte ihre Kampf-Roboter heran.
»Geht ihr voraus«, befahl sie. »Achtet auf jede seltsame Begebenheit. «

Die Shy-Ha-Narde salutierten und marschierten in den Raum. Atlanta folgte ihnen. Erst dann schritten Noel, General Poison, Marin und Gareck, Barenseigs und sein Team und die Marines in den Raum.

»Licht an«, sagte Atlanta.

Zahlreiche versteckte Leuchtdioden erhellten den Raum in einem angenehmen Licht.

»Sicherheitsgitter öffnen«, befahl die Kommandantin der Basis.

An zahlreichen Fenstern fuhren die angelegten Schutzgitter hoch. Helles Sonnenlicht flutete den großen Raum des ehemaligen Kaisers.

Die Besucher blickten sich um und sahen die Aufnahmen des Spür-Roboters bestätigt. Unsagbarer Luxus beherrschte den Raum. Des Kaisers bevorzugte Farbe schien Gold zu sein. Pompöse Polster umrundeten einen abstrakt wirkenden Tisch. Bänke nach römischem Vorbild, waren zu sehen. Es waren Sitz- und Liegebänke. Alle waren aufwendig gepolstert und vermutlich in Handarbeit hergestellt.

Die Aufmerksamkeit der Besucher konzentrierte sich auf die technischen Einrichtungen. Marin und Gareck waren bereits zu der linken Wand geschritten und inspizierten die Geräte

Marin fuhr sich mit seiner Hand an die Stirn.
»Das sind keine natradischen Entwicklungen«, bemerkte er. »Diese Geräte sind und völlig unbekannt. «

»Wie ist das möglich? «, fragte Noel. » Bei einem Anschluss an das Netz der Basis hätten sie doch auffallen müssen? «

»Nicht unbedingt«, antwortete Gareck. »Wenn sie auf der gleichen Spannung laufen, wie unsere natradischen Geräte, dann fallen sie bei der System-Kontrolle nicht auf.«

»Das wird auch so sein«, sagte General Poison. »Ansonsten wären die Geräte nicht hier. «

»Ist die 7. Etage mit Energie versorgt? «, fragte Marin.
 »Die ganze Basis steht unter voller Energie«, antwortete Atlanta. »Ich kann keine Etage ausklammern. Das wäre ein sehr aufwendiger Akt. «

Die beiden Genies standen an der Wand, die mit technischen Anlagen zugebaut war. Sie hielten ihre Scanner in ihrer Hand und versuchten die Geräte zu identifizieren.

Atlanta hatte sich gedanklich mit ihrer Mutter in Verbindung gesetzt.

»Hast du Zugriff auf diesen Bereich der Basis? «, fragte sie.

» Nein«, antwortete die atlantische Hypertronic-KI. »Ein Sperrprogramm hindert mich an dem Eintritt in die kaiserlichen Gemächer.

»Warum wurde das nicht früher registriert? «, entgegnete Atlanta.

»Weil die Räume inaktiv waren und seit dem Fortgang des Kaisers nicht mehr geöffnet wurden«, antwortete sie. »Ich habe keine Energieverbraucher aktivieren müssen. «

»Dann kann die Umstellung dieser Räume erst in den letzten Kriegstagen erfolgt sein«, vermutete die atlantische Kommandantin.

»Ich stimme zu«, sandte die KI eine kurze Meldung. »Behebt das Problem. «

»Das sind alles Kontroll- und Steuereinheiten«, bemerkte Marin. »Sie sind dafür ausgelegt riesige Mengen von Energie zu verteilen. Es handelt sich um eine Energie-Weiterleitungs-Anlage.

»Welchen Sinn macht so eine Anlage in den Räumlichkeiten des ehemaligen Kaisers? «, fragte General Poison.

»Das wissen wir noch nicht«, antwortete Gareck. »Das ist tatsächlich sehr ungewöhnlich. Noch etwas kommt hinzu.«

Die Gruppe blickte ihn fragend an.
»Die Geräte sind nicht natradischen Ursprungs«, ergänzte er.

»Das sagten sie bereits«, entgegnete Noel. »Das hätte doch bei den Wartungsarbeiten auffallen müssen. «
»Hier existieren sehr viele Ungereimtheiten«, lächelte Marin. »Der Kaiser liebte seine Geheimnisse. Was er nicht mitteilen wollte, durfte anderen Offizieren nicht bekanntgegeben werden. «

Gareck blickte auf seinen Scanner.
»Alle Energieleitungen fließen auf die 4-Meter große Türe zu«, staunte er. »Ich bin gespannt, was sich dahinter verbirgt? «

»Hier ist ein Terminal«, erkannte Barenseigs.

Er und sein Team standen vor einem großen Tisch, auf dem ein großer Monitor und eine Tastatur ausgefahren waren.

Die beiden Genies drehten ihre Köpfe und sahen zu ihm hinüber.

»Wie haben sie das entdeckt? «, fragte Marin, der Barenseigs kurz in die Augen blickte.

»Ich habe nur an dem Hebel gezogen«, teilte der Gildor mit. »Dann hoben sich der Monitor und die Tastatur aus dem Tisch. «

»Fassen sich nicht noch mehr Dinge an«, schimpfte Gareck. »Wir wissen nicht, welche Auswirkungen das hat. Der ganze Raum muss von unseren Teams erst restlich untersucht werden, dann können wir mehr sagen. «

»Was soll bei einem mechanischen System passieren? «, fragte Barenseigs.

»Finger von allen weiteren Knöpfen«, befahl General Poison. »Gareck hat Recht. Wir wissen nicht, mit was wir es hier zu tun haben. «

»Ich habe den Hauptschalter gefunden«, teilte Marin aufgeregt mit. »Soll ich ihn einschalten? «

Gareck war zu ihm getreten und blickte auf den Hebel. »Er sieht wie ein normaler Notschalter aus«, bestätigte er. »Es sollte nichts passieren. «

Noel und General Poison schauten sich an. »Sprengt diesen Turm nicht von meiner Basis ab«, sagte Atlanta. »Ich brauche die Etagen noch. «

»Ohne eine Energie-Versorgung werden wir nicht weiterkommen«, bemerke Noel.

»Besteht die Gefahr einer Zerstörung? «, fragte der General. »Unsere Scanner zeigen keinerlei Gefährdung an«, teilte Marin mit. »Es handelt sich lediglich um die Energie-Versorgung der Anlage. «

»Schalten sie ein«, bestätigte Noel. »Schauen wir uns an, mit was wir es hier zu tun haben. «

Marin trat vor, stellte sich auf die Zehenspitzen und griff nach dem großen schwarzen Hebel, der oberhalb der Anlage installiert war. Aufgrund seiner Größe von 1,60

Metern, kam er kaum an den Hebel heran. Endlich hatte er diesen erreicht und zog ihn nach unten.

Das Anlaufen von energetischen Verbrauchern wurde kurz hörbar. Dann versiegte der Ton wieder.

Marin und Gareck hielten ihre Scanner erneut auf die Anlage.

»Wir messen eine ungeheure Energiedichte«, teilte er mit. »Vermutlich sind alle Energie-Meiler der Basis angesprungen und aktiv. Die speisen die Anlage mit einer unvorstellbaren Energie. «

Der Communicator von Atlanta piepste.
Sie öffnete die Verbindung und meldete sich. Hangan-Gol, ihr Offizier für den Maschinenpark, war am anderen Ende der Leitung.

»Wir bekommen einen starken Leistungsabfall im Energie-Netz der Basis gemeldet«, teilte er mit. »Irgendetwas zapft unsere Energie ab. «

»Ich weiß«, antwortete Atlanta. »Fahren sie alle ihre Systeme auf den Mindestbedarf herunter. Wir testen gerade eine unbekannte Anlage des alten Kaisers.

Unsere Versuche werden noch einige Zeit dauern. Wir melden uns, wenn wir fertig sind. «

»Ich habe verstanden«, antwortete Hangan-Goll.
»Sie fährt hoch«, sagte Barenseigs im Rücken von Marin und Gareck. »Das alte Ding funktioniert noch. Ich konnte das Terminal aktivieren. «

»Sie sollten doch nichts anfassen«, fluchte Marin verärgert. »Warum hören sie nicht auf uns. Sie hätten genauso gut eine Explosion auslösen können. «

General Poison blickte Barenseigs ärgerlich an.

»Jetzt ist es genug«, murrte er ihn an. »Sprechen sie ihr weiteres Vorgehen mit unseren Spezialisten ab. Falls es ihnen noch nicht aufgefallen ist, wir befinden uns in einer Einrichtung unbekannten Ursprungs. «

»Ein Eingabe-Terminal kann doch nicht unbekannten Ursprungs sein? «, erwiderte der Gildor. » Es verlangt einen autorisierten Code, wie das Türschloss.

Er drehte sich zu der Kommandeurin der Basis um.
»Atlanta, würden sie bitte zu uns kommen und ihren Code nochmals eingeben? «, erkundigte er sich.

Der Blick von Atlanta suchte General Poison. Als sie bemerkte, dass dieser nickte, drehte sie sich um und ging zu Barenseigs.

Sie blickte auf die Anzeige des Terminals und gab über die Tastatur ihren Code ein.

»Zugriff genehmigt «, teilte eine kalte unbekannte KI-Stimme mit.

Atlanta blickte Barenseigs an.
»Das ist aber nicht die Stimme der natradischen Hypertronic-KI«, bemerkte der Gildor.

Atlanta schüttelte ihren Kopf.
»Das stimmt«, antwortete sie. »Es war auch nicht die Stimme meiner Mutter. «

Sie beugte sich etwas tiefer zu dem Terminal.
»Identifiziere dich«, befahl Atlanta. »Wer bist du? «

»Ich bin die Redartan-Imperator-KI«, teilte die Stimme mit. »Sie haben Zugriff auf das Imperator-Terminal. Wie kann ich behilflich sein? «

»Öffne die geheimen Archive von Kaiser Quoltrin-Saar-Arel«, sagte Atlanta.

»Die Archive des Kaisers sind nicht verfügbar«, teilte die Stimme der KI monoton mit.

Irritiert blickten sich Atlanta und Barenseigs an.
»So kommen wir nicht weiter«, stellt er fest. »Niemand scheint die geheimen Archive des Kaisers freigeben zu Können. «

»Das hat mit freigeben nichts zu tun«, entgegnete Atlanta. »Die KI verfügt über die Daten nicht. «

Sie wandte sich wieder dem Terminal zu.
»Imperator-KI«, sagte Atlanta. »Ist dir der Name Quoltrin-Saar-Arel bekannt? «

»Das ist der Name meines Erbauers«, antwortete die tiefe Stimme der fremden KI. »Es handelt sich um Kaiser Quoltrin-Saar-Arel.

»Das ist hilfreich«, antwortete Atlanta. »Öffne die geheimen Archive von Imperator Quoltrin-Saar-Arel. «

»Eine erneute Code-Eingabe ist erforderlich«, teilte die KI mit. »Halten sie zusätzlich ihren Code-Ring in die Scanner- Mulde. «

Atlanta wirkte irritiert. Nur langsam hob sie ihre rechte Hand. An ihrem Zeigefinger steckte einer breiter Ring aus Natridstahl. Hierauf waren bisher nicht beachtete Zeichen angebracht.

»Kann das sein? «, dachte sie. » Hat der letzte natradische Kaiser ein Spiel mit mir getrieben? «

Atlanta gab ihren Code ein und hielt den Zeigefinger mit dem Ring in die Luft.

»Ist dieser Ring ein Geschenk des Kaisers gewesen? «, fragte Barenseigs.

Die Kommandantin der Atlantis-Basis nickte nur kurz.
»Das kann die Lösung sein«, bemerkte Barenseigs. »Der Ring ist der benötigte Schlüssel. Gut, dass sie ihn noch haben. Folgen sie bitte der Anweisung des Terminals. «

Langsam hob Atlanta ihre Hand und legte ihren Ringfinger in die Mulde des Scanners. Dieser fing augenblicklich an zu arbeiten. Mehrere Strahlen tasteten den Ring ab.

Abrupt beendete der Scanner seine Prüfung. »Die Autorisierung wird erteilt«, teilt die fremde KI mit.

Auf dem Bildschirm liefen zahlreiche verschlüsselte Dateien ab. Sie alle waren in einer fremden Sprache verfasst.

»Wir haben die Daten«, freute sich Barenseigs.

Doch sein Jubel verebbte schnell.
»Sie sind nicht lesbar«, bemerkte er enttäuscht. »So eine Hinterlistigkeit. Sie sind alle in einer fremden Sprache verfasst. Die Daten müssen entschlüsselt werden, falls das überhaupt möglich ist. «

Marin kam zu ihm geschritten und schaute auf den Bildschirm.

»Das Ist die gleiche Sprache, wie an dem Außen-Schloss«, erklärte er.

»KI, lege bitte alle Daten auf einem Speicherkristall ab«, befahl er der KI.

»Die Auslesung und Speicherung für externe Zwecke wird nicht gestattet«, antwortete die Hypertonic-KI mit tiefer Stimme.

Marin schüttelte seinen Kopf.

»Die KI ist anders programmiert als unsere natradischen Ausführungen«, sagte er. »Das wird etwas dauern. «

»Wir beginnen wieder am Anfang«, murrte Barenseigs und raufte sich in seinen Haaren. »Es bringt uns nichts, wenn wir die Daten nicht an die natradische Hypertronic- HI übergeben können. «

»Wo ist dein Standort? «, fragte Atlanta.

Mein Standort ist als geheim eingestuft und wird nicht offengelegt«, antwortete die fremde KI. »Er befindet sich nicht in erreichbarer Nähe. «

Atlanta schüttelte ihren Kopf und sandte die Gedanken an ihre Mutter weiter.

»Es muss eine fremde Hypertronic-KI auf unserem Gelände existieren«, meldete sie. »Quoltrin-Saar-Arel hat uns wieder ein Rätsel aufgegeben. «

»Es kann keine zusätzliche Hypertronic-KI auf unserer Basis vorhanden sein«, antwortete ihre Mutter. »Den Energiebedarf hätte ich angemessen. «

Marin steckte seinen Scanner in den Rucksack.

»Die Geräte bringen uns nicht weiter«, sagte er zu seinem Kollegen.

Er drehte sich um und winkte Ratah-Sin heran.

»Komm bitte zu uns, Goldener«, sagte er. »Du kannst uns einige Fragen beantworten. «

Eilig befolgte der Protokoll-Roboter die Anweisung. »Wofür ist diese komplexe Anlage vorgesehen? «, fragte Marin. » Kannst du uns etwas hierzu sagen? «

»Die Anlage öffnet den Durchgang«, antwortete der Roboter in einer gefälligen Tonlage.

»Was für einen Durchgang? «, erkundigte sich Gareck. »Eine Wurmloch-Verbindung zu einer neuen Welt«, ergänzte der Roboter.

»Ich sehe keinen Durchgang«, stutzte Marin.

»Sie müssen die Schranktür öffnen und den Durchgang aktivieren«, erklärte der Roboter.

»Warst du schon einmal in dieser Welt«, erkundigte sich Gareck.

»Nein«, antwortete der Robot. »Ich war ausschließlich für die Belange des Kaisers auf Atlantis zuständig. «

Marin und Gareck gingen auf die große Türe zu, die in der Mitte der Anlage stand. Marin streckte seine Hand aus.

»Sie besteht aus extra hochlegierten Natridstahl«, teilte er mit. »Sie ist sehr aufwendig gearbeitet. «

Die Türe war quadratisch und besaß jeweils eine Höhe und eine Breite von 4 Metern.

Die beiden natradischen Genies hielten wieder ihre Scanner auf die Türe.

»Es werden keine Energiewerte angezeigt«, teilte Marvin erstaunt mit. »Ist das wieder nur ein Trugschluss? «

Gareck drehte sich nach der Kommandantin der Basis um.

»Atlanta, würden sie bitte einmal zu uns kommen?«, fragte er. »Vermutlich kann dieses Schloss wiederum nur durch ihren Code geöffnet werden. «

Atlanta schritt auf die Beiden zu und gab ihren Code über die Tastatur ein. Ein grünes Licht signalisierte den Zugang. Mechanische Servos heulten auf. Langsam öffnete sich die Doppeltüre. Beide Elemente besaßen eine Metalldicke von 80 Zentimetern.

»Das ist ein massiver Verschluss«, sagte Gareck. »Warum wurden diese dicken Sicherheitstüren installiert?«

Erstaunt schrien die beiden Spezialisten auf. »Das ist ein moderner Wurmloch-Durchgang, in der Bauweise eines Transmitterportales «, erklärte Marvin entzückt. »Er wurde hinter diesen massiven Türen versteckt. «

Gareck hielt den Scanner auf das 4-Meter große Transmitter-Tor.

»Das ist kein Transmitter«, antwortete Gareck. »Es ist viel mehr. Daher erklärt sich auch die immense Energie, die benötigt wird. Es ist ein gigantischer Weitstrecken-Transmitter, der fast schon als Wurmloch-Generator bezeichnet werden kann. Er führt zu einem sehr weit entfernten Ort. «

Er blickte Marin an.

»Es wird von exakt gleichgroßen Türen abgeschottet«, bestätigte er. »Wir haben es hier nicht mit einem normalen Transmitter zu tun. Das ist ein sogenanntes Rückkopplungs-Gerät. Jedenfalls ermöglicht die Anlage, ein Nutzung von beiden Seiten, ohne dass jedes Mal neue Koordinaten angewählt werden müssen. Es speichert automatisch den Ursprungsort des Durchganges und auch seine Zielkoordinaten. Er strahlt in beide Richtungen ab. «

»Warum verwenden wir nicht solche Geräte? «, erkundigte sich General Poison.

»Diese Art von Transmitter, sind nicht ohne Gefahren zu betreiben«, erklärte Marin. »Nach unseren Vorstellungen benötigen sie eine permanente personelle Überwachung. Das Gerät aktiviert sich automatisch, sobald man es einschaltet. Wenn man hindurchgeht, strahlt es seinen Transport an den Zielort ab. Durch den Rückkopplungs-Effekt ist das auf der Gegenseite nicht erkennbar. Falls es vorher der Gegenseite nicht mitgeteilt wurde, kann es passieren, dass gleichzeitig auf der anderen Seite des Durchganges ein Transport eingeleitet wird. Falls dies passiert, kollidieren die Strahlen auf halber Strecke. Beim Auftreffen verschmelzen die Strahlen miteinander. Was dann zurückkommt, das würde auf Tarid als Transmitter-Unfall bezeichnet werden. Deswegen wurden alle Versuche an solchen Geräten eingestellt. «

»Wie lange ist das Gerät nicht mehr aktiv gewesen? «, fragte Noel.

»Das können wir nicht genau sagen«, antwortete Gareck. »Vermutlich die ganzen 100.000 Jahre nicht mehr. Ein solcher Energiebedarf wäre der natradischen Hypertronic-KI aufgefallen. «

»Aktivieren sie bitte das Gerät«, befahl Noel. »Wir müssen wissen, wohin der Durchgang führt? «

»Sind sie sicher? «, fragte Marin nach. » Wir warnen vor den Gefahren. Wir wissen nicht, was durch das Tor kommen kann. «

»Wir schicken den Laser-Spürpanzer zuerst hinein«, entschied General Posen. »Der kann uns Bild-Daten senden. «

Marin und Gareck dachten kurz nach.
»Das sollte funktionieren«, antworteten sie. »Wir sind einverstanden. «

General Poison winkte den Marines.

»Sichert das Transmitter-Tor, gegen einen unbefugten Zutritt von außen«, befahl er.

Die Marines bestätigten und bauten sich rechts und links des Tores auf.

Marin drückte auf den grünen Knopf der Steuerung des Transmitter-Tores. Bläuliches Licht flutete den vier Meter großen Transmitter-Rahmen. Die Energie stabilisierte sich zu einer stabilen Wand.

Marin gab dem Soldaten ein Zeichen, welcher die Fernbedienung des Laser-Spür-Panzers in seiner Hand hielt.

»Steuern sie den Panzer in den Transmitter-Rahmen hinein«, sagte er. » Aktivieren sie alle Kameras und Sensoren. Wir brauchen neue Daten. «

»Zu Befehl«, antwortete der Marine.
Der Panzer setzte sich in Bewegung und fuhr auf den künstlichen Horizont zu. Vorsichtig tauchte er seine Front hinein. Als er zur Hälfte den künstlichen Durchgang durchquert hatte, wurde er selbständig angezogen und verschwand. Zahlreiche Instrumente, Anzeigen und Display aktivierten sich auf der großen Technikwand.

Marin und Gareck beobachten das Anspringen der Instrumente.

»Hier wird der Verlauf des Transportes angezeigt«, bemerkte Gareck.

»Eigentlich müsste unser Paket doch schon längst auf der Gegenseite angekommen sein«, sagte Marin.

»Nicht wenn es sich um eine sehr weite Strecke handelt«, vermutete Gareck. »Leider wurde hier keine Karte unseres Universums installiert. Wir wissen nicht, wohin unser Transport abgestrahlt wurde. Die Schalttafel auf dem Transmitter sollte blau aufleuchten, wenn der Zielort erreicht wurde. «

Lange 30 Sekunden vergingen, dann leuchtete ein blaues Licht auf dem Steuer-Tablet auf.

»Unser Panzer scheint seinen Zielort erreicht zu haben«, meldete Marin. »Die Anlage meldet keine Störung. Es scheint alles in Ordnung zu sein. «

»Wann bekommen wir erste Bilder zu sehen? «, erkundigte sich General Poison.

Die gesendeten Daten benötigen ebenfalls wieder 30 Sekunden, bis sie bei uns eintreffen«, antwortete Gareck. » Das sollten sie eigentlich wissen. «

Die Sekunden vergingen wie im Zeitraffer. Voller Anspannung wartete das Einsatzteam auf die Bilder des Spürpanzers.

»Achtung«, meldete Gareck. »Wir empfangen erste Daten des Aufklärers «

Die Offiziere rückten näher zusammen und blickten auf das Tablet des Marine.

Dunkelheit war auf dem Display zu erkennen. Dann schaltete der Panzer seine Lampen an und leuchtete den Zielort aus.

»Es ist dunkel«, sagte Noel. »Man sieht kaum etwas. Was ist das für ein aufsteigender Dampf? « »Das ist die Kälte des Übergangs des Spür-Panzers«, erklärte Marin. »Er ist eine lange Strecke durchs All gezogen worden. «

»Ich erkenne eine künstliche Steinhalle«, sagte Atlanta.

Sie zeigte auf das Bild.

»Sind das keine Steinsäulen? «, fragte sie. » Der Panzer scheint in einem abgeschlossenen Raum herausgekommen zu sein. «

»Es ist eine große Steinhalle«, ergänzte Barenseigs. »Vermutlich ist das Tor auf der anderen Seite ebenfalls lange nicht mehr benutzt worden. Möglicherweise wurde es durch einen Erdrutsch verschüttet. «

»Das alles sind Spekulationen«, lächelte Gareck. »Ohne eine Prüfung durch ein Einsatz-Team, werden wir keine Gewissheit erhalten. Darauf sollten sie sich einstellen. «

»Steuern sie den Panzer weiter in den Mittelpunkt der Steinhalle«, befahl Noel. »Was ist das in der Mitte der Halle? «

Der Marine tat wie befohlen. Langsam rollte der Laser-Panzer auf den Mittelpunkt der großen Steinhalle zu. Seine Laser-Scanner tasteten in der Zwischenzeit alle Bereiche der Halle ab.

Marin las die Daten ab.
»Es ist ein Höhle«, erklärte er. »Die Daten des Spür-Panzers weisen der Steinhalle eine Länge von 120 Meter, eine Breite von 90 Metern und eine Höhe von 40 Metern zu. Sie scheint künstlich angelegt worden zu sein. Es ist

ausreichend Atemluft vorhanden. Der Übergang wäre für uns problemlos möglich. Es konnten keine Lebensformen oder fremdartige Bakterien registriert werden. «

Der Aufklärer nähert sich der Mitte der Halle«, sagte Barenseigs. »Da scheint ein Altar zu stehen? Wir sind auf einem Planeten herausgekommen, auf dem noch den Göttern geopfert wird. «

»Das hat nichts zu bedeuten«, antwortete Gareck. »Vielleicht ist diese Rasse schon wieder ausgestorben. Vermutlich ist daher das Transmitter-Tor seit vielen Jahrhunderten unbenutzt. «

»Wie kommen sie darauf, dass es unbenutzt ist? «, fragte General Poison. » Vielleicht ist es ein Heiligtum auf dem Planeten und wird nur von Priestern verwendet? «

»Alles ist möglich«, antwortete Gareck. » Aber schauen sie sich bitte einmal die dicke Staubschicht auf dem Boden an. Es sind keine Fußabdrücke festzustellen. «

Jetzt erkannte die Gruppe, was die natradischen Genies meinten. Eine 15 Zentimeter dicke Staubschicht lag auf dem Boden der Halle. Lediglich die Spuren des Spür-Panzers waren sichtbar.

Der Spür-Panzer umrundete den Altar. Er verlangsamte seine Fahrt. Sein Licht leuchtete den Boden aus.

»Was ist das? «, frage Marin. » Das sieht aus, wie eine Steintreppe. Leuchten sie einmal da hinein. «

Der Marine senkte die Lampe des Panzers zu Boden, um die Treppe auszuleuchten. Zahlreiche Stufen waren zu erkennen. Sie endeten in einer tiefen Dunkelheit.

»Das war es«, erkannte General Poison. »Mehr Daten finden wir nicht. Das Licht wird von der Dunkelheit gebrochen. Ich weiß nicht, ob sich eine Expedition ins Ungewisse lohnt? «

»Es gibt nur einen Weg, das herauszufinden«, verkündete Barenseigs. »Wir brauchen die Freigabe für weitere Forschungen. «
»Die Frage, die sich hier wirklich stellt, ist Folgende«, rätselte Atlanta. »Warum befindet sich in den Gemächern des letzten natradischen Kaisers ein Transmitter-Tor ins Nichts? Was wollte er auf diesem Planeten? Ist es ein Planet, oder ist es etwas anderes. Wir haben keine freie Sicht nach außen und können

keine weiteren Informationen ermitteln. Gildor Barenseigs ist auf der richtigen Spur. Uns ist allen klar, dass hier etwas vertuscht werden sollte. «

»Der Spür-Panzer kommt die Treppe nicht hinunter«, sagte Noel. »Ich habe da eine andere Idee, bevor wir ein Forschungs-Team entsenden. «

»Da sind wir aber neugierig? «, bemerkte Gareck.

Noel strafte ihn mit einem anhaltenden Blick. Der Wissenschaftler senkte sein Gesicht.

»Ich bin dafür, dass wir die Kampf-Roboter entsenden«, schlug er vor.

Der General nickte zustimmend,

»Eine gute Idee«, antwortete er. »Auf diesem Weg bringen wir Niemanden in Gefahr. «

»Sind alle einverstanden? «, fragte Noel. » Dann instruiere ich unsere Roboter. «

»Wir haben keine Einwände«, antworteten Marin und Gareck.

Auch Atlanta und Barenseigs nickten zustimmend.

Noel trat auf die Roboter zu.
»Ihr Auftrag ist es, die Treppe hinter dem Altar zu erkunden und nach möglichen weiteren Räumen zu suchen«, befahl er. »Prüfen sie das Areal und übersenden sie uns Bildmaterial. Aktivieren sie ihre Sensoren und die Aufzeichnungs-Module. Vermeiden sie den Kontakt zu möglichen Fremdrassen und fallen sie nicht auf. Sobald sie auf Lebewesen treffen, brechen sie die Mission ab. Kehren sie durch den Transmitter zurück. Haben sie den Befehl verstanden? «

»Der Auftrag wurde verstanden und akzeptiert«, meldete der führende Roboter blechern.

»Viel Erfolg«, sagte Noel nach dem Vorbild der Offiziere von Tarid.

Die Roboter drehten um und marschierten auf den Transmitter zu. Ohne anzuhalten, schritten sie nacheinander hindurch.

Erneut vergingen wieder lange 30 Sekunden. Dann leuchtete die blaue Lampe an der Steuereinheit des Gerätes auf.

»Unsere Shy-Ha-Narde haben ihren Zielort erreicht«, bestätigte Marin. »Bis wir erste Daten empfangen können, vergehen nochmals 30 Sekunden. «

»Das haben wir mittlerweile verstanden«, murrte Barenseigs vorlaut.

Marin schaute ihn kurz an. Dann drehte er seinen Kopf wieder den Instrumenten zu.

Wieder vergingen die Sekunden sehr langsam.
»Erste Daten treffen ein«, meldete Gareck. »Ich leite sie direkt auf das Tablet ihres Marines weiter.

Er nahm einige Schaltungen an der Anlage vor. Es schien so, als ob er die Funktion der Großanlage zwischenzeitlich erkannt hatte. Das Interesse der Gruppe galt dem Tablet-Bildschirm, der die gesandten Daten der Roboter anzeigte.
Im Eilschritt marschierte die Gruppe Roboter durch den Staub auf dem Boden, auf dem Mittelpunkt der Halle zu. Dort wartete der Laser-Spürpanzer auf neue Befehle. Vor dem Spür-Panzer verlangsamten sie ihren Schritt. Nacheinander bettraten sie die Treppe. Wie abgesprochen, drehte der Panzer seine Lampen und leuchtete den abwärtsgehenden Robotern nach
.

Der Truppenführer der Roboter gab einen Befehl. Die Shy-Ha-Nardes entsicherten ihre Laser-Gewehre. Sie lagen jetzt aktiviert in ihren Armbeugen. Vorsichtig schritt der Vorderste der Gruppe im Licht der Scheinwerfer die Steintreppe hinunter. Diese wies eine Breite von 2,50 Metern auf. Vermutlich waren sie für humanoide Lebewesen konzipiert. Die schweren Kampf-Roboter hinterließen tiefe Abdrücke in der dicken Staubschicht. Dann verschwanden sie aus dem Scheinwerferlicht des Laser-Panzers und seinen Kameras.

»Ich schalte um, auf die Körper-Kamera des letzten Roboters«, sagte Marvin.

Das Bild ruckelte plötzlich. Die Roboter leuchteten zwar die Stufen aus, doch ihre Bewegungen verwackelten die Aufnahmen. Immer tiefer folgten sie der Treppe nach unten.
Der kameraführende Roboter drehte sich mit seinem Körper den Wänden zu. Er wusste, dass es seine Aufgabe war, möglichst viele interessante Daten zu sammeln.

Das Licht fiel auf glatte, fast glasierte Wände. Keine Unebenheiten waren festzustellen.

»Diese Wände wurden nicht mit den Händen bearbeitet«, bemerkte Marin. »Dafür sind die zu glatt. Ich vermute, sie wurden mit entsprechenden Tiefbau-Lasermaschinen angelegt. In jedem Fall wurden hierfür weit entwickelte Spezialgeräte verwendet. «

»Ich sehe keinen Sinn hierin? «, betonte Barenseigs. » Wer sollte auf einem fremden Planeten solche Treppen in den Fels schneiden? «

»Alle Personen, die etwas zu verbergen haben«, antwortete Atlanta. »Warum sollte sich sonst dieser Aufwand lohnen? «

»Insgesamt haben die Roboter 45 Stufen absolviert«, erklärte Gareck. »Weitere folgen noch. Es handelt sich um einen tiefen Treppenabgang. «

240
»Wo führt die Treppe hin? «, fragte Noel. » Es kann doch nicht ewig nach unten gehen. «

Endlich endeten die Stufen in einen breiten Gang. Der letzte der Roboter drehte sich wieder in alle Richtungen und leuchtete den Gang aus. Die Sicht wurde schlechter, Wolken von Staub, wurde von den schweren Schritten der vorausgehenden Roboter aufgewirbelt. Im

Laufschritt eilten sie geradeaus. Der Gang führte noch 65 Meter weiter. Dann wurde es sichtbar heller. Die Roboter verlangsamten ihr Tempo. Der Gang mündete in eine weitere große Halle. Helle Energiequellen drangen von den Wänden zu den Robotern herüber.

»Was ist das? «, fragte Barenseigs. » Was leuchtet da in den Wänden? «

Marin und Gareck unterhielten sich kurz. Dann blickten sie die Unwissenden an.

»Das sind natürliche Masarith-Kristalle«, antwortete Marin. »Natürliche hochsensible Energieträger. Sie haben bereits selbstständig Energie in sich aufgenommen und strahlen diese ab. Das kommt sehr selten vor. Es sei denn, der Boden des Planeten ist von vielen Energie- Kristallen durchsetzt. Wenn es an dem so ist, dann handelt es sich um einen sehr wertvollen Planeten. «
Die Roboter drehten sich mit ihren Kameras nach allen Seiten. Erst jetzt konnten die Zuschauer die Größe des Raumes erkennen. Die Shy-Ha-Narde standen an einem säulenförmigen Eingang, der sich zu einem vorher nicht erkannten, riesigen Raum hin öffnete.

Meterhohe Steilwände erhoben sich in die Höhe. Das Ende konnte von Kameras nicht ermittelt werden. Plötzlich stürmten die Roboter weiter vorwärts und durchquerten die Halle. Dabei leuchteten sie jeden Winkel aus. Die große Halle schien kein Ende zu nehmen. Abrupt blieben die Roboter stehen. In einer Felswand-Nische blinkte etwas Metallisches. Langsam schritten die sechs Elite- Roboter hierauf zu. In der Felsnische leuchtete ein 2,50 Meter langes Behältnis.

»Ein Artefakt? «, fragte Barenseigs. » Dann hat sich unser Einsatz doch noch gelohnt? «

Je näher die Roboter auf das Artefakt zu gingen, umso intensiver wurde die goldene Farbe deutlich, aus dem das Behältnis gefertigt zu sein schien.

»Wir haben einen Schatz gefunden«, staunte Barenseigs freudig.

»Er hat die Form einer großen Badewanne«, sagte General Poison trocken.

Die Umherstehenden lachten kurz auf.

Atlanta blickte intensiver auf die übermittelten Bilder. »Sehe ich da einen Deckel auf dem Behältnis? «, fragte sie.

Die Roboter traten näher heran. Der Vorderste strich mit seiner Hand eine dicke Staubschicht von dem Deckel ab. Langsam rieselte dieser zu Boden. Der Lichtschein der Lampen fiel auf eine gläserne Abdeckung. Erschreckt schrien die Zuschauer auf. Ihr Herzschlag erhöhte sich.

»Das Behältnis ist von einem glasähnlichen Deckel verschlossen«, teilte Marin mit.

Die Roboter traten näher heran und beugten sich über den Verschluss.

Durch das staubige Glas leuchteten mehrere kleine Signallampen. Einige von ihnen pulsierten in einem rhythmischen Zustand.

Die Handlampe des Robots leuchtete durch das Glas in das Behältnis hinein. Wieder kam ein Schrei über die Lippen der Zuschauer. In dem Behältnis lag eine humanoide Person. Das Bild wurde klarer. Den Zuschauern blickte ein junges weibliches Gesicht, mit langen blonden Haaren entgegen. Ihre Augen waren geschlossen. Sie hatte die Gesichtsform einer Natraderin.

»Das ist eine Stasis-Kammer«, sagte Atlanta aufgeregt. »Eine blonde Natraderin liegt hierin. Das ist sehr selten. Ich habe im Laufe meines Lebens nur eine angetroffen. Diese hier liegt im Kälteschlaf. Doch die pulsierenden Leuchtdioden weisen auf sehr wenig Energie hin. Die Stasis-Kammer wird in Kürze einen Systemausfall erleiden. Noch lebt die Frau. Was sollen wir tun? «

Barenseigs blickte auf den Monitor. Er hatte für einen Moment das Gefühl, sein Gleichgewicht zu verlieren. Er hielt sich an dem Tisch fest. Er konnte nicht verstehen, was seine Augen sahen. Die weibliche Gestalt vor ihm auf dem Bildschirm, wirkte auf ihn sehr sympathisch. Obwohl ihre Augen geschlossen waren, gefiel ihm das engelsgleiche Gesicht mit der zarten Haut und den blonden Haaren. Für einen kurzen Augenblick war er nicht fähig, seine Gedanken zu ordnen.

»Was macht eine blonde Natraderin in einer Stasis-Kammer, auf einem fremden Planeten? «, fragte Atlanta und weckte Barenseigs aus seinen Gedanken. » Was für einen Sinn macht das. «

»Das ist die große Frage«, erwiderte Noel. « Ist es ein fremder Planet, oder vielleicht doch ein Stützpunkt des ehemaligen Kaiserreiches? «

»Ohne einen Scan des Himmels können wir keine Positionsbestimmung durchführen«, bemerkte Gareck. »Wir brauchen Bezugspunkte. «

»Besser wäre es, wenn wir eine Karte finden«, lächelte Marin. »Doch diese wird sicherlich nicht in der Höhle liegen. «

»Wir werden schon Anhaltspunkte finden«, sagte Gareck.

»Nicht wenn wir den Energieverbrauch des Transmitter-Tores berücksichtigen«, erwiderte Marin. »Der Zielort kann sich außerhalb des uns bekannten Universums befinden. «

Gareck dachte nach.

»Du könntest Recht haben«, bestätigte er.
»Darf ich die Diskussionen der Wissenschaftler kurz stören? «, fragte General Poison.

Die beiden Genies drehten ihren Kopf und schauten ihn an.

»Was machen wir jetzt mit der Frau? «, fragte der General. » Wir können nicht auf einen Systemausfall der Stasis-Kammer warten. Ich empfehle die Natraderin zu uns zu holen. Wir übergeben sie einem Medi-Team und erwecken sie. Vielleicht erfahren wir von ihr noch weitere Details, warum der Kaiser einen Durchgang zu dieser Höhle hat installieren lassen. «

»Durch sie werden wir mit der direkten Vergangenheit von Natrid konfrontiert«, bemerkte Noel. »Wollen sie das? «

»Es widerstrebt mir, die Frau umkommen zu lassen«, entgegnete der General. »Das ist nicht unsere Art. «

»Das ist ihre Entscheidung«, antwortete Noel emotionslos. »Ich bin der Meinung, wir sollten die Vergangenheit ruhen lassen. «

»Ich stimme General Poison zu«, sagte Atlanta. »Die ehemaligen Zeiten des natradischen Kaisertums sind für uns alle vorbei. Wir verhalten uns jetzt wie Terraner. «

»Ich bin einverstanden«, antwortete Noel. »Doch sie steht unter ständiger Bewachung. «

Die Beteiligten nickten zustimmend.

»Instruieren sie ihre Kampf-Roboter«, sagte Noel. »Einer von ihnen soll sie zu uns bringen. «

Atlanta griff nach ihrem Communicator. Sie wusste, dass die Verbindung zu den Shy-Ha-Narde wieder 30 Sekunden benötigen würde. Erst dann konnten sie die Nachricht empfangen.

»Hier ist Atlanta«, sprach sie in das Gerät. »Ihr rufe das Shy-Ha-Narde Einsatz-Kommando. Wir sehen die Stasis-Kammer. Beenden sie den Kälteschlaf der Natraderin und öffnen sie die Abdeckung. Lassen sie die Person von einem ihrer Roboter unverzüglich zu uns bringen. Ihr geht es nicht gut. Retten sie ihr Leben. Wir stellen in der Zwischenzeit ein medizinisches Team bereit. Antworten sie nicht auf diese Meldung. Vollziehen sie den Befehl. Ende der Mitteilung, Atlanta-Basis-Kommandantin. «

Geduldig warteten die Offiziere, bis die 30 Sekunden vergangen waren. Sie konnten alle Details auf dem Bildschirm mit verfolgen.

Die Programmierung der natradischen Kampf-Roboter war eindeutig. Ihr wichtigster Befehl lautete, Leben zu retten. Egal mit welchen Mitteln. Der führende Shy-Ha-Narde hatte eine entsprechende Spezialschulung erhalten. Er gelang ihm, die Person in der Stasis-Kammer als noch lebende Natraderin zu identifizieren. Die Systemanalyse der Kammer sagte ihm, dass sie kurz vor dem Ausfall stand. Er wusste, dass er die weibliche Person retten mussten. Er sandte einen Notruf ab und bat um Bereitstellung eines Medi-Teams.

In diesem Moment erhielt er den Befehl von seiner Kommandantin. Der eingehende Befehl deckte sich mit seiner geplanten Vorgehensweise. Er teilte einen Kollegen ein, der die Natraderin zurückbringen sollte. Die Signallampen in der Stasis-Kammer blinkten immer pulsierender. Sie würde in Kürze ausfallen. Er wusste, dass die Zeit drängte.

Der anführende Shy-Ha-Narde reagierte sofort und tippte den Abbruch der Stasis-Zeit in die Tastatur ein. Er beugte sich vor und schaute in die Kammer. Zwei Lichter waren ordnungsgemäß erloschen. Dann drückte er die Taste für die Öffnung des Deckels.

Langsam hob sich die schwere Abdeckung schräg in die Höhe. Das Licht im Innenraum der Kammer sprang an.

Der Deckel der Kammer blieb in der geöffneten Position stehen. Der Anführer der Gruppe hob die weibliche Person, die sich noch in einem Dämmerzustand befand, vorsichtig aus der Kammer. Er erkannte, dass die Augen der Natraderin geschlossen waren. Schnell registrierte er den Puls und den Herzschlag. Er drehte sich um und übergab sie an seinen Kollegen.

»Sie ist sehr schwach«, teilte er mit. »Es bleibt nicht mehr viel Zeit. Bring sie im Laufschritt den gleichen Weg zurück, den wir gekommen sind. Lass dich nicht aufhalten. «

Dieser Kampfroboter drehte sich um und lief mit großen mechanischen Schritten zurück zu dem Transmitter-Durchgang.

»Die Person ist unterwegs«, übermittelte der führende Roboter eine Mitteilung an seine Kommandantin. »Sollen wir mit der Suche nach Hinweisen fortfahren? «

Die Gruppe verharrte 30 Sekunden in lebloser Stellung, bis die Antwort eintraf.

»Die Suche ist fortzuführen«, teilte Atlanta mit. »Wir benötigen Bezugspunkte. Eine Navigations-Karte, oder einen Scan vom Himmel, um Sternen-Konstellationen zuordnen zu können.«

Die Gruppe der Kampf-Roboter richtete sich wieder auf und schritt weiter geradeaus. Jeder Winkel der Höhle wurde ausleuchtet.

»Wir bekommen gleich unerwarteten Besuch«, sagte General Poison. »Können wir ausschließen, dass sie irgendwelche Infektionen, Viren und Seuchen von diesem fremden Planeten mitbringt? «

»Die Scans der Shy-Ha-Narde hätten das registriert«, bemerkte Marin. »Das können wir ausschließen. «

Geräusche drangen vom Korridor in den Raum. Das Notfallteam der Mediziner war eingetroffen. Sie rollten eine 2,50-Meter große Quarantäne -Kammer vor sich her.

»Wo ist der Notfall? «, fragte der leitende Arzt.

Noel informierte sie, dass es sich um eine Natraderin handelte, die vermutlich eine Stasis- Unterversorgung aufweisen würde. Er befahl die ärztliche Versorgung und die kontinuierliche Bewachung der Person.

»Sie ist auf dem Weg hierher«, teilte General Poison mit. »Geben sie ihr Bestes. Wir brauchen ihre Aussagen. «

Die Ärzte bestätigten den Wunsch. Ihnen war der Leiter der EWK bestens bekannt. Geduldig warteten die im Raum befindlichen Personen ab. Ganze zwei Minuten waren vergangen, als der Roboter mit der Natraderin aus dem Transmitter schritt.

»Halt «, befahl Atlanta.
Sie blickte die geborgene Person an. Schlafend lag sie in den Armen des Roboters. Doch so sehr sie sich auch bemühte, sie kannte die Person nicht. Sie griff nach ihrem Arm und fühlte ihren Puls.

»Sie ist sehr schwach«, bemerkte sie. »Sie braucht sofort medizinische Hilfe. «

Sie wies den Roboter an, die Person direkt in die Quarantäne-Kammer zu bringen. Drei Ärzte sprangen hinein und nahmen erste Versorgungen vor. Die Türe schloss sich, die Mediziner schoben die Quarantäne-Kammer wieder aus dem kaiserlichen Gemach. Sie verschwanden in Richtung der zentralen medizinischen Abteilungen.

»Kennen sie die Natraderin? «, fragte General Poison.

Atlanta schüttelte ihren Kopf.

»Es ist seltsam«, antwortete sie. « Ich habe sie noch nie gesehen. Sie ist etwas größer als die früheren natradischen Frauen auf Natrid. «

Aufgrund der ganzen Aufregung, hatten die Beobachter nicht mehr auf die Bilder geachtet, die von den Kampf-Robotern kontinuierlich gesendet wurden. Barenseigs zeigte auf den Bildschirm.

»Das Roboter-Team hat noch etwas entdeckt«, teilte er aufgeregt mit.

Alle Personen in den ehemaligen kaiserlichen Räumlichkeiten, blickten auf den Bildschirm. Die Roboter standen vor drei umgebauten Garde-Gleitern, die ordentlich nebeneinander aufgereiht standen. Diese Gleiter wurden in der Regel für den Konvoi-Begleitschutz von Flottenverbänden eingesetzt. Sie waren für eine Besatzung von 6 Personen ausgelegt. Neben einer guten Bewaffnung, verfügen sie über einen Super-Schutzschirm und modernes Tarnfeld. Es waren 8 Meter-Schiffe, schnell und wendig.

»Was machen Garde-Gleiter in der Höhle? «, fragte Noel. » Wie kommen sie dorthin? «

Gareck und Marin unterhielten sich aufgeregt. Sie hatten die Gleiter erkannt.

»Was ist mit den Gleitern? «, fragte Noel. » Haben sie etwas entdeckt? «

Die Genies antworteten nicht auf die Frage. Auch das Team Secret X - Natrid, unter der Leitung von Barenseigs, wurde langsam ungeduldig.

»Haben sie die Sprache verloren? «, fragte General Poison. » Beantworten sie die Frage von Noel. «

»Entschulden sie«, antwortete Marin. »Wir waren von den Bildern so fasziniert, dass wir die Frage nicht mitbekommen haben. «

Wieder ließen sie eine kurze Pause vergehen. Dann lächelte Gareck die Gruppe an

»Sie sehen hier eine geheime Entwicklung von uns«, teilte er mit. »Als Grundlage hierfür, wurden von uns Garde-Gleiter verwendet. Er ist für die Aufnahme von sechs Personen ausgelegt. Zusätzlich verfügt er über eine gute Bewaffnung, einen Schutzschirm und ein Tarnfeld. «

Barenseigs betrachtete die Gleiter. Bevor Gareck weitersprechen konnte, tätigte er einen Zwischenruf.

»Diese Garde-Gleiter sehen verändert aus? «, bemerkte er.

»Es ist richtig«, bestätigte Marin. »Diese drei Gleiter wurden von uns als Zeit-Gleiter konstruiert. Mit ihnen ist es möglich, in unterschiedliche Zeitebenen einzudringen. Diese Prototypen standen auf Nors. «

Die Zuhörer wirkten erstaunt.

»Wir sprechen von dem ehemaligen dritten Natrid-Mond«, fuhr Gareck fort. »Nors war einzigartig und eigentlich unersetzbar. Er war ein großer Werft- und Hangar-Mond, konzipiert für die Raumschiffe der Kriegsmaschinerie von Natrid. Im Krieg mit den Rigo-Sauroiden wurde der Mond bekanntlich zerstört. Wir dachten, unsere Zeit-Gleiter-Prototypen wären mit dem Mond vernichtet worden, auch unsere Konstruktionspläne. Sie können uns sehr erstaunt sehen, dass wir unsere Konstruktionen jetzt auf diesem entfernten Planeten vorfinden. Nach unseren Plänen sollte das Schiff noch über ein dichtes Dekristallisation-Feld verfügen. «

»Was ist ein Dekristallisation-Feld? «, fragte General Poison.

»Das ist etwas Seltenes«, lächelte Marin. »Es ist ein spezielles Energie-Materie-Wandlungsfeld. Wenn ein fester Gegenstand von dem Feld eingehüllt wird, in diesem Fall unser Gleiter, kann dieser Gegenstand durch feste Materie fliegen. Es wäre für ein solches ausgestattetes Schiff kein Problem, durch den Felsen eines Berges zu fliegen. Überall dort, wo das Dekristallisation-Feld auf feste Materie auftrifft, wird die molekulare Struktur weich und durchlässig. Die harte Materie lässt das Dekristallisation-Feld mit ihrem eingeschlossenen Inhalt hindurch, als ob sie ein weicher Schwamm wäre. «

General Poison pfiff durch seine Zähne.
»Das wäre eine tolle Sache für das Neue-Imperium«, sagte er. »Mit dieser Waffe könnten problemlos Spionage-Einsätze geflogen werden. «

»Mehr noch«, ergänzte Gareck. »Durch sein Tarnfeld wäre es der Besatzung möglich, unbeobachtet Bomben in feindlichen Gebäuden abzulegen. Stellen sie sich vor, wozu eine ganze Flotte dieser Schiffe in der Lage wäre. «

General Poison und Noel blickten sich an. Beide hatten den gleichen Gedanken.

»Wir brauchen diese Gleiter für das Neue-Imperium«, sagte Noel. »Es wäre sehr leichtsinnig diese gefährlichen Waffen dort in der Höhle belassen und darauf zu warten, bis sie anderen Species in die Hände fallen. Dafür sind sie zu wertvoll. «

»Welche Maße haben die geänderten Garde-Gleiter? «, fragte General Poison.

»Sie wurden in ihren Baumassen nur geringfügig verändert«, teilte Marin mit. Die Garde-Gleiter sind 8 Meter lang, 3,50 Meter breit und besitzen eine Höhe von 2,90 Meter. Doch ich vermute, dass ihre Masarith-Kristalle erschöpft sind. «

»Werden sie mit unseren üblichen Kristallen betrieben? «, erkundigte sich Barenseigs.

»Selbstverständlich«, bestätigte Gareck. »Andere Energieträger standen uns damals nicht zur Verfügung. «

»Das ist kein Problem«, sagte General Poison. » Hier auf Atlantis haben wir genug eingelagert. «

»Wie bekommen wir die Gleiter aus der Höhle? «, fragte Atlanta.

»Falls sie flugfähig sind, schalten wir das Dekristallisation-Feld an und fliegen durch die Felsendecke zu dem Transmitter-Durchgang«, teilte Gareck mit. »Im Anschluss empfehlen wir das Feld zu deaktivieren. Es konnten noch keine Versuche durchgeführt werden, wie sich ein solches aktiviertes Feld, in Verbindung mit einem Transmitter verhält. Im deaktivierten Zustand fliegen wir die Gleiter in das geöffnete Portal hinein. Wir brauchen erfahrene Piloten. Falls das Transmitter-Tor beschädigt wird, deaktiviert es sich von selbst. Die Gleiter sind dann für alle Zeit verloren, ebenso der Durchgang zu dem fremden Planeten. «

»Wir werden hier Platz schaffen müssten«, teilte Atlanta mit. »Die Einrichtungsgegenstände des Kaisers müssen an eine Seite geschoben werden. «

»Das lässt sich organisieren«, antwortete Noel. »Die Gleiter brauchen lediglich etwas Platz, um navigieren zu können. Sie brauchen das Dekristallisation-Feld lediglich wieder zu aktivieren und können auf diese Weise durch die Natridstahl-Wand der Basis ins Freie fliegen. «

»Sie haben es richtig erfasst«, antwortete Gareck. »Natridstahl-Wände sind ebenfalls kein Problem für die Gleiter unserer ehemaligen Forschungs-Abteilungen. «

Die beiden Genies waren Feuer und Flamme, ihre entwickelten Gleiter wiedergefunden zu haben. Längst totgeglaubte Forschungs- und Entwicklungserfolge, waren wieder aufgetaucht. Sie unterhielten sich aufgeregt miteinander. Ihnen war leider ebenfalls nicht klar, wie diese geheimen Gleiter in eine fremde Höhle kommen konnten.

Noel blickte die beiden Genies an.
»Darf ich ihre Freude ein wenig eingrenzen? «, fragte er. » Atlanta wird ihre drei besten Piloten anfordern, die auf Garde-Gleitern ausgebildet sind. Diese Offiziere werden die Gleiter zu uns fliegen. Sie beide werden den Einsatz leiten«

Die Gesichter von Marin und Gareck entgleisten.
»Wir sind Wissenschaftler und Forscher«, antwortete Marin. »Wir haben kein Interesse an einem gefährlichen Einsatz. Hierfür fehlen uns die Ausbildung und die Erfahrung. «

»Das ist ein Sondereinsatz«, antwortete Noel emotionslos. »Sie sind die einzigen Personen, denen es möglich ist, die reibungslose Funktion der Gleiter zu überprüfen. Wir schicken keine Piloten dorthin, ohne eine Gewissheit zu haben, dass die Prototypen nicht nach der Aktivierung explodieren. Sie werden alle Systeme checken und die Rückholung überwachen. Falls sie irgendwelche Fehlerquellen finden, brechen sie die Rückführung unverzüglich ab. In diesem Fall werden die Gleiter vernichtet. Sie dürfen nicht in falsche Hände gelangen. «

Die Genies blickten General Poison an.

»Noel hat Recht«, bestätigte er. »Sie kommen nicht hierum, den Einsatz persönlich zu begleiten. Das sollten sie eigentlich selbst erkannt haben. «

Der Protest von Marin und Gareck verebbte. Sie hatten erkannt, dass es keine andere Lösung gab.

»Wir sind einverstanden«, erwiderte Marin. »Sorgen sie für unseren Schutz. «

»Fordern sie ihre Piloten an«, befahl der General der atlantischen Kommandantin. »Die Zeit eilt. Wir wissen nicht, ob die Höhle noch jemanden anderen bekannt ist. Es kann jederzeit ungebetener Besuch eintreffen. «

»Nicht bei dieser dicken Staubschicht«, sagte Barenseigs. »Hier ist viele Jahrhunderte keine Person mehr gewesen.«

Atlanta konnte ihre Befehle weitergegeben. Sie hatte ihre Piloten angefordert, die wissenschaftliche Abteilung angewiesen eine ausreichende Menge an Masarith-Energieträger-Kristalle zu bringen. Zusätzlich hatte sie eine Gruppe Arbeits-Roboter angefordert, die in dem großen kaiserlichen Gemach die Einrichtungs-Gegenstände beiseiteschieben sollten.

»Es wird etwas dauern, bis das angeforderte Personal und Material eintrifft«, teilte sie mit.

»Danke«, antwortete General Poison. »Ich möchte nicht lange mit der Rückführung der Gleiter warten. Sie sind mir zu kostbar. «

Das Einsatz-Team der Kampf-Roboter hatten die große Felsen-Halle abgesucht, aber nichts mehr gefunden. Nochmals leuchteten sie die Wände ab.

Ein kleiner heller Fleck wurde in dem Felsen sichtbar. »Da«, sagte Barenseigs, der aufmerksam den Bildschirm verfolgte. »Ein kleiner Spalt im Felsen, durch den Außenlicht eintritt.«

Atlanta öffnete ihren Communicator.

»Hier ist Atlanta«, sprach sie hinein. »Untersucht den Spalt im Felsen, durch den das Licht eintritt. Vergrößert das Loch und versucht Aufnahmen von der Außenwelt aufzunehmen. Wir brauchen Koordinaten. «

Es vergingen wieder 30 Sekunden, bis die Shy-Ha-Narde den Befehl erhielten. Sie bestätigten und gingen zurück zu der Undichtigkeit im Felsen. Obwohl die Roboter 2,20 Meter groß waren, gelangten sie nicht an den Spalt heran. Sie rollten gemeinsam mehrere Steinquader heran und stapelten diese übereinander. Das so aufgebaute Podest reichte aus, um einem Shy- Ha-Narde die Gelegenheit zu gegeben, den Spalt zu untersuchen.

Ein Roboter kletterte das Podest hinauf. Er schlug mit seiner kräftigen Hand aus Natridstahl mehrmals gegen die Undichtigkeit. Steinstaub bröselte zu Boden. Dann hatten sich mehrere Steine gelöst. Mit seiner Hand nahm der Roboter sie heraus und ließ sie zu Boden fallen. Mit der brachialen Kraft einer Roboter-Hand, brach er weitere Steine aus der Wand, bis er eine ausreichende Öffnung vor sich hatte. Er hakte die kleine Körper-Kamera von seiner Brust ab und hielt sie vorsichtig mit beiden Händen durch die Öffnung.

Zwei große Sonnen strahlten am Himmel. Der Robot richtete seine Kamera etwas von ihnen ab, um blendfreie Aufnahmen zu erhalten. Die sensible Kamera durchdrang die blauen Wolkenschichten und suchte nach Sternen- Konstellationen. Die übermittelten Daten wurden auf das Tablet des Marine übertragen.

»Erste Daten kommen herein«, teilte der Marines mit. »Ich stimme sie mit unseren Karten ab. «

Einige Sekunden vergingen, endlose Zahlen-Kolonnen liefen über den Bildschirm. Dann wurde das Ergebnis der Suche gemeldet.

»Keine Übereinstimmung«, meldete er. »Diese Sternen-Systeme liegen in unserer Karten-Datenbank nicht vor. «

»Das ist ungewöhnlich«, bemerkte Marin. »Wir sollten die Daten zur Sicherheit noch einmal von der Hypertronic-KI von Atlantis überprüfen lassen. Schalten sie auf eine funklose Übertragung um. «

Er blickte Atlanta an.
»Bitte informieren sie ihre Mutter, dass sie unsere Daten vorrangig auswertet und uns bitte schnellstens informiert«, teilte Gareck mit.

Atlanta hatte ihre große Mutter-Hypertronic bereits gedanklich informiert.

»Wir haben hier unbekannte Sternen-Systeme aufgezeichnet«, teilte sie mit. »Kannst du bitte alle Einträge abgleichen, ob es einen Koordinaten-Bezugspunkt gibt? «

Die große Atlantis-Hypertronic-KI bestätigte den Wunsch.

»Senden sie die Daten«, befahl sie dem Marine. »Meine Mutter ist bereit die Daten auszuwerten. «

Der Marine hatte sich bereits in das Drahtlos-Netz der Basis eingeloggt. Er aktivierte die Übertragung der Daten. Die große Hypertronic-KI erhielt die Daten und glich sie in Lichtgeschwindigkeit mit ihren Archiven ab. Dann bestätigte sie die Richtigkeit der Angaben des Marines.

»Es handelt sich um ein fremdes Sonnen-System«, teilte sie mit. »Es konnten keine Hinweise gefunden werden, wo sich der Standort befindet. Es liegen keine weiteren Informationen vor. «

»Fehlanzeige«, sagte Atlanta. »Es handelt sich um ein völlig unbekanntes System. Uns liegen keine Informationen hierüber vor. «

»Das haben wir vermutet«, antworteten die beiden Genies. »Wir verweisen nochmals auf die gewaltige Energie, die für den Transmitter nötig war. «

»Mich interessiert noch, ob es möglich ist Bodenaufnahmen von dem Planeten zu erhalten«, fragte Barenseigs. »Mit was haben wir es hier zu tun? Bisher wurde nur der Himmel aufgenommen. «

»Lassen sie ihre Roboter noch einige Aufnahmen von dem Planeten machen«, entschied General Poison. »Vielleicht finden wir noch etwas Interessantes. «

Atlanta griff nach ihrem Communicator.
»Hier ist Atlanta«, sprach sie hinein. »Versuchen sie Aufnahmen von der Oberfläche des Planeten zu machen. Nehmen sie alles Wesentliche auf und senden sie uns das Bildmaterial. «

Wieder vergingen 30 lange Sekunden. Die Roboter bewegten sich wieder. Sie hatten den Befehl erhalten. Erneut kletterte einer das Felspodest hinauf. Er hielt seine Kamera durch die Öffnung und aktivierte sie. Er schwenkte sie von links nach rechts, dann nach unten auf den Boden des Planeten. Unzählige Aufnahmen wurden im Salventakt von der Kamera aufgezeichnet.

Geduldig warteten die Personen ab. Dann kamen die neuen Daten auf dem Tablet an. Erstaunt schrien die Zuschauer auf. Zahlreiche Raumschiffe flogen in geringer Höhe über dem Boden. Sie waren scheinbar im Landeanflug auf die große Stadt am Boden. Sie reichte in ihren Ausmaßen bis zum Horizont. Sie war eingebettet in einer Parklandschaft. Hügel mit grünen Wiesen waren zu sehen. Diese wurden von Wäldern unterbrochen, die an hohe Nadelbäume erinnerten. Ein Stück weiter schienen Birken und Kastanien zu blühen. Dann wurden Felder sichtbar, auf denen Blumen und andere Gewächse wuchsen. Flüsse und Seen rundeten das Bild ab.

Wieder schrien die Beobachter. Von der großen Stadt am Boden, starteten im Sekundenrhythmus zahlreiche Raumschiffe. Sie schossen in extremer Geschwindigkeit den Wolken entgegen und verschwanden. Dann schob sich eine Flotte von Groß-Raumschiffen in das Bild. Sie wiesen eine Länge von 5.000 Metern auf. Auf den Schiffen wehten Fahnen, die das kaiserliche Wappen von Natrid trugen. Die Bauformen der Raumschiffe, ähnelten den alten Schiffen, des ehemaligen kaiserlichen Imperiums.

Der Roboter zoomt die große Stadt heran. Die Zuschauer erkannten die alte typische natradische Architektur. Die zahlreichen Hochhäuser waren harmonisch in der Landschaft integriert. Teilweise wurden sie von Gewächsen überwuchert. Auf den Dachterrassen wurden Pools gesichtet, wiederum umgeben von zahlreichen Grünpflanzen. In der Mitte der Stadt, erhob sich ein gewaltiger Terrassenbau in dem Himmel. Auf allen Ecken des Gebäudes wehten die Fahnen des natradischen Kaisers.

Erneut wurde die Kamera gezoomt. Ihre Aufnahme erreichte die Stadt und zeigte das betriebsame Leben in den großen Straßen. Humanoide Lebensformen wurden sichtbar. Sie besaßen eine natradische Gesichtsform und Hautfarbe.

»Es ist das neue Natrid«, sagte Atlanta skeptisch. »Diese Welt ähnelt der früheren Heimatwelt der Natrader bis ins letzte Detail. «

Wieder wurde die Kamera in eine andere Blickrichtung gewendet. Rechtsseitig wurde ein großer Raumhafen sichtbar. Hierauf standen unzählige Schiffe in einer Warteposition.

»Das müssten Hunderttausende sein«, bemerkte General Poison ernst. »Wenn dieser Planet mehrere Raumhäfen besitzt, dann können die Schiffe eine Gefahr für uns darstellen. «

»Wir werden unseren Gast verhören«, bemerkte Noel. »Sie soll uns sagen, um was für einen Planeten es sich handelt. Was machen natradische Lebewesen hier und wie kommen sie zu unseren Schiffen? «

Atlanta blickte die beiden Genies an.
»Wissen sie von einem Fluchtplaneten unseres letzten Kaisers? «, fragte sie. » Kann es sein, dass er noch rechtzeitig von Natrid aus fliehen konnte? «

»Das ist uns nicht bekannt«, antwortete Marin. »Doch auch in seinem ehemaligen Kaiserpalast gab es Transmitter zu dieser Basis. Wenn er den Angriff auf Natrid rechtzeitig erkannt hatte, dann wäre seine Flucht zu erklären. «

Die Bilder endeten. Der Roboter stieg von dem Podest herunter. Seine Kollegen nahmen einige Steine schritten das Podest hinauf und verschlossen die Öffnung wieder notdürftig.

Garde-Piloten melden sich zur Stelle. Atlanta blickte auf.

»Sie sind schon da? «, bemerkte sie. » Wir haben einen Sonderauftrag für sie. «

Die drei Piloten blickten sie an.

»Sie sehen diesen Transmitter«, ergänzte sie. »Wir haben auf der Gegenseite drei Garde-Gleiter entdeckt, die aus den Forschungs-Abteilungen von Marin und Gareck, von unserem ehemaligen Mond Nors stammen. Diese möchten wir von ihnen zurückgeführt haben. Wie sie wissen, besitzen diese Gleiter eine Länge von 8 Metern, eine Breite von 3,50 Metern und eine Höhe von 2,90 Metern. Unser Transmitter-Tor verfügt über eine Breite und Höhe von 4 Metern. Trauen sie sich zu, die Garde-Gleiter unbeschädigt durch dieses Tor zu fliegen? «

Die Piloten sahen sich an und nickten.
»Das sollte funktionieren«, antwortete einer von ihnen. »Wir können die Gleiter auf einem Stück Papier landen. Doch wir kommen wir später aus diesem Raum heraus? «

Atlanta lächelte sie an.

»Unsere beiden genialen Tüftler begleiten sie«, antwortete sie. »Ihnen haben wir es zu verdanken, dass die Gleiter über ein Dekristallisation-Feld verfügen. Es erlaubt ihnen, die Gleiter durch feste Materie zu fliegen. Marin und Gareck werden ihnen alles erklären. Sie fliegen durch die Außenwand der Basis und setzen die Gleiter auf dem Landefeld vor dem großen Hangar ab. Dort werden sie durch das Service-Team übernommen. «

»Wenn das so ist, dann sollte es keine Probleme geben«, antwortete ein Pilot.

»Vertrauen sie unseren Genies«, ergänzte Atlanta. »Sie fliegen mit ihnen. Berücksichtigen sie bitte, falls sie den Transmitter mit ihrem Gleiter beschädigen, so dass er ausfällt, dann gibt es für sie keinen Weg mehr zurück. Wir wissen nicht, wo sich dieser Planet befindet. Er ist in einem für uns nicht bekannten Teil des Universums angesiedelt. Aber ich vertraue ihren Flugkünsten. «

Die Piloten salutierten.
»Wir schaffen das«, antworteten sie. »Wir haben schon engere Passagen mit dem Gleiter durchflogen. «

Die Wissenschaftler kamen in den Raum gelaufen und brachten einen Rucksack Energie-Kristalle mit. Marin nahm ihn an sich und bedankte sich.

Auch 20 Arbeits-Roboter waren eingetroffen. Noel hatte sie instruiert, die Einrichtungsgegenstände des Kaisers zur Seite zu schieben und eine freie Fläche für die Gleiter zu schaffen.

General Poison blickte seine Marines an.
»Ich brauche Freiwillige«, sagte er. »Wer möchte unsere Wissenschaftler begleiten? Vor Ort sind noch 5 Kampf-Roboter, doch ich möchte sie auf dem Weg dorthin absichern. «

»Wir melden uns alle freiwillig«, antwortete der Vorderste der Marines. »Unsere Meldung ist einstimmig.

»Das freut mich sehr«, antwortete der General. »Auf sie ist Verlass. Sie wissen, worauf es ankommt? «

»Wir haben die Einweisung der Piloten verfolgt«, antwortete der Marine. »Unser Befehl ist klar. «

»Perfekt«, erwiderte der General.

»Sind die Gruppen bereit? «, fragte Noel.

Die Beteiligten bestätigten.

»Viel Erfolg«, sagte Atlanta.

Das Einsatz-Team nickte.

General Poison trat vor den Transmitter und winkte die Marines als erste Gruppe hinein. Nacheinander verschwanden sie in dem künstlichen Horizont. Dann winkte der General die beiden Wissenschaftler und die Piloten nach.

Noel griff nach dem Tablet und blickte hierauf. Ungeduldig warteten sie ab.

Lange 10 Minuten vergingen, dann hatte die zweite Einsatzgruppe die Gleiter erreicht. Das Bildmaterial flimmerte über den Tablet-Bildschirm.

»Absichern«, befahl einer der Marines.

Er winkte den Kampf-Robotern zu, die sich ebenfalls eine Deckung suchten und ihre Laser-Gewehre aufrichteten.

Marin und Gareck machten sich an den Gleiter zu schaffen. Sie öffneten die Schotts und kletterten hinein. Schnell wurden die Energie-Kristalle ausgewechselt. Die Wissenschaftler wussten, was sie taten. Die Entwicklung der speziellen Garde-Gleiter stammte von ihnen.

Gemeinsam sprangen sie in den dritten Gleiter und wechselten die Kristalle aus.

Dann eilten sie zu den Piloten und wiesen sie ein. Sie gingen mit ihnen in die Gleiter und zeigten ihnen den Knopf, mit dem das Dekristallisation-Feld aktiviert und deaktiviert werde konnte.

»Es ist äußerst wichtig, vor dem Durchflug in den Wurmloch-Transmitter, das Feld zu deaktivieren«, erklärte Gareck. »Erst wenn der Gleiter vollständig in der Basis ist, aktivieren sie bitte das Dekristallisation-Feld wieder und fliegen durch die Natridstahl-Wand der Basis. Haben sie alle verstanden? «

Die Piloten bestätigten.

»Wir fliegen mit dem ersten Gleiter zurück«, erklärte Marin. »Die beiden anderen folgen in einer Minute Abstand. Das sollte reichen, um auf der Basis Platz für die nachfolgenden Gleiter zu schaffen. «

»Wir haben alles verstanden«, antworteten die Piloten. »Dann gehen sie zu ihren Gleitern und starten sie die Maschinen«, befahl Marin. »Die Kampf-Roboter und Marines werden erst aufgenommen, wenn die Antriebe warmlaufen. «

Es vergingen nur 40 Sekunden, dann brummten die Antriebe der Gleiter leise vor sich hin. Marin ging zu dem Schott des ersten Gleiters.

»Alle Personen verteilen sich in die Gleiter ein«, sagte er. »Wir fliegen gemeinsam zurück. Bitte einsteigen.«

Die Kampf-Roboter und Marines folgten der Anweisung und sprangen in die wartenden Gleiter. Die Schotts schlossen sich.

Der erste Gleiter hob vom Boden ab und schaltete sein Dekristallisation-Feld ein. Vorsichtig flog er der Decke entgegen und durchbrach diese problemlos. In der oberen Etage flimmerte das Transmitterfeld vor ihnen. Die weiteren Gleiter folgten in einem kurzen Abstand.

»Das Dekristallisation-Feld jetzt abschalten«, sagte Marin.

»Die Abschaltung ist erfolgt«, bestätigte der Pilot.

Langsam flog er auf das 4-Meter messende Transmitter-Tor zu. Der Steuerknüppel lag lose in seiner rechten Hand. Mit der Leichtigkeit eines ausgebildeten

Spezialisten tauchte er den Gleiter in den künstlichen Horizont ein.

Die Zuschauer hatten sich in Richtung des Einganges zu den kaiserlichen Gemächern aufgestellt.

Der erste Gleiter kam durch das Transmitter-Tor.
»Das Dekristallisation-Feld wieder aktivieren«, sagte Marin.

Der Pilot schlug mit seiner Hand auf den Knopf. Das Geld baute sich auf.

»Durch die linke Wand nach Draußen«, wies Marin den Piloten an.

Dieser schwenkte die Nase des Gleiters nach links und durchflog problemlos die Stahl-Wand problemlos.

»Es hat funktioniert«, sagte Atlanta erleichtert.

»Warum sollte es nicht? «, antwortete Noel. » Das ist eine Entwicklung von Marin und Gareck. Bisher hat alles von ihnen funktioniert. «

Der zweite Gleiter kam durch das Transmitterfeld. Ebenso problemlos aktivierte er sein Dekristallisation-Feld und flog durch die Außenwand der Basis.

Lange 20 Sekunden vergingen, bis der letzte Gleiter folgte. Auch dieser Pilot verstand sein Handwerk. Kaum vollständig in der Basis materialisiert, aktivierte er sein Dekristallisation-Feld und durchflog die Wand.

»Geschafft«, sagte General Poison.

Er wischte sich seinen Schweiß von der Stirn ab.
»Das war kein einfaches Manöver«, murmelte er.

Noel trat an die Energie-Versorgung des Transmitters. Er drückte den schweren Hebel hoch, den Marin zur Aktivierung benutzt hatte. Der künstliche Horizont erlosch.

»Die Energien wurden abgeschaltet«, sagte er. »Der Durchgang ist geschlossen. «

Er winkte den Arbeits-Roboter.
»Verschließt die schweren Stahltüren«, befahl er. »Hiermit verhindern wir das ungewollte Eindringen fremder Personen. «

Die Arbeits-Roboter drückten die dicken Natridstahl-Türen wieder in ihren Verschluss.

»Jetzt ist mir wohler«, erklärte General Poison.

Marin und Gareck kamen angelaufen. Sie waren völlig außer Atem.

»Die Gleiter sind im Hangar«, teilten sie mit. »Wir werden uns in kurze mit ihnen beschäftigen. «

Sie traten vor die große Türe, der den Transmitter sicherte.

»Wir verstehen jetzt auch, wofür die Türen sind«, teilte Marin mit. »Im geschlossenen Zustand verhindern sie, dass sich ein nicht genehmigter Transport materialisieren kann. Die Türe schließt eng an dem künstlichen Horizont ab. Falls jemand auf der anderen Seite den Durchgang öffnet, kann er nicht hindurchtreten, weil er im geschlossenen Zustand der Türe nicht materialisieren kann. Das Gleiche gilt auf für Bomben oder andere Dinge. Diese Türe ist in jeden Fall von uns geschlossen zu halten, bis wir wissen, mit was wir es auf dem Planeten zu tun haben. «

265

»Ich gebe die Anweisung direkt weiter«, antwortete Noel. »Wir warten mit neuen Aktionen ab, bis wir mehr Informationen von der blonden Natraderin haben. Dann entscheiden wir erneut. «

Schlacht um das
Centauri-System

Die Flotte von General Da'Rusaarahs war weit von ihrem heimatlichen System entfernt. Sie agierte bereits in dem Leerraum, zwischen den großen Sternen-Inseln. Die Armada der daranischen Adelskaste suchte nach Spuren der verschollenen kaiserlichen Flotte ihrer Groß-Königin Da'Risaah. Die stolze Armada von 5.000 Schiffen, unter dem persönlichen Befehl ihrer Majestät, war nicht mehr aufzufinden. Keinerlei Hinweise konnten bisher von sämtlichen ausgesandten Flottenverbänden gemeldet werden.

General Da'Rusaarahs war kurz vor dem Verzweifeln. »Ich verfluche diese Eigenbrötlerin«, dachte er. »Sie setzt sich andauernd über alle Anordnungen hinweg, nur um den eigenen Erfolg nicht zu gefährden. Für sie scheinen keine Gesetze Gültigkeit zu haben. Wir können jetzt wieder die Suppe auslöffeln.

§er schlug mit seinem Stachel mehrmals auf dem Boden auf. Die dumpfen Schläge ließen die Brückencrew in seine Richtung blicken.

General Da'Rusaarahs ließ sich in seinen Kommando-Sessel fallen.

»Die kaiserliche Flotte war den Spuren der gehassten Zerstörer gefolgt«, überlegte er. »Diese Fremden hatten vor vielen Jahrtausenden zahlreiche Brutwelten der Daraner zerstört. Unsere Vorfahren belegten sie mit einem Schwur. Sie sollte ihre rechtmäßige Strafe erhalten. Diese Anordnung wurde von Generation zu Generation weitergetragen. «

General Da'Rusaarahs blickte auf die Ortungsmonitore. Er sah nichts Ungewöhnliches. Keine neuen Spuren waren zu entdecken.

Der daranische Schiffs-Verband umfasste 1.000 Schiffe der 500 Meter-Walzen-Klasse. Das war die übliche Baugröße, die von den Daranern bevorzugt wurde.

»Wir sind vom Kurs abgekommen«, bemerkte der erste Offizier Ti'Limarajhh. »Hier draußen ist nichts Lohnendes zu finden. Wer sollte sich hierher verirren? «

Der General nickte.
»Sie haben Recht«, antwortete er. »Hier sind nicht einmal interessante Mineral-Asteroiden aufzuspüren. Wir driften auf die nächste Sterneninsel zu. Falls die Königin eine hiervon angeflogen hat, werden wir sie nicht finden. Unsere Schiffe sind für eine so umfangreiche Suche nicht ausgelegt. «

Der 1. Offizier bestätigte.

»Warum sollte sie in fremde Galaxien einfliegen? «, fragte er. » Diese fremden Sternenballungen wurden von uns noch nicht erforscht. Wir konnten keine Energie-Emissionen orten, oder irgendwelche Hinweise auf irgendwelche Rückstände finden. «

»Das muss nichts heißen«, bemerkte der General. »Die Königin kann ein Ziel gehabt haben und ist dann per Hypersprung dorthin geeilt. «

»Wir sollten umkehren, « schlug der erste Offizier vor. »Diese Suche bringt nichts. «

»Vor einem beachtlichen Erfolg steht immer die Suche«, antwortete der General. »Sie sollten nicht zu schnell aufgeben, wir haben nichts in der Hand. Möchten sie ohne Ergebnisse nach Hause zurückkehren und sich den Spott der adeligen Kaste einfangen? Das sollten sie sich immer fragen. Auch später, wenn ihnen ein eigener Schiffsverband untersteht. «

Der Schott zu der Brücke des Schiffes öffnete sich. Der für die Maschinen zuständig Offizier trat ein. Er schritt auf den General zu. Wie die Etikette es verlangte, verbeugte er sich und bezeugte seinem Vorgesetzten den nötigen Respekt.

»Was gibt es? «, fragte der General.

»Ich möchte sie darauf hinweisen, dass wir die Hälfte unserer Energie verbraucht haben«, teilte er mit. »Falls sie noch weiter in unbekannte Regionen vorstoßen möchten, benötigen wir die Auffrischung unserer Energie-Kristalle. Ohne Nachschub schaffen wir unseren Rückflug nicht mehr. «

Der General schlug mehrmals mit seinem Stachel auf den Boden auf. Wieder dröhnten dumpfe Schläge durch die Zentrale des Schiffes.

»Ausgerechnet jetzt«, murrte er. »Wir sind so weit gekommen. Warum haben wir kein Versorgungs-Schiff erhalten? «

»Alle Versorgungs-Schiffe waren bereits anderen Flottenverbänden zugeteilt«, antwortete der 1. Offizier. »Unser Clan hat sich zu spät entschlossen, sich an der Suche zu beteiligen. «

Der General lehnte sich in seinem Sessel zurück. Er drehte seinen Kopf zur Seite und musste herzhaft gähnen. Viel Schlaf hatte er die letzten Tage nicht gehabt.

Dann fing er sich wieder und schaute wieder seine Untergebenen an.

»Die Suche entwickelt sich zu einer äußerst langweiligen Mission«, teilte er mit. »Unsere Schiffe hätten in der Zwischenzeit große Beute machen können. Das haben wir unserer degenerierten Königin zu verdanken und ihren ungenehmigten Ausflügen. «

»Diesmal wird sie sich nicht mehr hiervon erholen«, bemerkte der erste Offizier. »Vielleicht wurde ihre Flotte bereits vernichtet? «

»Wir brauchen Beweise«, bestätigte der General. »Erst wenn wir diese vorlegen können, dann wird eine neue Königin gewählt. Das ist seit vielen Generationen eine Vorschrift auf unseren Welten. «

Er blickte auf den großen Bildschirm. Eine riesige funkelnde Spiral-Galaxie rückte langsam ins Bild. Der General war fasziniert von den glitzernden Farben dieser Galaxie. Er hob seinen Arm.

»Steuermann«, sagte er.

Dieser blickte ihn an.

»Fliegen sie bitte den ersten Arm dieser Sternen-Insel an«, befahl der General. »Steuern sie den hellsten Stern an, der sein glitzerndes Auge auf uns richtet. «

»Diese Galaxie ist verboten«, bemerkte Da'Burosijahh. Er war der Steuermann des Schiffes.

»Wir verfügen über Hinweise, dass sie von mächtigen Wesen bewohnt wird. «

»Sind diese Wesen mächtiger als wir? «, fragte der General hämisch.

»Diese Informationen haben wir von den Zierrakies erhalten«, teilte der Steuermann mit. »Sie meiden diese Galaxie seit geraumer Zeit. «

»Was kann man von den Vogelköpfen schon erwarten? «, fragte der General. » Vermutlich wollen sie andere Rassen abschrecken, sich dort niederzulassen. Die Zierrakies haben derzeit genug mit sich selbst zu tun. Man hört, dass sie sich übernommen haben. Die zahlreichen Flotten ihres Groß-Kaisers werden derzeit vernichtend geschlagen. Die minderwertigen Species tragen jetzt den Krieg in das Heimat-System der Zierrakies. Ihnen fehlen zahlreiche Groß-Kampfschiffe.

Ferner hört man, dass ihre Worgass-Dienerschaft rebelliert und ihre Selbstverwaltung fordert. Sie haben sich eine ganze Flotte der zierrakischen Kriegs-Schiffe angeeignet. «

»Das ist der Grund, warum wir unsere Dienerschaft nicht in der Bedienung unserer Raumschiffe schulen«, bemerkte der 1. Offizier. »Auch diese Lehre unserer Vorfahren wird jetzt bestätigt. Gib nie einem Diener zu viel Macht in die Hand, die er gegen dich richten könnte.«

Der General suchte den Funk-Offizier. Sie verstanden sich seit Jahren ohne Worte.

»Ihr Befehl wurde weitergegeben«, teilte die Funkbereitschaft mit.

Ein merkbarer Ruck wurde auf der Brücke spürbar. Sie informierte die Crew, dass sich die Flotte wieder in Bewegung gesetzt hatte. Sie flog zu ihrem nächsten Zielpunkt, den der Befehl des Generals vorsah.

»Eingehender Notruf«, meldete der Funk-Offizier des Schiffes. »Er ist von General Da-Qisaarahh. «

»Ich kenne General Da-Qisaarahh«, antwortete Da'Rusaarahs. »Er ist ein guter Offizier und befiehlt eine Unterstützungs-Flotte von 200 Schiffen. Was will der alte Haudegen? «

»Seine Flotte wird von einer Übermacht fremder Schiffe angegriffen«, teilte der Funk-Offizier mit. »Er bittet um eine sofortige Unterstützung. Die Mitteilung ist an alle Verbände gerichtet, die sich in seiner Nähe befinden. «

»Was ist das für eine Flotte, die es wagt, daranische Schiffe anzugreifen? «, fragte der General. » Kennen wir die Angreifer? «

»Hierüber wird in dem Hyperkomm-Funkspruch nichts mitgeteilt«, antwortete der Kommunikations-Offizier. »Der General scheint aber mit seiner Flotte in arge Bedenken geraten zu sein. «

»Sind Unterstützungs-Angebote von anderen Flotten-Verbände eingegangen? «, fragte der General.

»Leider konnten wir nichts auffangen«, erwiderte der Funk-Offizier.

»Haben wir die Position seines Flotten-Verbandes mitgeteilt bekommen? «, erkundigte sich der General.

»Diese wurden uns im Anhang des Notrufes mitgeteilt«, antwortete Ti'Kamasihahh.

General Da'Rusaarahs dachte intensiv nach.
»Speisen sie die Koordinaten in die Navigations-Hypertronic ein«, befahl der General. »Informieren sie unseren Schiffs-Verband, dass wir umgehend auf einen neuen Kurs gehen. Sobald alle Bestätigungen vorliegen, springen sie in den Hyperraum. «

»Ihr Befehl wurde weitergegeben«, antwortete der Funk-Offizier.

***

Die Schiffe von Captain Hunter lagen nahe der Umlaufbahn des Heimat-Planeten der Centauri-Scruffs. Der Verband von Oberst Cameron patrouillierte in der Atmosphäre des Planeten. Sie suchte nach geflüchteten daranischen Kampfverbänden, die nicht dem Befehl ihres Generals Folge geleistet hatten. Es war aufgefallen, dass sich nicht alle Besatzungen vollständig ergeben hatten.

Der Oberst war sich sicher, dass sich diese Gruppen in dem schwer zugänglichen Gebirge des Planeten versteckten. Es war eine mühsame Suche für die Schiffe und ihre Besatzungen. Es musste nach Lebenszeichen gescannt werden, nach Energie- Emissionen, oder anderen Hinweisen. Zahlreiche Boden- Kommandos hatten ihren Einsatzbefehl erhalten. Sie wurden unterstützt von Kampfrobotern-Staffeln.

Die Kampf-Teams des Neuen-Imperiums versuchten so, die daranischen Untergrundnester auszuräuchern. Die KI des Planeten, hatte die zeitweise in ihren Räumlichkeiten untergebrachten Scruffs, wieder an die Oberfläche entlassen. Nach der Gefangennahme des größten Teils der daranischen Truppen, war der Planet wieder sicher. Ganze Kolonnen Centauri-Scruffs waren auf dem Weg zu ihren Städten. Einmal mehr hatte sich die Verwaltungs-KI des Planeten, als Retter der Bevölkerung bewiesen.

Captain Rockwall befehligte eine Gruppe von drei Prinz-Schiffen, die ein Gebirge im südlichen Teil des Planeten anflogen.

»Bodenaufnahmen auf die Schirme legen«, befahl er seinen Schiffen. »Jede noch so kleine Auffälligkeit ist zu melden. «

Seine Begleit-Schiffe bestätigten den Befehl.

»Alle Schirme und Sensoren auf Maximum«, meldeten seine Untergebenen, denen das Kommando der Prinz-Schiffe übergeben wurde.

»Seid vorsichtig«, gab der Captain durch. »Ich traue diesen Wespen-Wesen nicht über den Weg. «

Seine Begleiter lachten laut auf.
»Reißen wir ihnen ihre Stachel heraus«, sagte einer der Leutnants.

Die Gruppe steuerte auf einen massiven Felsrücken zu. Der Captain las von seinen Instrumenten ab, dass dieses gigantische Gebirge insgesamt 13 Berge, mit mehr als 11.000 Metern Höhe besaß.

Der Captain wies die Hypertronic seines Schiffes an, auf Nahaufnahmen umzustellen. Die moderne Hypertronic-KI des Schiffes bestätigte und zoomte das Bild heran.

»Der Felsen wirkt sehr porös«, bemerkte der Captain. »Überall sind kleinere Höhlen und Nischen zu sehen. «

Er überlegte einen Augenblick.
»Hier kann man sich überall verstecken«, gab er per Funkspruch durch. »Messen wir irgendwelche Lebenszeichen? «

»Ich erhalte verschwommene Meldungen«, antwortete Leutnant Riker, der Ortungs-Offizier. » Die Instrumente fluktuieren. Es scheint fast so, als ob sie gestört werden. Ich orte zwar Lebensformen, leider kann ich sie aber nicht als daranische identifizieren. Entweder schirmen sie sich stark ab, oder sie sind tief ins Innere des Felsmassives vorgedrungen. «

Der Captain überlegte.
»Diese Ortungen sind identisch mit den Daten unserer Begleit-Schiffe «, meldete Leutnant Riker, der für den Ortungsbereich zuständig war.

»Alle Schiffe stoppen«, befahl der Captain. »Wir brauchen mehr Informationen über die Höhlensysteme des Gebirges. »Alle Schiffe schleusen drei Tarin-Kampf-Jets aus. Wie sondieren per Nah-Aufklärung. Unsere Piloten sollen tief anfliegen und die großen Höhlen scannen. «.

»Ihr Befehl wurde weitergegeben«, meldete der Funk-Offizier.

Captain Rockwall schaute auf seinen zentralen Bildschirm. Er sah, wie die Tarn-Jets aus den Hangars der Schiffe ausgeschleust wurden. Sie beschleunigten und

flogen auf das große Bergmassiv vor. Die zahlreichen Öffnungen wurden erst jetzt deutlich sichtbar waren. Die Tarin-Jets donnerten an den Bergen entlang.
In Captain Rockwall machte sich ein ungutes Gefühl breit. Er griff nach dem Communicator.

»Fliegt nicht so dicht an dem Bergmassiv entlang«, informierte er die Piloten der Tarin-Jets. »Es könnten in jedem der Höhleneingänge Soldaten-Verbände der Daraner sitzen. Aktiviert vorsichtshalber die Schutz-Schirme der Jets. Ich bin mir zwar sicher, dass die geflüchteten Soldaten-Verbände keine Zeit mehr hatten, große Abwehr-Waffen zu demontieren und fortzuschaffen, aber sicher ist sicher. «

»Wir messen einen starken Energieanstieg in einer der Höhlen an«, meldete der Ortungs-Offizier. »Irgendetwas ist im Gange. «

Der Captain griff erneut nach seinem Communicator. Er hatte seine Augen nicht von dem zentralen Bildschirm gewendet. Er sah, wie die neun Tarin-Jets an dem achten Berg-Giganten vorbeigeflogen, als von zwei Höhlen massive Energie-Strahlen aufstiegen. Sieben Kampf-Jets hatten bereits ihre Schutzschirme aktiviert. Die letzten zwei reagierten zu spät. Bevor sie den schützenden Schirm einschalten konnten, wurden sie von den Laser-

Salven in ihren Antrieben getroffen. Diese zersplitterten unter dem Treffer. Die Energieversorgungen versagten. Der starke Laser- Einschlag ließ die Jets um ihre eigene Achse wirbeln. Lodernde Flammen und starker Qualm stiegen von den Antrieben auf. In kreisenden Bewegungen, stürzten die Kampf-Gleiter dem Boden entgegen.

Der Captain hielt noch seinen Communicator in der Hand, doch er erkannte, dass es für zwei seiner Kampf-Jets zu spät war.

»Achtung«, sprach er in den Communicator. « Ich befehle eine volle Breitseite unserer Raketen-Batterien auf die beiden Höhleneingänge. Räuchert sie aus. Schickt Medi- Teams zu der Absturzstelle. Sie sollen versuchen Verletzte zu bergen. «

Die Begleitschiffe bestätigten den Befehl unverzüglich. Dann röhrten die Geschosse aus den massiven Geschützrohren. Die ersten von ihnen schlugen direkt in die Höhlen ein und explodierten im Inneren. Alle drei Prinz-Schiffe hatten synchron getroffen. Eine gigantische Feuerwand quoll aus den Höhlen-Verstecken der Daraner. Die Druckwelle riss den ganzen Felsen des Einganges auseinander. Das Felsmassiv vibrierte. Eine gigantische Wolke aus Rauch und Qualm, rollte aus den Höhleneingänge und verpuffte in der Atmosphäre.

Geröll und Steine lösten sich an den Gebirgen und schlugen als Steinschlag in die aufgerissenen Höhleneingänge. Sie wurden völlig verschüttet. Die restlichen Tarin-Jets verfolgten, wie die getroffenen natradischen Flugmaschinen auf dem Boden aufschlugen und in einer großen Explosion vernichtet wurden. Der Notausstieg schien nicht mehr funktioniert zu haben.

»Für die Piloten kommt wohl jede Hilfe zu spät? «, bemerkte der erste Offizier.

Er war an die Seite von Captain Rockwall getreten, der traurig wirkte.

»Wir waren leider zu unvorsichtig«, erwiderte er. »Hiermit haben wir nicht gerechnet. Den Daranern ist es noch gelungen Abwehr-Waffen beiseitezuschaffen. «

Alarmsirenen heulten auf. Das Licht des Schiffes schaltete in ein tiefes Rot.

»Feindliche Kampf-Jäger wurden geortet«, meldete der Ortungs-Offizier des Schiffes. »Sie steigen aus einer breiten Höhle, am unteren Felsmassiv auf. «

Entschlossen blickte Captain Rockwall wieder auf den Bildschirm.

»Wie viele sind es? «, fragte er.

»Wir haben zehn Maschinen auf dem Schirm«, antwortete die Ortungsstelle. »Sie attackieren unsere Kampf-Jets. «

»Einsatzbefehl für unsere erste Abfangstaffel«, befahl der Captain. »Sie sollen die daranischen Jets zurückdrängen und den Höhlen-Hangar sprengen. «

»Ihr Befehl wurde weitergegeben«, meldete der Funk-Offizier.

Es vergingen nur Sekunden. Aus jedem Prinz-Schiff wurden 6 Tarin-Jets ausgeschleust. Die Jets formierten sich zu einer Kampf-Staffel. Sie stürzten sich auf die zehn feindlichen Flieger. Die daranischen Jets erkannten, dass sie mittlerweile in der Unterzahl waren und versuchten zu flüchten. Es begann eine Verfolgungs-Jagd.

In hohem Tempo flogen die Tarin-Jets hinter den Flüchtigen her. Trotz der rasanten Flugmanöver konnten die erfahren Piloten die daranischen Jets mit ihren

Waffensystemen anvisieren. Immer wieder fauchten ihre Laser-Kanonen auf, um die fremden Schiffe vom Himmel zu holen.

Die Hälfte der Tarin-Jets schnitt den Flüchtenden durch ein vorausberechnetes Manöver den Weg ab. Sie kamen von vorne auf die daranischen Jets zu. Die erfahrenen Piloten des Neuen-Imperiums nahmen die fliehenden Jets in die Zange. Von beiden Seiten fauchten die Laser-Geschütze auf. Das gefährlichen Abfang-Manöver war von Erfolg gekrönt.

Ein daranischer Gleiter wurde in einer Linkskurve getroffen. Sein Schutzschirm kollabierte, die nachfolgenden Laser-Lanzen zerfetzten seine Antriebe. Unter starker Rauchentwicklung trudelte er zu Boden. Sofort wurden die nächsten Jets ins Visier genommen. Zahlreiche Laser-Lanzen lösten sich aus den natradischen Schiffen und schlugen in die Schirme der Feinde ein. Gleich drei daranische Jets explodierten in der Luft. Die anderen Schiffe drehten Pirouetten, sie bemühten sich verzweifelt zu entkommen. Doch die schweren Geschütze der Tarin-Jets, ließen die feindlichen Schiffe nicht mehr aus dem Fadenkreuz der Zielerfassung. Immer wieder fauchten die Laser-Geschütze der Tarin-Jets auf und schossen ihre heißen Strahlen auf die daranischen Flieger. Immer mehr feindliche Jets wurden getroffen und trudelten qualmend zu Boden.

Der Verfolgungs-Kampf spielte sich bei hoher Geschwindigkeit ab. Die beiden Jet-Geschwader schenkten sich nichts. Die daranischen Laser-Strahlen richteten keinen Schaden an. Sie wurden von den ausgereiften Schutz-Schirmen der Tarin-Jets problemlos absorbiert.

Die Daraner schienen zu verzweifeln. Mit letzten Kraft versuchten sie jetzt alles, um zu entkommen. Zwischenzeitlich waren nur noch neun daranische Jets übriggeblieben. Die restlichen Feind-Jets konnten ausgeschaltet werden. Der vorderste Feind-Gleiter beschleunigte und flog eine enge Drehung von 90 Grad. Doch er hatte die zweite Gruppe der Tarin-Jets nicht erkannt, sie sich seinem Schiff von der Unterseite her näherten.

Der Flug seines Jets endete in einer großen Explosion. Das Schiff wurde von den Laser-Geschützen der Tarin-Jets mehrfach getroffen. Die restlichen Jets der Daraner, gerieten in ein Sperrfeuer der anderen Gruppe Tarin-Jets. Von allen Seiten zischten die starken Laser- Strahlen heran. Sie rissen die Schutz-Schirme auf und schlugen in den blanken Stahl der Schiffs-Außenwände. Die von allen

Seiten einschlagenden Laser-Strahlen, beendeten die Existenz der restlichen daranischen Kampf-Jets

Die blinkende Feind-Anzeige auf dem CIC von Captain Rockwalls Schiff teilte ihm mit, dass es sich nur noch um vier feindliche Angreifer handelte. Das Geschwader aus 18 Tarin-Jets flog hinter ihnen her und hämmerten ihnen ihre Laser-Strahlen in den Rücken. Doch auch die Daraner waren geschickte Piloten. Immer wieder gelang es ihnen, den tödlichen Strahlen geschickt zu entgehen.

Erneut teilte sich das Geschwader des Neuen-Imperiums in drei Gruppen auf. Seitlich und von unten, versuchten die Jets den daranischen Fliegern habhaft zu werden. Dann hatten sie die Flüchtenden eingeholt. Eine breite Wand von Laser-Salven schoss auf die feindlichen Jets zu. Die letzten vier hatten keine Möglichkeit mehr auszuweichen. Eine breite Feuerwand breitete sich aus und blendete die Tarin-Jets.

Captain Rockwall und sein 1. Offizier hielten den Atem an. Sie wussten bereits, was passierte. Auf dem großen Panorama-Schirm breite sich die gewaltige Explosion aus, welche die Vernichtung der letzten daranischen Jets anzeigte. Die feindlichen Schiffe verbrannten in Sekunden in einem grellen Feuer.

»Das war's«, sagte Captain Rockwall betroffen. »Wieder konnten wir ein Widerstands-Nest der Daraner ausheben. «

»Mir ist unverständlich, warum so viele daranische Besatzungs-Mitglieder in den Untergrund geflüchtet sind«, bemerkte Leutnant Brains. »Ihr Oberbefehlshaber hat kapituliert. Warum haben sie dem Befehl nicht Folge geleistet? «

»Wer weiß schon, was in den Köpfen von Insekten vor sich geht? «, antwortete der Captain.

***

General Da-Qisaarahh wurde erneut zu einem Verhör vorgeführt. Captain Hunter und Oberst Cameron beabsichtigten mehr Informationen, über die ursprünglichen Pläne des Generals zu erhalten.

Der General wurde von Marines in den Sitzungssaal der Cuuda 001 gebracht. Er befand sich in keinem guten Zustand. Seine Augen waren trübe und glasig.

»Werden sie von unseren Sicherheitskräften gut behandelt? «, fragte Captain Hunter. » Fehlt es ihnen an etwas? «

Oberst Cameron saß etwas im Hintergrund und beobachte das Verhör des Captain.

General Da-Qisaarahh antwortete nicht. Er wandte seinen Kopf und starrte gegen die Wand.

»Haben sie ihre Sprache verloren? «, erkundigte sich Captain Hunter. » Sie verstehen uns doch? «

Langsam drehte der daranische General seinen Kopf und blickte die Offiziere an.

»Was wollen sie? «, gurrte er. » Reicht es nicht aus, dass sie uns demütigen und in ein Verlies sperren. Ihr Imperium hat viele unserer Piloten und Soldaten auf dem Gewissen. Das werden wir nicht verzeihen. «

Captain Hunter und Oberst Cameron blickten den General starr an.

»Ich glaube sie verdrehen die Tatsachen«, antwortete Captain Hunter. »Korrigieren sie mich, wenn ich etwas Falsches sage. Sie sind mit ihrer Flotte in das Centauri-Gebiet eingedrungen und haben einen Planeten unseres Hoheitsbereiches besetzt. Erwarten sie wirklich, dass wir das hinnehmen? «

»Wir Daraner haben diese Welt besetzt«, erwiderte der General. »Sie steht uns rechtmäßig zu. Es ist eine Anmaßung von ihnen, dieses anzuzweifeln. Im Namen unserer verschollenen Königin und als Flotten-Befehlshaber unseres Regierungs-Planeten Da'Risaah, erkläre ich ihnen den Krieg. Wir werden ihre Überheblichkeit nicht hinnehmen, noch weniger die Vernichtung unserer Schiffe und unserer Piloten. Die Mächtigen hatten Recht. Alle humanoiden Wesen sind die Geißel des Universums. Sie müssen vernichtet werden. Wir werden nicht eher ruhen, bis wir ihr Imperium dem Erdboden gleichgemacht haben. «

»Da haben sie sich aber viel vorgenommen«, antwortete der Captain. »Wenn sie nichts Besseres aufbieten können, als ihre schwerfälligen Walzen-Raumschiffe, dann bereitet uns ihre Drohung keine Kopfschmerzen. «

Der General blickte den Captain hasserfüllt an.

Die beiden befehlsführenden Offiziere des Neuen-Imperiums unterhielten sich kurz. Der Befehlshaber des ISD stand auf und schritt auf General Da-Qisaarahh zu.

»Ihnen ist doch klar, dass wir sie unter diesem Aspekt nicht mehr freilassen werden«, bemerkte Oberst Cameron. »Sie werden als Kriegsgefangener in unser

Imperium überführt, um weitere Fragen zu beantworten. Falls sie nicht freiwillig hier zu bereit sind, werden wir ein Wahrheitsserum einsetzen. Das wird uns ihre bewusst zurückgehaltenen Informationen beschaffen. Wir wissen nicht, wie ihr Körper hierauf reagiert. Bislang haben wir keinen Kontakt zu ihrer Rasse gehabt. «

»Damit ängstigen sie mich nicht«, erwiderte der General. »Ich bin als Offizier der daranischen Flotte auf solche Maßnahmen geschult worden. Sie erfahren von mir nichts mehr. «

»Sie wollten es nicht anders«, antwortete Oberst Cameron.

Er winkte zwei Marines zu sich.
»Bringen sie den General in seine Unterkunft«, befahl er. »Er wird von uns nach Natrid gebracht. Dort werden wir versuchen weitere Informationen zu erhalten. Bewachen sie ihn gut. Ihm darf nichts zustoßen. Wir brauchen ihn später noch lebend. «

Die Marines bestätigten den Befehl.
Sie sahen bedrohlich aus. Die stämmigen Kerle hatten eine Spezialschulung erhalten. So leicht konnte ihnen kein Gefangener entwischen.

»Folgen sie uns«, sagte der Marines. »Wir begleiten sie in ihre Unterkunft. «

Er richtete sein Laser-Gewehr drohend auf den General. Dieser nickte und stand auf. Ohne ein weiteres Wort verließ er den Sitzungssaal des Schiffes.

In der Zwischenzeit waren drei Stunden vergangen. Oberst Cameron war wieder auf dem Boden des Centauri- Planeten gelandet und leitete den Einsatz seiner Patrouillen. Es wurden immer weniger Meldungen an sein Flagg-Schiff übermittelt.

»Vermutlich konnten alle geflüchteten Daraner gefunden werden«, dachte er.

Er lehnte sich in seinem Kommando-Sessel zurück und blickte auf die zahlreichen Monitore, welche die Aktivitäten der Fluggruppen anzeigten.

»Wir messen eine starke Verzerrung im Hyperraum«, meldete der Ortungs-Offizier. »Es sieht fast so aus, als ob wir Besuch bekommen würden. «

Der Oberst blickte seinen Offizier an.
»Haben wir bereits nähere Angaben? «, erwiderte er.

»Noch nicht«, erwiderte der Ortungs-Offizier. »Vielleicht besitzt Captain Hunter nähere Informationen. «

Er blickte seinen Funk-Offizier an.
»Stellen sie mir bitte eine Hyperkomm-Funkverbindung zu Captain Hunter her«, befahl der Oberst. »Ich möchte ihn um seine Analyse bitten. «

Captain Hunter zögerte nicht, für das System der Centauri Groß-Alarm auszulösen. Die Ortungstaster schlugen bis zur ihrer maximalen Grenze aus.

»Wir haben eine starke Strukturverzerrung im nahen Raum geortet«, meldete Leutnant Groß. »Es scheint eine große Flotte aus dem Hyperraum zu kommen. «

»Können sie schon bestimmen, um wen es sich handelt? «, fragte der Captain.

»Noch nicht«, antwortete der Leutnant. »Wir müssen abwarten, bis sie materialisieren. Es ist nur noch eine Frage von wenigen Minuten. «

Gespannt blickten die Offiziere der Cuuda 001 auf den großen Panorama-Bildschirm.

Dann materialisierte eine große Flotte in dem System.

»Was haben wir? «, fragte der Captain ungeduldig.

»Die exakten Ortungsdaten kommen soeben rein«, meldete Leutnant Groß.

Er blickte intensiv auf seinen Bildschirm.
»Walzenschiffe, « sagte er. »Die Schiffe besitzen eine Größe von 500 Metern. Das ist eindeutig eine daranische Unterstützungs-Flotte. Sie ist in unserem System materialisiert. Die Hypertronic-KI hat 1.000 Schiffe registriert. «

»Jetzt geht das ganze Spiel von vorne los«, bemerkte der Captain ärgerlich

Er drehte seinen Kopf und blickte den Funk-Offizier an.
»Öffnen sie mir bitte sofort eine Leitung zu Oberst Cameron«, befahl er.

»Die Verbindung stabilisiert sich«, meldete Leutnant Tannreich. »Sie dürfen sprechen, Captain. «

Captain Hunter griff nach dem Communicator.
»Ich rufe Oberst Cameron«, sprach er in das Gerät

Es dauerte nur wenige Sekunden, bis der Oberst des ISD sich meldete.

»Hier spricht Oberst Cameron«, antwortete er. »Was gibt es, Captain?

»Eine Verstärkungs-Flotte der Daraner ist im System materialisiert«, teilte der Captain mit. »Der Verband umfasst 1.000 Raumschiffe ihrer 500-Meter-Walzenklasse. «

»Wo kommt die Verstärkung so schnell her? «, fragte der Oberst. » Ihr Heimats-System ist weit entfernt. «

Der Captain blickte den Oberst an.
»Da gehen die Meinungen auseinander«, erwiderte er. »Vermutlich handelt es sich hierbei um eine weitere Suchflotte der Daraner, die nach Spuren ihrer verschollenen Königin sucht. Es scheinen viele Flotten in leeren Raum unterwegs zu sein. Diese beiden sind nur auf einen Verdacht hin, in die Milchstraße eingeflogen. «

Er blickte den Oberst fragend an.
»Ich empfehle ihnen, ihren Einsatz in der Atmosphäre abzubrechen«, teilte der Captain mit. »Wir brauchen ihre schnellen Flotten-Verbände hier im Orbit. «

»Glauben sie, die Daraner bereiten einen Angriff vor? «, fragte er Oberst.

»Darüber bin ich mir fast sicher«, erwiderte der Captain. »Es kann durchaus sein, dass es den Daraner noch gelungen ist, einen Notruf abzusetzen. Ich gehe davon aus, dass uns noch ein weiterer Angriff bevorsteht. Die Unterstützungs-Flotte von 1.000 Walzen-Schiffe ist sieben Minuten von unserem Standort aus materialisiert. Noch verhalten sie sich abwartend. Aber ich denke sie werden die Situation analysieren und schnell angreifen, zumal sie erkennen werden, dass sie in der Überzahl agieren. «

Der Oberst reagierte sofort.
»Ich befehle meinem kompletten Flottenverband seinen Auftrag abzubrechen«, antwortete er. »Alle Schiffe werden sich schnellsten formieren und die Umlaufbahn des Centauri Planeten anfliegen. Der Angriff der Daraner muss abgewehrt werden. Darüber sind wir uns einig. «

Der Captain bestätigte.
»Wir erwarten sie«, entgegnete er. »Machen sie schnell. Ich traue den Insekten nicht. «
Die Verbindung wurde beendet.

Der Oberst wandte sich seinem Funk-Offizier zu.

»Informieren sie bitte alle Schiffe«, sagte er. »Unsere derzeitige Mission wird abgebrochen. Ein neuer Angriff der Daraner steht bevor. Alle Schiffe formieren sich in der Umlaufbahn zu Gruppen von 15 Schiffen. Der ganze Planet wird abgeriegelt. «

Die Patrouillen-Verbände der Prinz-Schiffe bestätigten den Befehl. Sie brachen ihren Auftrag ab.

Mit hoher Geschwindigkeit drehten sie ab. Die Schiffe schossen der oberen Atmosphäre des Centauri-Planeten entgegen.

Bereits starke Verbände der Schiffe des Neuen-Imperiums, hatten sich im Bereich der Einflugs-Schneise, der zu erwartenden daranischen Flotte positioniert. Geduldig warteten sie ab. Ihre Schutz-Schirme waren aktiviert. Die Waffentürme auf allen beiden Schiffsseiten ausgefahren.

»Stellen sie eine Hyperkomm-Funkverbindung zu der Planeten-KI her«, befahl Captain Hunter.

»Die Verbindung steht«, antwortete Leutnant Tannreich. »Die Hypertronic-KI sollte sie empfangen. «

»Hier spricht Captain Hunter, befehlshabender Captain des Neuen-Imperiums. Ich rufe die natradische Hypertronic-KI des Centauri-Planeten. «

Es knisterte kurz in der Leitung. Dann antwortete die KI.

»Wir hören sie«, sagte sie. »Wir haben den Einflug einer neuen daranischen Flotte bereits registriert. «

»Aktiveren alle bodengebundenen Abwehr-Geschütze«, befahl der Captain. » Fangen sie alle Raketen und Bomben ab, die unserem Abwehrfeuer entgehen. Das ist ein Befehl des Neuen-Imperiums. «

»Ich akzeptiere«, erwiderte die KI. »Ich gebe jedoch zu verstehen, dass ich noch nicht offiziell dem Neuen-Imperium angeschlossen bin. Das ist erst durch eine übergeordnete Person mit Rangeinstufung 1 möglich. «

»Das wird selbstverständlich nachgeholt«, antwortete der Captain diplomatisch. »Es geht hier um deine Selbsterhaltung und den Schutz der dir unterstellten Scruffs. «

»Die hoheitliche Aufgabe wird akzeptiert«, erwiderte die Hypertronic-KI. »Alle erforderlichen Maßnahmen werden eingeleitet. «

»Danke«, antwortete der Captain. »Informiere die Regierung der Centauri, dass sie die Bevölkerung auffordert, ihre Schutzräume aufzusuchen. «

»Der Kontakt wird aufgenommen«, antwortete die KI monoton.

Captain Hunter blickte auf den zentralen Monitor. Die Flotte des Neuen-Imperiums bereitete sich vor, eine weitere Raumschlacht zu schlagen. Die bisherige Schlacht war glimpflich ausgegangen. Doch der Captain wusste, dass es irgendwann auch Verluste auf der Seite des Neuen-Imperiums geben würde.

»Wir haben eine dringende Anfrage von Dynback, dem Verteidigungs-Minister der Scruffs erhalten«, teilte Funk-Offizier Tannreich mit. »Sie haben eine neue Flotte im System geortet. Sie beschweren sich, dass sie von uns noch nicht informiert wurden. Darf ich ihnen mitteilen, um was für eine Gefahr es sich handelt? «

Captain Hunter blickte zu seinem Funk-Offizier herüber. »Teilen sie ihnen mit, dass die Daraner Verstärkung erhalten haben«, antwortete er. »Erklären sie ihnen, dass 1.000 Schiffe der Wespen-Wesen ins System eingeflogen sind. Sagen sie ihnen, dass wir versuchen werden, die Schiffe von ihrem Planeten fernzuhalten. Bitten sie die Scruffs, ihre Bevölkerung zu informieren.

Schlagen sie ihnen vor, sichere Schutzräume aufzusuchen. Wir können nicht ausschließen, dass eine Bombe oder eine Rakete auf ihrem Planeten aufschlägt. Die Daraner sind mengenmäßig in der Überzahl. «

Captain Hunter winkte seinen ersten Offizier heran. »Leutnant Graves«, sagte er. »Wir müssen eine starke Abwehr organisieren. Der ganze Planet muss rundum gesichert werden. «

Leutnant Graves schaute ihn an.
»Ich schlage vor, Gruppen zu 1je 5 Schiffen in Sichtweite um den Planeten herum operieren zu lassen«, antwortete der 1. Offizier. »So kann zu einer Gruppe schnell Verstärkung hinzustoßen, falls daranische Schiffe durchbrechen sollten. Wir werden die daranischen Walzen daran hindern, den Planeten zu zerstören. «

»Das ist eine gute Idee«, bemerkte der Captain. »Ein Teil der Schiffe hat sich bereits in Gruppen formiert. Geben sie ihre Befehle an unsere Flotte weiter. Danke für den guten Vorschlag. «

Der 1. Offizier nickte und lief zu der Funkkonsole, um seinen Befehl dem Schiffs-Verband durchzugeben.

Der Captain blickte Leutnant Tannreich an.

»Stellen sie mir bitte eine Verbindung zu Oberst Cameron her«, sagte er. »Ich muss unsere Befehle koordinieren. «

Leutnant Tannreich nickte.

»Der interne Flottenfunk ist aktiv«, antwortete er. »Sie können den Oberst rufen. «

»Hier ist Captain Hunter«, sprach er in seinen Communicator. » Ich rufe Oberst Cameron. Bitte antworten sie. «

Der Oberst war sofort in der Leitung.
»Ich höre, Captain«, antwortete er. »Ich bin auf dem Weg zu ihnen. «

»Die Daraner sind mit 1.000 Schiffen aufgetaucht«, teilte der Captain mit. »Vermutlich handelt es sich um eine weitere Suchflotte der Daraner, die einen Notruf von General Da-Qisaarahh aufgefangen haben. «

»Wir haben die Flotte ebenfalls auf unseren Schirmen«, erwiderte der Oberst. »Haben sie bereits einen Plan? «

»Es gibt keinen großen Plan«, entgegnete der Captain. »Vermutlich werden die Daraner sich nicht zum Umkehren bewegen lassen. Ich habe unsere Flotte in

Gruppen zu 15 Schiffen aufteilen lassen. Sie operieren in Sichtweite zueinander. Der ganze Scruff-Planet wird abgeriegelt. Wichtig ist, dass wir anfliegende Raketen und Bomben abwehren. «

»Ich stimme zu«, antwortete der Oberst. »Die Abwehr einfliegender Geschosse und die Ausdünnung der daranischen Flotte hat Vorrang. Trotzdem werde ich einen Hyperkomm-Funkspruch an die Daraner absetzen. Sie sollen wissen, in welchem Hoheitsgebiet sie sich befinden. «

»Viel Erfolg«, konterte der Captain. »Das Ergebnis wird nichts bringen, da bin ich mir sicher. «
Die Verbindung wurde beendet.

»Stellen sie eine Verbindung auf der Frequenz der Daraner ein«, befahl der Oberst.

»Die Hyperkomm-Funkverbindung baut sich auf«, teilte Sergeant Niemann, der Funk-Offizier des Flagg-Schiffes mit.

Oberst Cameron griff nach dem Communicator.
»Hier spricht Oberst Cameron, Kommandant der Flotte des Neuen-Imperiums von Natrid und Tarid. Ich rufe den

Befehlshaber der daranischen Flotte. Bitte melden sie sich. «

Es knackte in der Leitung. Die Hypertronic-KI des Schiffes übersetzte direkt.

»Hier ist General Da'Rusaarahs«, meldete sich ein Daraner. »Ich bin der Befehlshaber der königlichen Suchflotte. Was wollen sie? «

»Sie befinden sich widerrechtlich in unserem Hoheitsgebiet«, teilte der Oberst mit. »Stoppen sie ihren Anflug und ziehen sie sich zurück. Ein weiteres Vordringen wird ihnen nicht gestattet. Wir haben eine Sicherheitszone eingerichtet. Vermeiden sie Kampfhandlungen. «

»Wir sind auf der Suche nach unserer vermissten Königin«, antwortete der General. »Während dieser Suche haben wir einen Notruf von einer unserer Suchflotten erhalten. Sie wurde von General Da-Qisaarahh befeligt. Wissen sie etwas über deren Verbleib?«

»Wir wissen nichts von ihrer Königin«, erwiderte der Oberst. »Die gleiche Frage wurde uns bereits von General Da-Qisaarahh gestellt. Leider glaubte er uns nicht. Er hat versucht, den Planeten einer unserer Mitglieder zu besetzen. In dem sich hieraus entwickelten Kampf, wurde seine Suchflotte vernichtend geschlagen. Wir sind bereit, den General und die Besatzungen seiner Schiffe, an sie zu übergeben. «

Eine kurze Pause war in der Leitung zu vernehmen.
»Sie konnten die Flotte des Generals vernichten? «, antwortete General Da'Rusaarahs erstaunt. »Dafür verdienen sie meinen Respekt. Vermutlich aber nur, weil der General in der Unterzahl war. Wie sie erkennen, sind wir in der Anzahl unserer Schiffe überlegen. Die Vernichtung einer unserer Suchflotten kann nicht ungesühnt bleiben. «

»Überlegen sie es sich gut«, antwortete Oberst Cameron. »Wir können sofort Verstärkung anfordern. Sie werden dann das gleiche Schicksal erleiden, wie ihr nicht belehrbarer General Da-Qisaarahh. «

»Wir lassen uns von humanoiden Rassen nicht einschüchtern«, antwortete General Da'Rusaarahs aufgebracht. »Sie sind die Pest des Universums. Die Mächtigen haben Recht. Sie müssen vernichtet werden. «
Die Verbindung brach ab.

Oberst Cameron schüttelte seinen Kopf.

»Mit diesen insektoiden Lebensformen kann man nicht verhandeln«, teilte er seiner Crew mit. »Sie sind besessen, humanoide Rassen zu vernichten. Es wird Zeit, dass wir herausbekommen, wer dieser Species die Flausen in den Kopf gesetzt hat. «

Er blickte Sergeant Stutzmann an.

»Auf Kampfhandlungen vorbereiten«, befahl er. »Sämtliche Schiffe aktivieren den Super-Schutzschirm, alle Waffentürme werden ausfahren. Kein Schiff durchdringt unseren Abwehrriegel. Informieren sie Captain Hunter, von dem Scheitern unserer Gespräche. «

»Ich sende ihm einen Mitschnitt ihres Gespräches«, antwortete der Funk-Offizier.

Der Oberst nickte.

»Dann versenden sie bitte noch einen Notruf an die Zentrale von Natrid«, sagte Oberst Cameron. »Sie sollen uns möglichst 500 Schiffe zur Unterstützung senden. Teilen sie ihnen mit, dass die Daraner zahlenmäßig in der Überzahl sind. «

***

Die Regierung der Centauri hatte sich zu einer Krisensitzung versammelt.

Haynback, der Sprecher der Regierung der Scruffs war ungehalten und verärgert.

»Es ist untragbar, dass wir jetzt jeden Tag neue Angriffe erdulden müssen«, bemerkte er. »Die Anfragen aus unserer Bevölkerung nehmen massiv zu. Sie haben den Alarmstart der Schiffe des Neuen-Imperiums verfolgt und fragen bei uns an, was wieder los ist. «

»Dafür haben wir jetzt wenig Zeit«, antwortete Verteidigungs-Minister Dynback. »Wir befinden uns in einer weiteren Krisensituation. Unsere Raum-Überwachung hat eine neue Flotte der Daraner ausgemacht. Diesmal sind es exakt 1.000 Schiffe, die in unser System eingedrungen sind. Die Leitstelle hat einen Hyperkomm-Funkspruch von Captain Hunter erhalten, in denen uns nahegelegt wird, unsere Bevölkerung in sichere Schutzunterkünfte zu führen. Die Flotte des Neuen-Imperiums kann nicht sicherstellen, dass alle Raketen oder Bomben abgefangen werden können und eine bis zu unserem Planeten durchschlägt. «

»Ich sehe das genauso«, antwortete, Öffentlichkeit-Minister Leynback. »Wir als Regierung müssen uns um die Bürger auf der Straße kümmern, solange wir dazu

Gelegenheit haben. Die Flotte des Neuen-Imperiums kämpft tapfer für uns, was nicht selbstverständlich ist. Sie sind nicht für die Aggressionen der Daraner verantwortlich. Vielmehr setzen sie ihr Material und Personal ein, um uns zu beschützen. Wie sollen wir das jemals wieder gut machen? «

Der Sprecher der Regierung verzog sein Gesicht.
»Mit jedem weiteren Angriff werden wir einer ernsthaften Gefahr ausgesetzt«, antwortete er. »Trotz der Schutz- Flotte des Neuen-Imperiums, ist das Leben unserer Bevölkerung weiterhin gefährdet. «

»Ich verstehe ihren Einwand nicht«, bemerkte Simback. »Die natradischen Nachfolger versuchen ihr Bestes. Eigentlich wäre das unsere Aufgabe, für die Sicherheit unserer Bevölkerung zu sorgen. Es scheint so, dass sie diese Aufgabe gerne immer an andere Rassen weitergeben möchten. Sobald es nicht so läuft, wie sie es wünschen, dann werden sie unausstehlich. «

Er blickte den Sprecher des Regierungs-Rates an und bemerkte, wie dieser etwas erwidern wollte.

Schnell fuhr er fort.
»Möchten sie lieber eine Versklavung durch die Daraner befürworten? «, fragte er.

Die Gesichtszüge von Haynback entgleisten.

»Das ist eine unverschämte Behauptung«, ereiferte er sich. «

Der Minister für die Öffentlichkeitsarbeit unterbrach ihn.

»Wir dürfen jetzt nicht die Nerven verlieren«, sagte er. »Schon viele Krisen wurden von uns gemeistert. Uns fehlen die technischen Möglichkeiten, um Frühwarn-Systeme und Abwehr-Flotten einrichten zu können. Wir haben uns in der Vergangenheit zu sehr auf das natradische Kaiser-Imperium verlassen. Das sollte sich zukünftig ändern. Das Neue-Imperium wird uns sicherlich seine Technik verkaufen, oder selbst einen Schutz für unseren Planeten realisieren? «

Alle Gemüter beruhigten sich wieder ein wenig.

»Die Abwehr-Geschütze unserer Planeten-Hypertronic-KI wurden aktiviert«, teilte Simback mit. »Sie unterstützt die Flotte des Neuen-Imperiums. Jetzt heißt es für uns, Geduld zu haben und abzuwarten.

Einige Regierungs-Gehilfen hatten zahlreiche Monitore in den Sitzungssaal fahren lassen. Noch verkabelten sie die technischen Anlagen untereinander.

»Gleich wird die Anlage hochgeschaltet«, teilte Verteidigungs-Minister Dynback mit. »Ich dachte, dass wir von hier aus die weiteren Ereignisse verfolgen möchten. Die Daten kommen direkt aus der Leitstelle unserer Raumüberwachung. «

»Ich werde mein Personal zusammenrufen«, überlegte Simback. »Dann werden wir mit unserem Taluk-Schiff starten und die Flotte der natradischen Nachfolger unterstützen. Sie sollen sehen, dass wir nicht hier auf unserem Planeten sitzen und darauf warten, wie die Raumschlacht ausgeht. «

»Das kann ich nicht genehmigen«, antwortete Haynback. »Das Schiff ist veraltet. Vermutlich wird es ein Selbstmord-Kommando werden? «

»Es geht nicht anders«, erwiderte Simback. »Meine Ehre veranlasst mich zu diesem Schritt. «

Dynback, der Verteidigungs-Minister, nickte zustimmend. »Simback hat Recht«, antwortete er. »Wir sollten alle in unserer Macht stehenden Möglichkeiten ausnutzen. «

Haynback gab sich geschlagen.

»Versuchen sie ihr Glück«, entgegnete er. »Ihr Mut und ihr Einsatz, ist vorbildlich für unser Volk. Bringen sie ihre Besatzung und ihr Schiff unversehrt zurück. «

Simback salutierte, drehte sich um und lief zum Ausgang des Regierungssaales. Noch im Laufen zog er seinen Communicator aus der Tasche und informierte seine Besatzung.

»Die Anlage einschalten«, befahl Dynback.
Die zahlreichen Bildschirme sprangen an und vermittelten den Regierungs-Vertretern eine Sicht auf das Szenarium im Orbit ihres Planeten. Der Haupt-Verband der schnellen Kampf-Verbände des Neuen-Imperiums, stand im Sektor vor dem Planeten der Centauri-Scruffs. Zahlreiche kleinere Schiffs-Gruppen hatten sich um den Planeten verteilt, um ausscherende daranische Schiffe abzufangen. Diese Strategie sollte der Flotte einen Spielraum verschaffen, bis Verstärkung eintreffen würde.

»Ich hoffe sehr, dass sich diese Daraner gesprächsbereit zeigen«, sagte Haynback. »Ich möchte auf keinen Fall sehen, dass sich die beiden Flotten gegenseitig auslöschen. «

»Das hoffen wir alle«, erwiderte Leynback. « Das Schlimmste darf nicht eintreffen. Unser Volk hat sich nichts vorzuwerfen. Seit vielen Jahrtausenden leben wir auf diesem Planeten und haben ihn nicht verlassen. Wir sind in diese Situation nicht aus eigener Verantwortung geraten. Wir gehören immer noch zu dem ehemaligen kaiserlichen Imperium und haben letztendlich nur um Hilfe und Unterstützung gebeten. «

»Die Nachfolger der Natrader haben uns mitgeteilt, dass sie auch weiterhin die Grenzen des kaiserlichen Imperiums als ihr Hoheitsgebiet ansehen«, erinnerte Dynback. »Wir dürfen nicht vergessen, dass sie für uns kämpfen. Wenn wir diese Krise überwunden haben, sollten wir versuchen langsam auf eigenen Beinen zu stehen. Wir brauchen eine vernünftige Abwehr für unseren Planeten. «

»Eingehender Hyperkomm-Funkspruch von unseren Außenteams«, meldete der Verteidigungs-Minister. »Der größte Teil unserer Bevölkerung hat die Schutzräume aufgesucht. «

»Meine Abteilung rechnet mit einem immensen volkswirtschaftlichen Schaden«, teilte Leynback mit. »Falls die Daraner es schaffen, uns aus dem Weltraum zu beschießen, dann kann es möglich sein, dass wir wichtige Fabrikanlagen verlieren. Die Versorgung unserer Bevölkerung wäre dann massiv gefährdet. «

»Das ist jetzt unser geringstes Problem«, antwortete Dynback. »Wichtig ist es, dass unsere Bevölkerung nicht sinnlos Ziele abgibt. Vertrauen wir einfach den natradischen Nachkommen. Sie haben sich auch in früheren Zeiten als verlässliche Partner ausgezeichnet. «
Der Verteidigungs-Minister zeigte auf den Raumflughafen der Regierungsstadt. Sie sahen, wie das 100-Meter messende Taluk-Raumschiff, unter dem Befehl von Simback startete und in der Wolkenschicht verschwand.

Schnell hatte das alte natradische Schiff den Orbit des Planeten erreicht.

»Öffnen sie mir einen Kanal, zu dem Flagg-Schiff von Captain Hunter«, befahl Simback.

»Sie können sprechen«, antwortete Burgback. »Die Verbindung steht. «

»Hier ist das Taluk-Schiff mit der Scruff-Besatzung«, meldete er. « Ich rufe Captain Hunter. «

Die Verbindung öffnete sich.

»Hier ist Captain Hunter«, tönte es aus der Leitung. »Was kann ich für sie tun? «

»Wir möchten etwas für sie tun und Unterstützen ihre Flotte«, teilte Simback mit. » Das einzige Schiff der Scruffs meldet sich zum Dienst. «

»Das ist lieb gemeint«, erwiderte der Captain. »Aber ihr Schiff ist veraltet und verfügt nicht über unsere leistungsfähigen Abwehr-Schirme. «

»Trotzdem können wir nicht zusehen, wie sie ihre Schiffe und ihre Besatzungen für uns opfern«, antwortete Simback. »Wir möchten auch einen Beitrag leisten. «

Captain Hunter dachte kurz nach. »Also gut«, bestätigte er. »Ich verstehe ihre gut gemeinte Absicht. Reihen sie sich in unsere Formation ein. Wir warten auf den Angriff der Daraner. Aktivieren sie ihren Schutzschirm und fahren sie ihre Waffentürme aus. Feuern sie auf anfliegende daranische Schiffe, mit allem, was sie haben. «

»Befehl verstanden«, antwortete Simback. »Wir geben unser Bestes. «

Über 100 Prinz-Schiffe waren dem Befehl von Oberst Cameron gefolgt und hatten in der errechneten Einflugs-Schneise der Daraner mehrere Minenteppiche ausgelegt. Diese erste Blockade sollte als Überraschung für die vorrückende Feind-Flotte gedacht sein. Der zwischenzeitlich von General Poison eingegangene Hyperkomm-Funkspruch, unterrichte den Oberst über die Zusage von Major Travis, sich auf dem Rückflug in das System der Centauri zu begeben.

»Die Flotte sollte nur nicht zu lange auf sich warten lassen«, dachte der Oberst. »Die Entscheidung hier vor Ort wird bald fallen. «

Er blickte auf seine Monitore.
»Status? «, fragte der seinen Ortungs-Offizier.

»Die daranische Flotte befindet sich noch im Ruhemodus«, antwortete Sergeant Mitchell. »Es sind keine neuen Erkenntnisse vorhanden«.

»Vielleicht überlegen sie sich ihren Angriff nochmals? «, bemerkte Leutnant Olsen. » Es steht auch für die Daraner viel auf dem Spiel. «

Ein seltsames Lächeln umspielte die Mundwinkel des Oberst.

»So wie ich die Daraner kennengelernt habe, werden sie nicht vor einem Angriff zurückschrecken«, teilte er mit. »Sie hassen uns Humanoide. Das wurde aus dem Gespräch mit General Da'Rusaarahs ersichtlich. Irgendeine höhere Macht gibt ihnen Befehle oder Ratschläge.«

Der daranische General blickte auf seine Ortungs-Anzeigen. Er hatte sich mit seinen Führungsoffizieren beratschlagt. Sie hatten einstimmig beschlossen, nicht vor der fremden Flotte zurückzuweichen.

»Ist es bei den 600 Schiffen geblieben?«, fragte General Da'Rusaarahs.

Ortungs-Offizier Da'Jouraajihh bestätigte die Frage.

»Ein zusätzliches Schiff ist vom Planeten aufgestiegen«, antwortete er. »Unsere Hypertronic zählt exakt 601 Schiffe unterschiedlicher Bauart. Sie haben ihre Schutz-Schirme aktiviert und ihre Waffentürme ausgefahren.

»Ein zusätzliches Schiff bringt uns nicht in Bedrängnis«, erklärte der General. »Geben sie den Befehl zum Angriff. Die erste Linie wird von 200 Schiffen geflogen. Die Gruppe 2 und die Gruppe 3 folgt ebenfalls wieder mit

200 Schiffen in einem kurzem Abstand. Die restlichen 2 Gruppen-Verbände werden jeweils versuchen von der Seite her anzugreifen. Wenn sie in Schuss-Reichweite gekommen sind, werden sie den Planeten mit Raketen angreifen. Sämtliche Industrieanlagen und Werften müssen ausgeschaltet werden. Geben sie die Befehle an unsere Schiffe durch. «

Der General sah, wie die erste Gruppe beschleunigte und auf die Feind-Schiffe zuflog. Noch waren sie 30.000 Kilometer von ihnen entfernt. Die 2. und die 3. Formation beschleunigten und folgten der 1. Gruppe.

Die Minenfelder blieben der daranischen Fernortung verborgen. Wie ein breiter Teppich, lagen die Minen auf dem Kurs und sandten keine auffälligen Messdaten ab.

Der daranische General lächelte, als er sah, wie sich seine Flotten dem Feind näherten.

»Sie werden jetzt schon gewaltig Respekt vor uns haben«, flüsterte er seinem 1. Offizier zu.

Dieser antwortete nicht auf die Frage und blickte starr auf den Monitor.

Augenblicke später verzog sich das Gesicht des Generals zu einer Fratze.

Heftige Explosionen wurden unter den Schiffen der anfliegenden Flotte geortet. Ein Feuerwerk zeichnete sich auf dem Bildschirm des Flagg-Schiffes ab. Zahlreiche Hilferufe wurden von dem Flaggschiff aufgefangen. Die Minenfelder stoppten den ersten Anflug der daranischen Schiffe. Ein heilloses Durcheinander war auf den Monitoren zu erkennen. Zahlreiche Schiffe wurden am Bug aufgerissen. Sie trudelten und konnten ihren Kurs nicht mehr halten. Nachfolgende Schiffe kollidierten und prallten seitlich auf die Schiffe, auch sie rissen tiefe Löcher in die Walzen-Raumer. Andere Raumer explodierten vollständig.

»Was ist da los?«, fragte der General.

»Unsere Schiffe sind in Minenfelder geraten«, erklärte der 1. Offizier. »Wir haben 96 Schiffe verloren, weitere 48 Einheiten sind steuerlos und nicht mehr zu gebrauchen. Die Bestzungen bitten um Hilfe. «

»Was für eine Schweinerei«, tobte der General. »Konnten wir die Minenfelder nicht orten? «

»Nein«, antwortete der Ortungs-Offizier. »Unsere Anzeigen haben auf nichts hingewiesen. «

»Befehlen sie die Geschwindigkeit zu reduzieren und auf Sichtflug umzuschalten«, befahl der General. »Die Minen müssen beseitigt werden. «

»Annäherungs-Alarm«, meldete der Ortungs-Offizier. »Exakt 300 feindliche Schiffe nähern sich der 1. Gruppe unserer Schiffe. »Sie beginnen mit dem Beschuss. «

Der General erkannte, wie sich die kleineren Schiffe mit der Backbordseite auf die Schiffe seiner Flotte zudrehten. Dann fauchte ein Laser-Gewitter auf die Schiffe zu. Die Strahlen schlugen in die Schutzschirme der Walzenraumer ein. Einzelne daranische Schirme glühten bereits rot auf und waren kurz vor dem Kollabieren.

»Die Schirme der ersten Gruppe stehen kurz vor dem Kollabieren«, meldete der Ortungs-Offizier des daranischen Flagg-Schiffes. »Unsere Einheiten brauchen Unterstützung. «

Der General erkannte, wie mit einem Schlag eintreffende Laser-Salven, sieben weitere Schiffe seines Verbandes explodieren und in gigantischen Glutflammen verpuffen ließen.

»Die 2. und 3. Formation soll aufschließen und den Feind unter Feuer nehmen«, befahl der General. » Der Feind muss vernichtet werden. «

»Das scheint nicht so einfach zu sein«, antwortete der 1. Offizier. »Beachten sie ihre Schutzschirme. Unsere einschlagenden Laser-Strahlen werden problemlos absorbiert. Sie haben bisher keine Verluste erlitten, noch nicht einmal einen Kratzer an ihren Außenhüllen bekommen. «

»Alle Gruppen-Formationen zusammenlegen«, ordnete der General an. »Wir brechen gemeinsam durch. «

Wieder vergingen 14 daranische Schiffe in einer Feuersbrunst. Die konzentrierten Energie-Strahlen aus den natradischen Schiffen, hatten die Schutz-Schirme der Feind-Schiffe ausgeschaltet. Die nachfolgenden Strahlen beendeten die Existenz der Schiffe.

»Sie ziehen ihre Flottenverbände zusammen«, meldete Oberst Cameron. »Vermutlich wollen sie in der Mitte durchstoßen. «

Er gab den Befehl an seine Schiffe durch. Sie sollten näher an die Haupt-Verteidigung der Cuuda-Schiffe heranrücken.

In breiter Linie hatten sich die Prinz-Schiffe aufgestellt. Der Abschuss der Hyper-Space-Kanonen, ließen die Böden der 400-Meter messenden Schiffe stark vibrieren. Die Geschosse beschleunigten und verschwanden im Hyperraum.

»Auf Raketen-Angriff vorbereiten«, meldete der Ortungs- Offizier des daranischen Flagg-Schiffes aufgeregt. Zahlreiche Geschosse sind in den Hyperraum entmaterialisiert. Wir können ihren Flug nicht erfassen. Gespannt blickten die Daraner auf ihren zentralen Bildschirm. Eine starke Verunsicherung erreichte sie.

»Was sind das für Geschosse? «, frage der General. Der 1. Offizier schüttelte seinen Kopf.

»Annäherung von zahlriechen Raketen in 1.000 Metern Entfernung«, kreischte der Ortungs-Offizier.

Die Geschosse waren wieder materialisiert und beschleunigten. Ohne noch eine Gegenwehr einleiten zu können, schlugen die Gefechtsköpfe in die zahlreichen Schutz-Schirme der vorgelagerten Flotte ein.

Mit Entsetzen erkannte der General, wie gleichzeitig 123 Schutz-Schirme der 2. und 3. Formation ausfielen. Die nachfolgenden Laser-Lanzen beendeten den Anflug der Schiffe. Im Sekundentakt explodierten die Schiffe und verwandelten sich in grelle Kunstsonnen. Nachfolgende Schiffe konnten nicht mehr ausweichen und flogen in die heiße Atom-Glut hinein. Auch ihnen war nicht mehr zu helfen. Der General blickte auf seinen Bildschirm. Zahlreiche Atomfeuer wurden angezeigt.

»Wie viele Verluste? «, fragte der seinen 1. Offizier.

Dieser schaute ihn verächtlich an.

»Wir haben 173 Schiffe verloren«, erwiderte er. »Die Fremden sind uns massiv überlegen. Ich empfehle den Angriff sofort abzubrechen. Hier können wir nichts gewinnen. Wir sollten verhandeln. «

»Wer mit dem Feind verhandelt, wird als Verräter vor Gericht gestellt«, antwortete der General erbost.

Er blickte wieder auf den Bildschirm.
»Rückzug auf unsere letzte Position«, befahl der General. »Wir brauchen eine neue Strategie. «

Der Funk-Offizier gab den Befehl durch.

Die daranischen Schiffe drehten ab und flogen zurück an ihre ursprüngliche Position.

»Die haben erst einmal genug«, lächelte Captain Hunter. »Das hat ihnen zu denken gegeben. «

»Wir messen eine große Verzerrung des Raum-Zeit-Gefüges«, meldete Leutnant Groß. »Eine starke Flotte wird gleich materialisieren. «

»Hoffen wir einmal, dass es nicht schon wieder Daraner sind«, antwortete der Captain.

Gespannt blickten die Offiziere auf den Bildschirm. Ganze 10 Wurmloch-Portale öffneten sich. Aus ihnen strömten im Sekundentakt Raumschiffe. Sie bauten sich als Barriere zwischen den beiden Flottenverbänden auf. Im Heimat-System der Centauri-Scruffs herrschte Hochbetrieb.

Die lantranischen Schiffe flogen in den Rücken der daranischen Schiffe. Sie formierten sich zu einer breiten Barriere.

»Wie viele Schiffe sind es? «, fragte Captain Hunter grinsend.

»Die Zählung wurde gerade beendet«, antwortete Leutnant Groß lachend. »Das wird die Daraner nicht begeistern. Wir zählen 19.401 Schiffe des Neuen-Imperiums im System. «

Sein Blick verfinsterte sich.
»Was sehen sie noch? «, fragte Captain Hunter.

»Es befinden sich 13.900 Worgass Groß-Kampf-Schiffe hierunter«, teilte der Ortungs-Offizier mit.

Der Captain lehnte sich in seinem Stuhl zurück.

»Dafür muss es eine Erklärung geben«, antwortete er. »Warten wir es ab. «

***

Zehn große Wurmlöcher öffneten sich. Im Sekundentakt spuckten sie Schiffe aus. Die große Gemeinschafts-Flotte beschleunigte und setzte sich zwischen den beiden feuernden Schiffsverbänden.

Die 5.000 Schiffe des Neuen-Imperiums, registrierten die brisante Situation in Sekundenschnelle. Die Hypertronicen der Schiffe schlossen sich kurz und konnten die Situation analysieren. Sie kommunizierten auf Hyperlicht-Geschwindigkeit untereinander. Das alles geschah in Sekundenschnelle, bevor die Crews der Schiffe einen Befehl geben konnten, hatten die KI's reagiert.

»Daranische Flotten-Verbände im Anflug«, meldete die Hypertronic-KI der Termar 1.

»Abwehrfeuer auf die vorderste Linie der daranischen Schiffe«, befahl Major Travis. »Sie sollen sehen, dass sie hier nicht weiterkommen«.

General Da'Rusaarahs stutzte. Tiefe Falten erschienen auf seiner Stirn. Er erkannte, dass er die fremden Schiffe unterschätzt hatte. Obwohl sie kleiner waren als die eigenen Schiffe, waren sie mit einer immensen Kraft ausgestattet.

Der General blickte irritiert auf seinen Bildschirm.
»Wir registrieren eine starke Verzerrung im Raum-Zeit-Gefüge des Systems«, meldete der Ortungs-Offizier. »Eine riesige Flotte ist im Anflug. «

Der General drehte seinen Kopf und blickte ihn an.
»Ist es die Flotte unserer Königin? «, fragte er.

»Das lässt sich leider nicht sagen«, erwiderte der Ortungs-Offizier. »Die Ortungsgeräte schlagen bis zum Anschlag aus. Alle Messdaten weisen auf eine große, gewaltige Flotte hin. Sie wird in den nächsten Sekunden materialisieren. «

Der General wurde sichtbar unsicher. Gespannt blickte er auf den zentralen Bildschirm. Noch war nichts zu erkennen. Doch dann öffneten sich 10 Wurmlöcher. Fasziniert blickte der General auf das Display. Ein solches Szenarium kannten die Daraner nicht. Die hellblauen, runden Öffnungen spuckten im Sekundentakt Raumschiffe aus. Eine gigantische Flotte materialisierte in dem System der Centauri. Die Brückencrew des daranischen Flagg-Schiffes konnte ihre Augen nicht von dem Bildschirm nehmen.

»Es sind zierrakische Worgass-Schiffe hierunter, « teilte der Ortungs-Offizier. »Sie lassen sich zurückfallen und positionieren sich außerhalb des Schlachtfeldes.

»Das ist gut«, antwortete der General. »Mit den Zierrakies brauchen wir keine Krise. «

»Wir registrieren 5.000 Schiffe einer übergroßen 2.000-Meter-Klasse«, teilte der Ortungs-Offizier mit. »Sie nehmen eine Position zwischen unseren Verbänden und den fremden Schiffen ein. Sollen wir den Angriff abbrechen? Die Bauformen der Schiffe ähneln sehr stark den Schiffen des Neuen-Imperiums. Sie scheinen Verstärkung erhalten zu haben. «

Der General war sprachlos.
»Ich registriere 500 kleinere Schiffe einer 250 Meter-Kasse, die in unseren Rücken gesprungen ist«, teilte der Ortungs-Offizier mit. »Sie werden uns von hinten angreifen. «

Der General war sichtlich beeindruckt von den Schiffs-Zahlen, die sein Ortungs-Offizier ihm gemeldet hatte. Sein ganzer Ehrgeiz war aufgebraucht.

»Eine so große Flotte können wir nicht vernichten«, dachte er entsetzt. »Ist jetzt das Ende unserer glorreichen Mission gekommen? «

Er blickte auf seinen Bildschirm. Noch hatte er den Befehl zur Einstellung der Kampfhandlungen nicht an seine Flotte befohlen. Er sah, wie seine vordersten Linien auf die neuen Angreifer feuerten. Diese hatten sich in breiten Abwehr-Linien formiert. Ihre unzähligen Geschütztürme antworteten im Salventakt auf das daranische Laser-Feuer.

Seine pessimistische Vorahnung wurde bestätigt. Er sah, wie daranische Schiffe von massiven Laser-Salven schlagartig in glühende Kunstsonnen verwandelt wurden. Er erkannte, wie auch die Rückseite seiner Flotte durch einen starken Beschuss attackiert wurde. Die kleinen 250-Meter messenden Schiffe hatten mit dem Laserfeuer begonnen. Er ahnte Schlimmes. Die kleinen Schiffe schienen die großen daranischen Einheiten nicht zu fürchten. Die Antwort ließ nicht lange auf sich warten. Der General erkannte mit großem Staunen, wie die keinen Schiffe weitere Laser-Türme ausfuhren und die hintere Linie seiner Flotte angriffen. Er glaubte, seinen Augen nicht zu trauen. In einem grellen Blitzgewitter, explodierte die komplette hintere Linie seiner Armada und verging in einem lodernden Flammenmeer.

»Das ist keine Raumschlacht mehr«, tobte er. »Das ist ein Abschlachten von daranischen Raumschiffen. «

Er überlegte einen kurzen Augenblick. Dann hatte er seine Entscheidung getroffen.

»Wir kapitulieren«, befahl er seinem Funker zu. »Senden sie meinen Befehl auf allen Kanälen. Alle daranischen sollen sofort ihr Feuer einstellen. «

Der Funk-Offizier gab den Befehl durch. Immer wieder sprach Ti'Kamasihahh den Befehl in seinen Communicator.

»An die fremden Schiffe, wir kapitulieren«, sprach er in das Gerät. »Stellen sie ihren Beschuss ein, wir kapitulieren. «

Es dauerte noch einige Sekunden, bis der Laser-Beschuss verstummte. Zahlreiche Trümmer von daranischen Schiffen wirbelten im Raum umher.

Major Travis flog mit seiner Flotte aus den künstlichen Wurmlöchern heraus, die von den Lantranern injiziert worden waren. Blitzschnell hatte er die brenzlige Situation im Sektor der Centauri-Scruffs erkannt. Die ausgebrochene Raumschlacht im System der Centauri wurde klar und deutlich auf den CICs der Schiffe angezeigt. Die Leuchtfeuer auf den Schirmen wurden eindeutige Verluste der daranischen Seite zugeordnet. Die Ortungen bestätigten diese Annahme.

Er blickte Commander Brenzby an
»Befehlen sie unsere Schiffe zwischen die beiden kämpfenden Schiffs-Geschwader«, befahl er. »Sofort alle Schutzschirme aktivieren und die Waffentürme ausfahren. Die daranischen Schiffe müssen

zurückgedrängt werden. Eine Schussfreigabe ist autorisiert, falls notwendig. «

Er blickte seinen Funk-Offizier an.
»Sergeant Farmer, informieren sie Admiral Dragphan«, befahl er. »Er soll sich mit seinen Worgass-Schiffen zurückfallen lassen und nicht an den Kampfhandlungen teilnehmen. «

»Ihr Befehl wurde gesendet«, antwortete der Funk-Offizier.
»Stellen sie mir eine Leitung zu Thoran her«, ergänzte Major Travis.

»Die Verbindung baut sich auf«, meldete der Sergeant Farmer.

»Hier ist Thoran«, meldete sich der lantranische Oberbefehlshaber.

»Major Travis spricht«, antwortete der Oberkommandeur. »Sie erkennen den aggressiven Angriff der daranischen Schiffe? Würden sie mit ihrer Flotte an der Rückseite der Eindringlinge für Irritationen sorgen? «

»Das machen wir gerne«, erwiderte Thoran. »Nichts leichter als das. Wir fliegen unverzüglich in Position. Die Daraner sind uns seit langem ein Dorn im Auge. «

»Danke«, antwortete der Major.
»Nicht dafür«, erwiderte Thoran. »Wir werden sie in der Zukunft öfters einmal um einen Gefallen bitten. «

Die Verbindung brach ab.
Major Travis hatte keine Zeit über die Antwort des Lantraner nachzudenken. Er blickte auf den großen Schirm des Schiffes. Die schweren Zerstörer der Kaiser-Klasse hatten ihre Breitseiten der Einflugs-Schneise der daranischen Flotte zugedreht. Energisch feuerten die Walzenschiffe ihre Laser-Strahlen auf die Schiffe der eingetroffenen Verstärkung ab. Die Schutz-Schirme der Schiffe des Neuen-Imperiums leiteten die zahlreichen Energie-Strahlen problemlos ab. Keiner der zahlreichen daranischen Strahlen ließ die Superschutz-Schirme, mehr als die Hälfte, an ihre möglichen Belastungsgrenzen steigen.

Obwohl das daranischen Flotten-Oberkommando erkannt haben musste, dass sie in starker Unterzahl agierten, brachen sie den Angriff ihrer Schiffe nicht ab.

»Feuer auf die vorderste Angriffslinie der Daraner«, befahl Major Travis.

Die zuvor noch ruhig im Raum liegenden Schiffe des Neuen-Imperiums von Natrid und Tarid, verwandelten sich von einer Sekunde zur anderen in feuerspeiende Zerstörer. Im Dauerfeuer fauchten die massiven Laser-Lanzen auf die daranischen Schiffe. Der gleichzeitige Einschlag unzähliger Strahlen bewirkte die sofortige Überbelastung der daranischen Schirmfelder. Ihre Farbe veränderte sich in Tiefrot, bevor sie schlagartig ausfielen.

Die nachfolgenden Strahlen durchschlugen das ungeschützte daranische Metall der Bordwände. Der Reihe nach explodierten die Schiffe in feurigen Atomfeuern. Die Explosionen zersplitterten die stolzen Walzen-Schiffe, in unzählige kleine Metallsplitter, die glühend durch das kalte All drifteten. Ganze 43 daranische Schiffe der ersten Angriffs-Linie existierten nicht mehr.

Die lantranische Armada, an der Rückseite der daranischen Flotte, war ebenfalls nicht zögerlich mit der Durchführung ihrer Arbeit. Ein einzelner Schuss, aus ihren ausgefahrenen Bugkanonen reichte in fast allen Fällen aus, um das anvisierte daranische Schiff zu vernichten. Die nachfolgenden Schüsse rissen die anfliegenden Walzen-Schiffe auseinander. Die Vorderbauten der Schiffe wurden abgesprengt. Sauerstoff, Wasser und Einrichtungsgegenstände entwichen ins All. Die nicht mehr auf Kurs zu haltenden Schiffe, kollidierten mit neben ihnen fliegenden Einheiten. Explosionen, Feuer, Rauch und Qualm, drangen aus den schwer getroffenen Schiffen.

»Wir empfangen einen Hyperkomm-Funkspruch von dem daranischen Flagg-Schiff«, meldete Sergeant Farmer. »Sie kapitulieren.

»Das wurde auch Zeit«, antwortete Major Travis. »Informieren sie unsere Schiffe, der Beschuss ist sofort einzustellen. «

Der Funk-Offizier bestätigte.
»Ihr Befehl wurde versandt«, erwiderte er.

Major Travis erkannt auf dem großen Bildschirm der Termar 1, wie der Beschuss abebbte.

»Stellen sie mir eine Verbindung zu dem daranischen Flagg-Schiff her«, befahl er.

Sergeant Farmer nickte ihm zu.

»Die Verbindung steht«, antwortete er. »Die Daraner sollten sie empfangen können. «

»Hier spricht Major Travis«, sprach er in seinen Communicator. »Wir akzeptieren ihren Wunsch nach einer Kapitulation. Ich bin der Oberbefehlshaber der Flotte des Neuen-Imperiums von Natrid & Tarid. Sie sind widerrechtlich in unser Hoheitsgebiet eingedrungen und haben einen Planeten unseres Gebietes angegriffen. Wir erwarten von ihnen Verhandlungen über eine Wiedergutmachung. Antworten sie unverzüglich. «

General Da'Rusaarahs hatte die Antwort von Major Travis erhalten. Er blickte seinen 1, Offizier an.

»Das Blatt hat sich gewendet«, sagte er mit. »Wir hätten das System nicht anfliegen sollen. So leicht kommen wir aus diesem Schlamassel nicht mehr heraus. «

»Vielleicht hätten wir vor dem Kampfhandlungen zunächst Verhandlungen führen sollen? «, erwiderte der 1. Offizier des Schiffes. » Jetzt liegt das Kind im Brunnen.«

»Ihre Aussage trägt nicht viel zur Lösung des Problems bei«, erwiderte der General. »Bis weitere Verstärkung eintrifft würden Monate vergehen, vorausgesetzt es käme überhaupt welche? «

»Führen wir eine Schadensbegrenzung durch«, sagte der 1. Offizier. »Wir haben bereits unsere halbe Flotte verloren. Der Schmach der anderen Clans wird uns gewiss sein. Geben sie den Befehl an die Schiffe unserer Flotte, alle Schiffbrüchigen und Überlebenden zu retten. «

Der General nickte.
Er griff nach seinem Communicator.
»Ich rufe Major Travis«, gurrte er in das Gerät. »Wir sind zu Gesprächen bereit. Wo sollen wir uns treffen? «

Es knisterte in der Leitung.
»Hier spricht Major Travis«, tönte es aus der Leitung. »Sie erhalten einen Leitstrahl. Landen sie auf dem Raumhafen der Hauptstadt. Die Scruffs werden auch an dem Gespräch teilnehmen. «

»Dürfen wir vorher noch unsere Schiffbrüchigen retten? «, fragte der General. » Ich weiß nicht, wie lange die Rettungskapseln noch über Sauerstoff verfügen.

»Retten sie ihre Überlebenden«, bestätigte Major Travis. »Wir sind keine lebensverachtenden Wesen. Unsere

Schiffe werden sie nicht angreifen. Beauftragen sie ihre Bergungs-Schiffe, nach den Rettungs-Kapseln zu suchen. Alle anderen Schiffe verhalten sich ruhig. Deaktivieren sie alle Waffentürme. Falls ein Schiff wieder aktiv feuert, werden wir es vernichten. «

»Ich habe verstanden«, antwortete der General. »Danke für ihr Entgegenkommen. «

»Geben sie die Befehl zur Rettung der Überlebenden durch«, befahl er seinen 1. Offizier.

General Da'Rusaarahs schaute auf den großen Bildschirm seines Flagg-Schiffes. Er registrierte, wie die Bergungs-Schiffe die zahlreichen Rettungskapseln zerstörter Schiffe aufnahmen.

»Später werden die Besatzungen dieser Kapseln sorgfältig auf alle intakten Schiffe verteilt«, dachte er. »Es ist fair von den Humanoiden, uns für diese Rettungs-Mission Zeit zu geben. «

Er blickte wieder auf den Bildschirm.
»Die stolze daranische Suchflotte ist um die Hälfte ihrer Schiffe reduziert worden«, erkannte er. »Die Raumschlacht war nichts anderes als eine Falle für unsere Schiffe. Wie sonst hätte die fremde Verstärkungs-

Flotte so schnell in diesem System materialisieren können? «

Er schlug mit seinem Stachel dreimal kräftig auf den Boden der Zentrale auf.

Seine Offiziere blickten ihn an. Auch ihre Gesichter waren sehr deprimiert. Der General drehte seinen Kopf und blickte wieder auf den Bildschirm.

Als wären vor Stunden nicht genug negative Botschaften eingegangen, musste er jetzt noch auf dem Planeten der Centauri landen und mit den gehassten Humanoiden verhandeln. Diese Notwendigkeit widerstrebte ihm sehr.
»Sind sie nicht für das ganze Leid in der Galaxis verantwortlich? «, murmelte er vor sich hin. » Doch ich bin selbst schuld. Nur aufgrund eines Notrufes habe ich den Befehl erteilt, in eine fremde Sternen-Insel einzudringen. Wir wussten nichts von den hier herrschenden Machtverhältnissen. Hiervor haben uns die Mächtigen immer gewarnt. «

»Wir sind einem Notruf gefolgt«, bemerkte Ti'Limarajhh, der 1. Offizier des Schiffes.

Die Worte seines Offiziers holten den General aus den Gedanken in die Realität zurück.

»Einen Vorsatz kann man uns nicht vorwerfen«, bemerkte der 1. Offizier. »Der Einflug in diese Sternen-Insel kann grundsätzlich nur als Hilfsleistung verstanden werden. Vorher war uns der Planet der Centauri nicht bekannt. «

»Ob uns diese Erklärung später bei den Verhandlungen weiterhelfen wird, das ist noch ungewiss«, erwiderte der General. »Das alles haben wir dem degenerierten General Da-Qisaarahh zu verdanken. Er muss auf dem Planeten der Scruffs fürchterlich gewütet haben. «

»Er hat den Angriff von Atom-Raketen befohlen«, entgegnete Ti'Limarajhh. »Es ist verständlich, dass die Centauri jetzt nicht mehr gut auf uns zu sprechen sind. «

»Wir haben einen Leitstrahl erhalten«, teilte der Ortungs- Offizier mit. »Wir können den Planeten der Centauri anfliegen.

»Ist der Leitstrahl eingerastet? «, fragte der General.

Der 1. Offizier nickte.
»Der Leitstrahl ist von unserer Hypertronic eingespeichert worden. «

Der General überlegte kurz.

»Geben sie Befehl, Kurs auf den Planeten der Centauri zu nehmen«, befahl er. »Wir landen auf dem Raum-Flughafen der Hauptstadt. Leider kommen wir um die Verhandlungen nicht herum. Die starken Flotten-Verbände des Neuen-Imperiums von Natrid & Tarid sind unseren Waffensystemen haushoch überlegen.

Wir können froh sein, wenn wir heil aus dieser Geschichte herauskommen und zurück ins königliche daranische System fliegen können. Vorausgesetzt man gestattet es uns, dann sollte diese Galaxie für weitere daranische Flüge gesperrt werden. Sie muss für uns tabu sein. Wir sind nicht in der Lage, gegen das Neue-Imperium eine Invasion durchzuführen. «

»Ich stimme ihnen zu«, erwiderte der 1. Offizier. »Wir sind technisch noch nicht so weit. «

»Gehen wir zu den Verhandlungen«, entgegnete der General. »Wir sollten die Sieger nicht zu lange warten lassen. «

Das Flagg-Schiff der daranischen Flotte flog auf den Planeten der Centauri-Scruffs zu. Es tauchte in die Umlaufbahn ein und drosselte die Geschwindigkeit. Die Hauptstadt lag unter einer dicken Wolkendecke. Die düstere Wolkendecke umspannte den Planeten. Viele Centauri waren zu dem Raum-Flughafen gekommen, um das große Walzen-Raumschiff der Daraner landen zu sehen.

Langsam durchstieß es die Wolkendecke. Ein Aufschrei ging durch die Zuschauer, als sie es sahen. Das daranische Schiff drosselte weiter seine Geschwindigkeit und sank dem Erdboden entgegen. Die Bremsdüsen flammten auf und verringerten die Geschwindigkeit. Langsam setzte das unförmige Schiff vorsichtig auf seinen Landestelzen auf. Es vergingen mehrere Minuten, bis sich an dem unteren Schiff eine große Luke öffnete. Vorsichtig steckten einige Daraner ihre Köpfe heraus.

Sie erschraken, als sie die natradischen Kampf-Roboter am Boden sahen. Diese hatten eine Sicherheits-Zone eingerichtet und das Schiff umstellt. Langsam fassten die daranischen Offiziere Mut und schritten die Treppe ihres Schiffes herunter, auf den Boden des Raum-Landefeldes. Die Centauri-Scruffs stießen verächtliche Rufe aus. Diese sollten die Daraner daran erinnern, welche Qualen sie ihnen bereitet hatten.

Über 5.000 natradische Kampf-Roboter hatten den Raum-Flughafen weiträumig abgesperrt. Die Crew von Major Travis und die Lantraner Heran und Thoran erwarteten die Unterlegenen. Die Schiffe von Captain Hunter und Oberst Cameron waren ebenfalls gelandet. Die beiden Offiziere beeilten sich, zu der Gruppe zu stoßen.

»Schön, dass sie es rechtzeitig geschafft haben«, begrüßte Major Travis Captain Hunter und Oberst Cameron.

Der Oberst nickte.
»Ihr Eingreifen hat den Ausgang der Raumschlacht doch wesentlich vereinfacht«, teilte er mit.

Captain Hunter lächelte den Major an.

»Als die Daraner ihre große Flotte registrierten, kam ihr Angriff ins Stocken«, sagte er. »Sie wussten ab diesem Zeitpunkt nicht mehr, was sie tun sollten. Vielen Dank für ihre Unterstützung.«

»Dafür sind wir da«, antwortete Major Travis. »General Poison hatte uns über die Irritation in dem System der Centauri informiert. Durch die Wurmloch-Technik der Lantraner gelang es uns, das System innerhalb kürzester Zeit anzusteuern. Es war nur ein Katzensprung in das System. «

Er blickte Captain Hunter und Oberst Cameron an.

»Die größte Arbeit haben ihre beiden Flotten ja bereits erledigt«, lächelte er.

»Wir haben noch ein Schiff voller gefangener Daraner«, bemerkte Oberst Cameron. »General Da-Qisaarahh, der Befehlshaber des ersten daranischen Angriffs, ist in unserer Obhut. Was genau soll mit ihm passieren? «

»Es handelt sich durchweg um Flotten, die nach ihrer verschollenen Königin suchen«, bemerkte Captain Hunter. »Sie wissen noch nicht, dass wir sie arretiert haben. «

»So soll es auch erst mal bleiben«, antwortete Major Travis. »Die Königin sollte uns eigentlich noch wichtige Informationen über die Kultur der Daraner geben. Auch benötigen wir die Hinweise auf die Rasse der Mächtigen, die anscheinend den Daranern Befehle erteilen. Wenn wir diese Informationen besitzen, dann werden wir mit Hilfe der lantranischen Mediziner versuchen die Erinnerungen der Königin zu löschen. Später geben wir sie an ihre Rasse zurück. «

Eine Gruppe der Scruffs, unter der Führung von Haynback, trat zu der Gruppe zu.

»Hoffen wir einmal, dass die Daraner für alle Zeit genug von unserem Planeten haben«, bemerkte er. »Solche Erlebnisse sind neu für unser Volk. «

»Halten sie sich zurück mit Vorwürfen«, empfahl Major Travis. »Hiermit ist keinem geholfen. Die Daraner sind eine aggressive Rasse, leider wissen sie es nicht anders. In ihrer Entwicklung gab es bisher keinen Spielraum für Niederlangen. Sie mussten für ihre Königin immer Erfolge erzielen. Jetzt haben sie erstmalig eine höhere Rasse getroffen und eine Niederlage erlitten. Sie werden vermutlich nicht genau wissen, wie sie sich verhalten sollen. «

»Ich verstehe«, antwortete Haynback. »Uns interessiert wesentlich mehr, wie kann eine Zukunft für unseren Planeten aussehen? «

»Das kann ich ihnen sagen«, antwortete Major Travis. »Sie sind ab sofort wieder ein vollständiges Mitglied unseres Neuen-Imperiums. Sie werden von uns unterstützt und geschützt. Wir sorgen dafür, dass die Planeten-KI wieder anstandslos ihre Dienste verrichtet. Die ihr unterstellten Raumschiffe werden zusätzlich durch eine Flotte von 500 Schiffen unserer Lord-Klasse unterstützt. Hiermit haben sie die Sicherheit, dass eine Absicherung ihres Planeten gewährleistet wird. Falls wider Erwarten große feindliche Flotten in ihr System eindringen sollten, kann die Hypertronic-KI ihres Planeten einen Notruf an die Zentrale nach Natrid senden. Innerhalb weniger Minuten werden starke Einsatzkräfte vor Ort eintreffen, um die Feinde zu vertreiben. Nehmen sie wieder ihren Agrarbetrieb auf und liefern sie Nahrungsmittel an das Neue-Imperium. «

»Nichts anderes wollten wir«, antwortete Haynback. »Wir sind sehr froh, dass sie in die Fußstapfen der alten Natrader getreten sind. Alles wird wieder wie früher werden. «

Leynback blickte die Offiziere der Termar 1 an.
»Es wird nicht mehr wie früher werden«, antwortete er. »Es wird besser werden. Wenn sich alle Rassen des Neuen- Imperium verstehen, dann wird ihr Plan ein Erfolg werden. «

Major Travis nickte.
»Das wäre unser Wunsch«, entgegnete er.

»Wir möchten uns noch einmal für die Sabotage auf Natrid entschuldigen«, bemerkte Dynback, der Verteidigungs-Minister der Scruffs. »Wir bedauern unseren Eingriff zutiefst, doch wir mussten ihre

Aufmerksamkeit erregen. Leider wussten wir keinen anderen Weg. «

»Machen sie sich hierüber keine Gedanken«, wiegelte Major Travis ab. »Die Mühlen des Neuen-Imperiums arbeiten derzeit noch sehr langsam. Wir sind bemüht, alle ehemaligen Planeten des kaiserlichen Imperiums von Natrid wieder zu aktivieren. Doch das braucht seine Zeit. Wir kommen gerade erst von einem schwierigen Auftrag zurück, in dem wir einer befreundeten Rasse Unterstützung geleistet haben. «

»Haben sie sich einmal überlegt, welche Reparaturleistungen sie von den Daraner verlangen wollen? «, fragte Thoran. » Ganz ungeschoren sollten sie nicht davonkommen. Abgesehen von einem sogenannten Friedens- und Nichtangriffsvertrag, sollten sie auf eine Entschädigung pochen. Die Daraner haben viel Unruhe auf ihrem Planeten verursacht. «

Haynback blickte seine Kollegen an.
»Wenn ich etwas sagen darf«, bemerkte Simback. »Mein Vorschlag wäre es, dass die Daraner alle radioaktiv verseuchten Landstriche wieder säubern. Ich möchte, dass sie die Erde abtragen und diese in ihren Raumschiffen mitnehmen und außerhalb unserer

Milchstraße entsorgen. Leider haben wir derzeit diese technischen Möglichkeiten nicht. «

Major Travis blickte zum Himmel. Mehrere Geschwader Tarin-Jets patrouillierten und zogen ihre Kreise über dem Raumhafen der Hauptstadt. Zwei Raumschiffe der Kaiser-Klasse schwebten oberhalb des daranischen Walzen-Raumschiffes, in einer vorher berechneten Position und hatten ihre Laser-Türme auf das Flaggschiff des Generals gerichtet. Sie sollten dafür sorgen, dass es zu keinem Eklat kam.

Die Kampf-Roboter hatten eine Gasse gebildet, die von dem daranischen Raumschiff zu dem Empfangskomitee führte.

Vorsichtig stiegen die Daraner die Ausstiegstreppe ihres Schiffes herunter. Ihnen war nicht ganz wohl zu Mute. Die 2,20 Meter großen Shy-Ha-Narde überragten sie ein großes Stück. Die leuchtenden Augen der natradischen Natridstahl-Stahlkolosse hatten Ihre Laser-Gewehre entsichert. Sie analysierten die Situation sehr genau. Bei der kleinsten Unregelmäßigkeit würden sie eingreifen, um brenzlige Situationen zu bereinigen.

Langsam und verhalten schritt die Gruppe der Daraner auf die wartenden Humanoiden zu.

Vor Major Travis, blieb die Gruppe von fünf Daranern stehen.

Der Vorderste von ihnen war mit diversen Rangabzeichen dekoriert. Ein Translator hing auf seiner Brust.

»Mein Name ist General Da'Rusaarahs«, stellte er sich vor.

Er verbeugte sich demütig vor Major Travis.
»Kann ich davon ausgehen, dass sie der Oberbefehlshaber der Flotte des Neuen-Imperiums von Natrid & Tarid sind? «, fragte er.

»Das ist richtig«, antwortete der Oberbefehlshaber. »Mein Name Schiffsflotte, in dessen Schutzgebiet sie eingedrungen sind. «

Er zeigte auf die lantranische Abordnung.
»Darf ich ihnen Thoran und Heran, von den Lantranern vorstellen«, sagte der Major »Sie sind mit uns befreundet.«

Die beiden Lantraner nickten dem daranischen General verhalten zu.

General Da'Rusaarahs bemerkte die Zurückhaltung der beiden Lantraner.

»Sie mögen keine insektoiden Lebensformen«, bemerkte er.

»Das ist es nicht«, entgegnete Heran. »Wir haben bisher noch nichts Positives von ihrer Rasse kennengelernt. «

General Da'Rusaarahs nickte.
»Ich verstehe«, erwiderte er. »Das Auseinanderzugehen auf neue Lebensformen, wird für die derzeitigen Generationen am schwersten sein. Das ist eine Weisheit unseres Volkes. «

Er wandte sich wieder Major Travis zu.
»Darf ich ihnen meine Begleiter vorstellen? «, fragte der General.

Major Travis nickte zustimmend.

Der General zeigte auf sein Gefolge.
»Das sind Führungsoffiziere meines Flagg-Schiffes«, erklärte er. »Sie unterstützen mich dabei, mit ihnen die gewünschten Verhandlungen zu führen.

Er ließ eine kurze Pause vergehen.

»Nach unserer Einschätzung handelt es sich leider um einen großen Irrtum, der uns zu dem Flug in ihr Sternen-System veranlasst hat«, erklärte er. »Wir sind dem Notruf einer unserer Suchflotten gefolgt, die in Bedrängnis geraten war. Wir haben nichts anders gemacht als das, was sie auch mit ihrer Flotte getan hätten. Einer in Bedrängnis geratenen Flotte Hilfe zu leisten.«

»Wir sehen hier leider einen Unterschied«, bemerkte Haynback, der Sprecher der Scruffs-Regierung. »Dieser liegt in den Absichten von General Da-Qisaarahh. Er ist in unser System eingefallen und hat unseren zentralen Planeten besetzt. Wir haben ihn hierzu nicht eingeladen, oder ihn zu dieser Tat aufgefordert. Diese Entscheidung hat er aus freien Stücken getroffen, möglicherweise um einen Stützpunkt für ihr Imperium in der Milchstraße aufzubauen. Im Zuge unseres Protestes haben wir versucht, seine Bodentruppen zurückzudrängen. Wir konnten teilweise die Oberhand gewinnen, doch in letzter Minute entschied sich der General für den Einsatz von Atomwaffen. Unsere ganzen Soldaten wurden getötet und ein großer Landstrich unseres Planeten radioaktiv verseucht. So geht man nicht mit fremden Lebewesen um. «

»Die Schuld liegt bei uns«, entgegnete General Da'Rusaarahs. »Mein Kollege ist zu weit gegangen. Das war ein unverzeihlicher Fehler. Bitte vergeben sie uns. «

»Das bringt uns die umgekommenen Scruffs nicht mehr zurück«, erwiderte Verteidigungs-Minister Dynback. » Unsagbarer Schmerz und Leid ist über viele Familien unseres Planeten gekommen. Viele Clans hatten Angehörigen unter den Soldaten, die von ihrem Kollegen abgeschlachtet wurden. Ihr Leben ist für alle Zeiten verloren. «

»Was möchten sie mit den Daranern machen? «, fragte Thoran. » Sie haben den Schaden auf ihrem Planeten und sie mussten Verluste unter ihrer Bevölkerung beklagen? «

»Wir möchten, dass die Daraner fortfliegen und nie mehr zurückkehren«, antwortete Leynback, der Minister für die Öffentlichkeitsarbeit. »Es ist genug Leid angerichtet worden. «

Major Travis schaute den General an.
»Die Centauri haben entschieden, sie gehen zu lassen«, erklärte er. »Fliegen sie zurück in ihr großes Imperium und kommen sie nie mehr wieder. Wir übergeben ihnen die Gefangenen, die unter dem Befehl von General Da-

Qisaarahh ihren Dienst absolvierten. Übernehmen sie die Besatzungen und bringen sie diese nach Hause. Vorher schleusen sie bitte Arbeitsmaschinen, Roboter und Fachpersonal aus. Sie werden unter der Leitung der Centauri den verseuchten Boden des Planeten abzutragen, auf dem ihre Atom-Raketen niedergegangen sind.

Lassen sie die Erde abtragen und reinigen sie den Landstrich. Die Centauri sind hierzu nicht in der in der Lage. Wir werden eine kampfstarke Flotte hier vor Ort stationieren. Sie wird ihre Aktivitäten beobachten. Die Schiffe dieser Flotte sind in der Lage, ihre ganzen Walzen-Raumschiffe zu vernichten, falls sie nicht auf die Forderung der Scruffs eingehen. Erst wenn die verseuchte Erde vollständig abgetragen ist, werden sie in ihre Heimat entlassen. Das sind die Bedingungen für ihre Freilassung.«

Erneut verbeugte sich der General vor den Siegermächten.

»Mit so viel Gnade hätten wir nicht gerechnet«, antwortete er. »Wir sind davon ausgegangen, dass wir schwere Strafen auferlegt bekommen. «

»Wir Humanoiden sind nicht so schlecht, wie es in insektoiden Kreisen behauptet wird«, bemerkte Major Travis. »Wir verlangen lediglich eine Wiedergutmachung. «

»Wir werden das Gelände reinigen«, bestätigte der General. » Entsprechende Maschinen und Fach-Personal haben wir dabei. Das ist das Mindeste, was wir tun können. «

»Ihr Ansprechpartner ist Haynback, der Sprecher der Regierung«, sagte der Major. »Koordinieren sie ihr weiteres Vorgehen mit ihm. Wenn sie sich nun auf ihr Schiff zurückziehen würden. Beginnen sie mit der Planung der Erd-Arbeiten. Sobald sie das Gebiet des Planeten gereinigt haben, können sie mit ihrer Flotte und den Überlebenden von General Da-Qisaarahh, in ihre Heimat zurückfliegen. Hüten sie sich davor, uns zu hintergehen. Wir würden sie finden und ihnen, oder ihrer Regierung, die offene Rechnung präsentieren. Die Flotte, die hier als Unterstützung in dem System agiert, ist nur ein winzig kleiner Teil unserer Haupt-Armada. Stehen sie zu ihrem Wort und missbrauchen sie es nicht. Verhalten sich so, wie es bei humanoiden Völkern gebräuchlich ist. «

Die Daraner bedankten und verbeugten sich tief. Langsam zogen sie in die Richtung ihres Schiffes ab.

»Wir haben noch ein Problem mit der Hypertronic-KI des Planeten«, teilte Captain Hunter mit.

»Welches Problem? «, fragte Major Travis.

»Die Hypertronic-KI verlangt zur vollständigen Aktivierung, einen natradischen Würdenträger, der mit Rang 1 als befehlsgebend eingestuft wurde. Oberst Cameron und ich verfügen nicht über diesen Rang. «

»Ich verstehe«, antwortete Major Travis. »Die Hypertronic-KI verfügt über das natradische Sicherheits-Protokoll, gegen eine unsachgemäße Einflussnahme auf ihre Grundprogrammierung. Wie konnten sie denn überhaupt die Hypertronic-KI aus dem von Admiral Tarin befohlenen Tiefschlaf holen? «

»Sie verfügte über eine Sicherheits-Schaltung«, antwortete Haynback. »Das war wirklich ein Glücksfall für uns. Dieses Programm hat die Deaktivierung unserer Planeten-KI aufgehoben. «

Major Travis dachte einen Augenblick nach.

»Jetzt wo wir einmal da sind, sollten wir die Hypertronic-KI wieder an das Neue-Imperium anschließen«, entschied er. »Wir werden der Centauri-KI einen Besuch abstatten.«

Er blickte die Lantraner und seine Begleiter an.
»Kommt ihr mit, oder wollt ihr auf eure Schiffe zurück? «, fragte er.

»Wir haben Zeit«, antwortete Heran. »Vermutlich wird unser Aufenthalt hier in diesem System noch einige Tage dauern. «

»Zumindest möchte ich die Arbeiten der Daraner beobachten«, entgegnete der Major. »Erst nach dem Abschluss der Säuberungsarbeiten, werden wir die gefangenen Daraner an General Da'Rusaarahs übergeben. «

Major Travis blickte Haynback an.
»Sind sie zu einem Besuch ihrer Hypertronic bereit? «, fragte er.

Der Sprecher der Centauri-Regierung nickte zustimmend.

»Versuchen wir die Hypertronic zu erreichen«, ergänzte Major Travis. »Sie stellt sich seit Stunden stumm, aber sie wird alle Aktivitäten mitbekommen haben. «

Major Travis zog seinen Communicator aus seiner Innentasche. Er war sich sicher, dass die Hypertronic-KI jeden ihrer Schritte beobachtet hatte.

»Hier spricht Major Travis, Erbfolgeberechtigter Oberbefehlshaber der vereinigten Natrid & Tarid Streitkräfte«, sprach er in das Gerät. »Erhobener im Gefüge der Kaiserkaste mit Rang 1. Bestätigt und eingesetzt von Noel von Natrid, im Rahmen der Nachfolge-Programmierung von Admiral Tarin. Meine ID lautet MT-001-79878599N. Ich rufe die Centauri Hypertronic-KI, natradische Verwalterin des Scruffs-Planeten. Bitte melde dich. «

Einige Sekunden vergingen, bis die Verbindung knisterte. »Hier spricht N-KI-83.719«, meldete sich die Hypertronic-KI monoton. »Wie kann ich zu Diensten sein? «

»Ich fordere Einlass, um dir neue Befehle des Imperiums zu erteilen. Als Oberbefehlshaber der natradischen Hinterlassenschaften, besitze ich von dir eingeforderte Autorisierung, den Rang 1 der kaiserlichen Einstufung.

Ich erwarte von dir einen absoluten Gehorsam und deine Unterwerfung unter alle neuen Befehle. «

Es vergingen wenige Sekunden, bevor die Hypertronic- KI antwortete.

»Nach der langen Zeit meiner Deaktivierung, ist eine exakte Identifizierung ist erforderlich«, antwortete sie. »Die vorgegebene Rang-Einstufung muss von mir geprüft werden. «

»Das ist kein Problem«, antwortete Major Travis. »Ich sende dir entsprechende ID-Daten. «

Der Major drückte einen Knopf seines Neolrith. Dieser war unter der Haut seiner rechten Hand, implantiert. Dieser natradische Hochleitungs-Sender und Empfänger arbeitete in Lichtgeschwindigkeit.

»Ist deine Empfangs-Schnittstelle geöffnet? «, fragte der Major.

»Der Empfang ist gewährleistet«, antwortete die KI.

»Ich sende die neuen Daten«, fuhr Major Travis fort.

Er drückte auf den ersten Knopf des Senders. Das Datenpaket wurde an die KI übermittelt.

Bereits nach wenigen Sekunden meldete sich die Hypertronic-KI wieder.

»Die Daten wurden eingespeichert und überprüft«, erklärte sie. »Die neue Autorisierung wurde akzeptiert. Ich öffne den Zugang zu meinen inneren Hallen. Der Centauri Haynback wird sie dorthin geleiten. Dem Sprecher der Scruffs-Regierung ist der Zugang bekannt.«

»Danke«, antwortete Major Travis. » Wir sehen uns gleich. «

Der Major blickte Haynback an.
»Die Hypertronic akzeptiert unseren Besuch«, sagte er. »Bringen sie uns bitte zu dem Zugang, zu den unterirdischen Räumen der Hypertronic-KI. Ist dieser weit von hier entfernt? «

Haynback schüttelte seinen Kopf.
»Folgen sie mir«, erwiderte er. »Der Zugang liegt nicht weit von hier entfernt, vor dem alten Tower des natradischen Raum-Flughafens. «

Unter der Führung des Sprechers der Scruff-Regierung, setzte sich der Tross in Bewegung. Tart 1 und Tart 2 flankierten Major Travis. Sie waren speziell auf neuen Planeten sehr aufmerksam. Nach langen sieben Minuten war der Raumhafen überquert und die Aufzugskabine erreicht. Die Hypertronic-KI hatte sie bereits ausfahren lassen.

»Vor wenigen Tagen wurde durch dieses Transportmittel noch ein Teil unserer Bevölkerung in sichere Schutzräume gebracht«, lächelte Leynback. »Die KI hatte sich nach längerem Zögern hierzu bereit erklärt. «

»Da haben sie der KI aber gut zugeredet«, erwiderte Major Travis. »Ich kenne vergleichbare Hypertronicen, die sich starr an ihre Programmierungen gehalten hätten. «

Als die Gruppe auf den Aufzug zuschritt, trat ihnen ein Kampf-Roboter aus dem dunklen Inneren entgegen. Tart 1 und Tart 2 wurden misstrauisch und stellten sich vor Major Travis.

Doch der Roboter machte keine Anstalten, etwas gegen die Besucher zu unternehmen.

»Ich bin der mobile Arm der N-KI-83.719«, stellte er sich vor. »Ich bin unbewaffnet. Sie brauchen keine Angst zu haben, ich bin nicht bewaffnet. Darf ich sie zu der Planeten-Verwalterin führen? «

Tart 1 hatte den Kampf-Roboter gescannt.
»Er sagt die Wahrheit«, flüsterte der Major Travis zu. »Er besitzt keine Waffen. «

Der Roboter wartete geduldig ab, bis der Personenschutz-Roboter seinen Scan abgeschlossen hatte.

»Treten sie bitte in den Aufzug«, sagte er trocken. »N-KI-83.719 erwartet ihren Besuch. «

Die Besucher folgten dem Roboter und traten in den geräumigen Aufzug. Nach dem der Letzte eingetreten war, schloss der mobile Arm die Türen. Er drückte einen Knopf. Der Aufzug setzte sich spürbar in Bewegung.

Er war einige Sekunden unterwegs.
»Wie tief liegt die Anlage in dem Erdboden? «, fragte Heran.

Der Roboter schaute ihn an.

»Unsere große natradische Anlage liegt in 16 Kilometern unter der Erde«, antwortete er. »Wir sind eine sogenannte Standard-Hypertronic-KI-Anlage, mit angeschlossener Raumschiff-Werft und entsprechenden Hangars. Es gibt hiervon viele im Gebiet des kaiserlichen Imperiums von Natrid. Wir sehen uns nicht als etwas Besonderes an. «

»Ich verstehe«, erwiderte Heran.
Insgeheim wusste er, dass nicht alle natradischen Anlagen in dieser Tiefe installiert wurden.

Mit starker Verzögerung bremste der Aufzug ab. Der mobile Arm der Hypertronic öffnete den Schott. Er trat heraus und führte die Besucher durch diverse Hallen und Korridore. Nach wenigen Minuten hatten die Besucher die zentrale Verwaltung erreicht. Der Robot öffnete das Schott zu den heiligen Hallen der Hypertronic-KI. Höflich bot den Gästen einen Sitzplatz an.

Er zeigte auf eine große Hypertronic-Anlage, die in der Wand installiert war.

»Meine Mutter«, sagte er. »Die natradische Verwaltungs- Hypertronic dieses Planeten.«

Er stellte sich etwas abseits und wartete auf weitere Befehle der KI.

»Ich begrüße den Verwalter der natradischen Hinterlassenschaften«, tönte es aus versteckten Lautsprechern. » Es ist eine Ehre für mich, sie persönlich in meinen Räumen empfangen zu dürfen. Ihre Identität wurde bestätigt. Übersenden sie mir bitte nun bitte die neuen Befehle von Noel, der übergeordneten Hypertronic-KI von Natrid. «

»Mache dich für den Empfang bereit«, antwortete Major Travis. »Ich sende jetzt die Daten. «

Erneut drückte er auf einen Knopf seines Neolrith und übermittelte der Hypertronic-KI die neuen Daten. Die Besucher bemerkten, wie zahlreiche Leuchtdioden anfingen zu flackern. Ein Zeichen dafür, dass die Hypertronic eine große Menge an Daten verarbeitete.

Es vergingen lange fünf Minuten, bis die KI alle Daten eingelesen und geprüft hatte.

»Ich bin auf dem neuesten Stand der Information«, antwortete sie. »Vielen Dank für die Überbringung der System-Befehle, Major Travis. Alle befohlenen Deaktivierungen werden sofort rückgängig gemacht. Ich stehe dem Neuen-Imperium vollständig zur Verfügung und unterwerfe mich der geänderten Befehlsstruktur. Alle erforderlichen Wartungs-Aufgaben wurden bereits beauftragt. Alle hier befindlichen Raumschiffe werden repariert, der Raumhafen kurzfristig frei gelegt und gesäubert. Dort abgestellte Schiffe stehen in Kürze wieder dem Neuen-Imperium zur Verfügung. «

»Um wie viele Schiffe handelt es sich«, fragte Commander Brenzby.

»Ich verwalte einen Bestand von 2.000 unterschiedlichen
Schiffen und Zerstörern«, teilte die Hypertronic-KI mit. »Sie alle wurden während des großen Krieges bei mir beschädigt abgestellt. Für eine Reparatur war keine Zeit mehr. Der Deaktivierungs-Befehl von Admiral Tarin verhindert das. «

»Danke für deine Kooperation«, antwortete Major Travis. »Noel wird dir in der Zukunft bestimmt persönlich einen Besuch abstatten wollen. «

»Das wäre eine außerordentliche Ehrung für mich«, antwortete N-KI-83.719. «

»Ich weise dich darauf hin, dass zukünftig Personal in deinen Hallen stationiert wird«, erklärte er. »Stellt das ein Problem für dich dar? «

»Im Gegenteil«, erwiderte die Hypertronic-KI. »Das war zu Zeiten des kaiserlichen Imperiums ebenfalls nicht anders. Wissenschaftler, Techniker und Verwaltungs-Personal, gehörten schon immer zu unserer personellen Ausstattung. Dann tritt wieder richtiges Leben in meine Anlage ein. Ich freue mich hierauf. «

»Du stehst jetzt in Diensten des Neuen-Imperiums von Natrid & Tarid«, sagte Major Travis. »Wir erwarten von dir die gleiche gute Arbeit, wie du sie unter dem kaiserlichen Imperium geleistet hast. Du wirst an den Hypertronic-KI-Verbund angeschlossen und kannst dich mit deinen Kolleginnen jederzeit austauschen. Du wirst über alle aktuellen Information verfügen. Es werden Transmitter bei dir installiert werden, womit du von Natrid aus schnell erreichbar sein wirst. Eine neue Ära bricht für dich an. Unterstütze die Centauri-Scruffs weiterhin mit allen Möglichkeiten, die dir gegeben sind. Hast du deine Aufgaben verstanden? «

»Alle Befehle waren eindeutig «, antwortete die KI. »Wir haben unsere Aufgaben verstanden. Sie werden mit N-KI-83.719 zufrieden sein. «

Vier Tage waren vergangen. Die Flotten des Neuen-Imperiums von Natrid & Tarid, sowie ihrer Verbündeten, lagen in dem System der Centauri und warteten auf neue Befehle. Die Daraner hatten eine Vielzahl an technischen Hilfsmitteln auf dem Boden abgesetzt. Seltsam aussehende Raupen, Räumgeräte, Bagger und Transporter reihten sich aneinander. Das technische Personal der Daraner koordinierte die Aufgabe. Zug um Zug wurde gegraben und der verschmutzte Boden abgetragen.

Immer wieder landeten Walzenschiffe und nahmen über spezielle Ladevorrichtungen den verseuchten Boden auf. Wohin die Daraner diesen bringen wollten, war nicht bekannt. Die Arbeiten standen kurz vor dem Abschluss. Letzte Maschinen wurden gereinigt und gesäubert. Mehrere daranische Wissenschaftler unterhielten sich mit den Scruffs. Diese hatten mit ihren Scannern das Erdreich geprüft und es für beanstandungslos erklärt. Sämtliche verseuchten Elemente waren entfernt worden.

Haynback trat auf Major Travis zu. Dieser stand mit Commander Brenzby, Heran und Thoran auf dem alten natradischen Raumhafen.

»Die Daraner haben es geschafft«, lächelte er. »Ich hätte das nicht für möglich gehalten, dass eine Reinigung des Bodens in dieser kurzen Zeit möglich wäre.«

»Die Daraner haben die Angelegenheit ernst genommen«, antwortete Major Travis. »Die Toten werden sie ihnen nicht zurückgeben können. Doch es sollte genügen, wenn sie nicht mehr in unsere Milchstraße einfliegen. «

»Wie können wir ihnen danken? «, fragte Leynback. » Auch für uns beginnt jetzt wieder eine neue Epoche. «

»Stehen sie weiterhin zu dem Neuen-Imperium von Natrid & Tarid«, lächelte der Major. » Beginnen sie wieder Agra-Produkte zu liefern. Wir schicken die Morina zu ihnen. Sie verstehen sich als galaktische Händler und haben viele Abnehmer. Sobald wir wieder im Sol-System sind, beauftrage ich eine Schutz-Flotte von 500 Lord-Schiffen zu ihnen. Sie werden die Schiffe ihrer Hypertronic-KI unterstützen. Bis zu deren Eintreffen lasse ich Oberst Cameron mit seinen 300 Prinz-Schiffen zur Absicherung bei ihnen. «

»Das erleichtert unser Leben ungemein«, antwortete Dynback. »Hierdurch fühlen wir uns wesentlich sicherer. «

»Machen sie sich keine Sorgen«, sagte Major Travis. « In Kürze werden sie von vielen Personen konsultiert, die alles bei ihnen wieder aufbauen wollen. Auch ihr Planet profitiert von den vielen Vorteilen eines immer größer werdenden Neuen-Imperiums. Führen sie den Terun als Zahlungsmittel ein. Hierdurch wird es leichter, von ihnen gelieferte Waren zu bezahlen. Experten werden sie zu diesem Thema noch aufsuchen. Sie sehen, es kommt viel Arbeit auf sie zu. Falls sie sich überfordert fühlen sollten, sprechen sie uns bitte an. Wir führen dann ein entsprechendes Gespräch und suchen nach Wegen und Möglichkeiten. «

Die drei Centauri-Scruffs verbeugten sich tief vor Major Travis.

»Wir danken«, antworteten sie aufrichtig. »Es fühlt sich gut an, wieder unter der Geborgenheit eines großen Imperiums zu stehen. «

Major Travis zeigte auf den Raum-Flughafen.
»Der daranische General kommt zu Besuch«, teilte er mit.

Er blickte Commander Brenzby an.
»Informieren sie Commander Stuart«, sagte der Major.
»Er möchte mit dem Gefängnisschiff landen. General

Da'Rusaarahs kann seinen Kollegen, General Da-Qisaarahh und seine Untergebenen, übernehmen. Er soll sehen, dass wir Humanoide unser Wort halten.«

Er blickte Haynback an.
»Ich hoffe, das ist in ihrem Sinn? «, ergänzte er. » Sie wollen bestimmt keinem Daraner Asyl anbieten? «
»Keineswegs«, antwortete der Sprecher der Regierung der Scruffs. »Wir sind froh, wenn alle Wespen-Wesen wieder unseren Planeten verlassen haben und sie nie mehr zurückkehren. «

Langsam kam der daranische General mit drei Offizieren in seinem Gefolge auf die wartende Gruppe zugeschritten.

Höflich verbeugte er sich.
»Wir haben alle Arbeiten erledigt«, teilte er mit.

Er blickte die Centauri an.
»Wissenschaftler ihres Volkes haben das Terrain gescannt und überprüft«, teilte er mit. »Sie hatten nichts zu beanstanden. Wir möchten uns noch einmal für die Fehleinschätzung und unsere Einmischung auf ihrem Planeten entschuldigen. «

Haynback nickt zustimmend.

»Trotzdem habe ich viele tote Soldaten zu beklagen, wie sie auch viele Schiffs-Besatzungen verloren haben«, sagte er. »Ein Schaden ist für beide Seiten entstanden. Ich hoffe sehr, dass ihnen das eine Lehre war? «

General Da'Rusaarahs und seine Begleiter senkten ihre Köpfe.

»Sie sehen uns in Demut vor ihnen stehen«, erwiderte er. »Ich versuche gerne unsere königliche Führung von ihren Gedanken zu überzeugen. «

Er blickte Major Travis an.
»Alle Auflagen wurden erfüllt«, erklärte er. »Haben wir ihr Einverständnis, das System der Centauri verlassen zu dürfen? «

»Noch nicht«, entgegnete der Major trocken.

Der General wirkte erstaunt.
»Sie hatten uns doch zugesagt, uns unbehelligt ziehen zu lassen? «, antwortete er.

Major Travis zeigte zum Himmel.
Die Termar 2 und ein Schiff der Kaiser-Klasse setzten zum Landeanflug an.

»Nehmen sie bitte General Da-Qisaarahh und seine übriggebliebenen Besatzungen mit«, sagte der Major in einem ernsten Tonfall. »Ihnen wird hier kein Aufenthaltsrecht eingeräumt. Die Schiffe der Flotte des Generals Da-Qisaarahh bleiben hier und werden von uns vernichtet. Ein oder zwei Schiffe werden wir gründlich untersuchen, um alle Schwachstellen aufzudecken. Zukünftig wird es für die Scruffs noch einfacher sein, ihre Schiffe abzufangen, oder zu zerstören, falls sie nochmals einen Besuch in diesem System erwägen. «

General Da'Rusaarahs wollte etwas erwidern, doch er verzichtete auf eine Antwort.

Commander Stuart hatte 300 Kampf-Roboter ausgeschleust und trieb den General und seine Daraner vor sich her. In einem großen Abstand zu den Centauri, blieb die Gruppe stehen. Commander Stuart trat auf Major Travis zu.

Er salutierte vorschriftsmäßig.
»Die Gefangenen wurden ausgeschleust«, meldete er. »Ich übergebe sie hiermit an General Da'Rusaarahs. «

 Der General blickte auf die Gruppe.
»Danke für ihr Entgegenkommen«, antwortete er.

»Sie können jetzt fliegen«, bemerkte Major Travis. »Sorgen sie dafür, dass keine Daraner mehr die Milchstraße anfliegen. «

»Wir werden es versuchen«, erwiderte der General.
Er zog einen Communicator aus der Innentasche seiner Uniform. Er sprach kurz hinein und blickte zu seinem Schiff.

»Wir übernehmen jetzt General Da-Qisaarahh und sein Personal«, teilte er mit. »Es wird einige Zeit dauern, bis wir sie in unser Schiff verfrachtet haben. «

Die Gruppe sah, wie daranische Soldaten aus dem Schiff strömten. Sie waren bewaffnet. Sie übernahmen die wartenden Daraner von den Kampf-Robotern. Die daranischen Soldaten trieben das Personal von General Da-Qisaarahh unsanft zum Laufen an. Vermutlich hatten sie den Verdacht, dass sich die Entscheidung der Centauri ins Gegenteil wenden könnte.

Es dauerte lange siebzehn Minuten, bis das Personal an Bord des Walzenschiffes eingecheckt hatte.

General Da'Rusaarahs blickte ein letztes Mal die Centauri an.

»Wir fliegen jetzt«, bemerkte er. »Eine Verabschiedung wäre die falsche Geste. Erst jetzt haben wir erkannt, dass nicht alle Wesen im Universum schlecht sind. Danke für Ihr Entgegenkommen, uns in unser Heimat- System fliegen zu lassen. «

»Lernen sie aus den Vorfällen«, sagte Major Travis. »Die Milchstraße unterliegt unseren Hoheitsansprüchen. Teilen sie das ihrer königlichen Führung mit. Ein erneuter Einfall von daranischen Schiffen wird nicht mehr geduldet. «

Der General nickte und gab seinen Begleitern einen Befehl. Die Daraner drehten sich um und gingen zu ihrem Schiff.

Major Travis griff nach seinem Communicator. Er informierte die Flotte im All, über den bevorstehenden Abflug der daranischen Flotte. Er wies seine Schiffe an, sie unbehelligt ziehen zu lassen.

Commander Malley bestätigte den Befehl und gab diesen an alle Schiffe weiter.

Major Travis blickte seine Begleiter an.
»Wie sieht es mit uns aus? «, fragte er. » Sind wir bereit für den Rückflug ins Sol-System? «

Thoran und Heran nickten.

»Ich freue mich Atlanta wiederzusehen«, lächelte Thoran. »Ich habe mit ihr noch einiges zu besprechen. «

Heran blickte ihn an und schüttelte seinen Kopf. »Während du deinen Frauengeschichten nachgehst, werden wir auf Kosten von General Poison einige Biere genießen«, erklärte er. »Darauf freue ich mich jetzt schon darauf. «

Major Travis und Commander Brenzby lachten.

»Alle Lantraner sind eingeladen«, sagte Major Travis leichtfertig. »Die Abschluss-Feier findet in dem großen Festsaal unseres Distributions-Zentrums auf Titan statt. «

Er blickte Commander Stuart an.

»Das gilt natürlich auch für ihre Offiziere«, ergänzte der Major. »Ich weise direkt darauf hin, dass ich Admiral Dragphan und seine Führungsoffiziere vorstellen werde. Ich bitte also um eine gewisse Zurückhaltung gegenüber den Worgass. Das Wichtigste ist, dass wir ihnen einen geeigneten Planeten suchen. «

Er blickte seine lantranischen Freunde an.

»Öffnen sie bitte Wurmloch-Fenster zur Pluto-Umlaufbahn«, sagte Major Travis. »Ich möchte nicht direkt mit allen Schiffen ins Sol-System einfallen.

Hierdurch aktivieren wir das Alarm-Notfallprogramm Das hätte ich gerne vermieden. «

»Wir wollen doch nicht, dass sich der General wieder umsonst aufregt«, lächelte Heran.

Er kannte General Poison zwischenzeitlich sehr genau.

Major Travis wandte sich Haynback und seinen Begleitern zu.

»Jetzt heißt es erst einmal Abschied nehmen«, entgegnete er. »Ich lasse ihnen Oberst Cameron hier und seine Flotte von 300 Prinz-Schiffen. Er hat einen direkten Draht in unser Heimat-System. Ich denke aber, dass es keine weiteren Vorfälle geben wird. Erwarten sie bitte in Kürze unsere Flotte von 500 Lord-Schiffen Sie werden sie unterstützen und der Hypertronic-KI bei der Reparatur ihrer Schiffe helfen. «

»Danke für alles«, erwiderte der Sprecher der Scruffs-Regierung. Wir sind ihnen zu großem Dank verpflichtet. «

»Verstehen sie sich als ein Mitglied des Neuen-Imperiums von Natrid & Tarid«, antwortete Major Travis.

» Was wir getan haben, würden wir für jedes Mitglied machen. Alles Gute für sie.«

»Danke«, antworteten die Scruffs. »Viel Glück für sie und ihre Flotte. Bleiben sie so, wie sie sind. «

Respektvoll verbeugten sich die Scruffs zum Abschied. Die Gruppe der Offiziere des Neuen-Imperiums drehte sich um und ging zu ihren Schiffen. Die Centauri-Scruffs blieben noch stehen und beobachteten den Start. Langsam hoben die Schiffe vom Boden ab und entschwanden in den Wolkenschichten.

***

Im Sol-System liefen die Alarm-Sirenen heiß. Das Frühwarn-System hatte eine große Armada nahe der Pluto-Umlaufbahn registriert. Noel und General Poison schauten auf die Anzeigen.

»Haben wir bereits Identifizierungen erhalten? «, fragte der General.

»Sie haben gerade erst zehn geöffnete Wurmlöcher erfasst «, meldete die Ortungs-Abteilung.

»Eingehender Funkspruch«, teilte der Funk-Offizier. »Man ruft uns. «

»Auf die Lautsprecher legen«, befahl Noel.

»Hier ist Major Travis, mit der Einsatz-Flotte aus Centauri«, hallte es aus den Lautsprechern. »Wir melden uns von dem Einsatz zurück und bitten um Einflugs-Genehmigung in das Sol-System. Ich wiederhole, die Centauri-Flotte unter dem Befehl von Major Travis ist zurück. Ich bitte um eine Einflug-Genehmigung ins Sol-System. «

»Die Einflug-Genehmigung wird erteilt«, sprach General Poison in seinen Communicator. »Kommen sie nach der Landung direkt zu mir und erstatten sie Bericht. Wir haben auch interessante Neuheiten zu berichten. «

»Was für Neuheiten? «, fragte Major Travis. » Haben sie auch eine Mission befehligt? «

»Wenn sie so wollen, kann ich das mit Ja beantworten«, erwiderte der General. »Doch hierzu später mehr.«

»Lassen sie den Festsaal vorbereiten«, teilte Major Travis mit. »Es kommen viele durstige Lantraner zu Besuch.

»Nicht schon wieder«, fluchte der General. »Wer soll das alles bezahlen? «

»Es geht um unseren Dank für die lantranische Unterstützung«, erwiderte der Major. »Das sollte doch zumindest ein Fass Bier wert sein. «

»Leider bleibt es nie dabei«, antwortete der General. »So große Fässer gibt es auf der Erde nicht. Ich bereite alles vor. Bis später.«

»Noch etwas«, sagte Major Travis. »Bekommen sie keinen Herzinfarkt. 13.900 Worgass-Schiffe fliegen in unser System ein. Es sind Freunde, für die wir einen bewohnbaren Planeten suchen werden. «

Dem General versagte die Sprache. Er lief in seinem Gesicht rot an.

Noel nahm ihm den Communicator ab.
»Der General kann im Moment nicht reden«, teilte er mit. »Es sieht fast so aus, als ob er gleich platzt. Sie werden ihre Gründe hierfür haben. Lassen sie die Worgass- Schiffe in jedem Fall von unserer Flotte bewachen. Dann ist dem General wohler. Bis später.«

Die Gemeinschafts-Flotte flog in das Sol-System ein. Im All vor Titan, gingen sie Schiffe in den Ruhemodus. Die Offiziere begaben sich zu dem Festsaal auf Titan. General Poison begrüßte Major Travis und sein Team, ebenfalls die Lantraner. Zurückhaltend war er bei Admiral Dragphan und seinen Offizieren. Commander Rantero gesellte sich zu ihnen und beantwortete die Fragen der Worgass.

Noel und General Poison hatten Major Travis informiert, dass sie auf Atlantis einen geheimen Transmitter-Durchgang, des letzten natradischen Kaisers, zu einer unbekannten Welt gefunden hatten. Sie informierten ihn, dass diese Welt bewohnt war und dass sie über große natradische Raumschiffe und Technik verfügte.

Major Travis zeigte sich erstaunt.
»Warum wusste Atlanta nichts hierüber? «, fragte er. » Sie hatte doch einen sehr engen Kontakt zu dem letzten Kaiser.«

»Vermutlich war dieser doch nicht so eng, wie vermutet«, erwiderte Noel. »Wir müssen dieser Sache nachgehen. «

»Alles zu seiner Zeit«, antwortete der Major. »Wie sie mir mitteilten, haben sie den Durchgang wieder verschlossen. Es besteht zunächst einmal keine Gefahr. «

»Wir haben eine lebende Natraderin geborgen«, teilte Noel mit und blickte Sirin an. »Vielleicht können sie uns weiterhelfen. «#

Die Cousine des Kaisers blickte Noel erstaunt an.

»Sie lebt noch? «, fragte sie erstaunt.

»Ja«, antwortete der General. « Sie hat die lange Zeit in einer Stasis-Kammer überlebt. Wir kamen gerade noch rechtzeitig. Die Kammer stand kurz vor dem Kollaps. «

»Dafür musste ich sie sehen«, antwortete Sirin. »Es ist möglich, dass ich sie kenne. «

»Wir haben sie hier nach Titan schaffen lassen«, teilte der General mit. »Hier verfügen wir über die modernsten Medi-Einrichtungen. Wenn sie uns folgen wollen, dann zeige ich sie ihnen. Atlanta ist bei ihr. «

»Wir möchten auch mit«, bemerkten die beiden Lantraner. »Vielleicht können wir auch etwas zur Aufklärung beitragen. «

»Ich habe nichts dagegen einzuwenden«, erwiderte Major Travis. »Führen sie uns zu ihrem Patienten. «

Die Gruppe hatte die zehn Stockwerke, in das neue große medizinische Zentrum schnell bewältigt.

General Poison öffnete die Türe und trat ein. Fast 25 Ärzte waren anwesend und kontrollierten Geräte und lasen Daten ab.

Atlanta stand vor der Glasscheibe eines großen Isolierraumes und blickte hinein. Als die Führung des Neuen-Imperiums eintrat, drehte sie kurz ihren Kopf.

»Wie sieht es aus? «, fragte General Poison.
»Eine leichte Besserung in ihren Werten konnte registriert werden«, antwortete Atlanta. »Sie war wirklich kurz vor dem Sterben. Ihr Körper regeneriert sich aufgrund des Alters nur sehr langsam.

Sirin blickte stumm auf die Natraderin, die in dem Krankenbett lag. Ihr Gesicht verfinsterte sich zusehends. Major Travis hatte sie beobachtet und ihre Reaktion bemerkt.

»Was hast du erkannt? «, fragte er.

Sirin blickte die Gruppe an.

»Da haben sie sich einen besonderen Fisch geangelt«, antwortete sie. »Ich kenne sie. Ihr Name ist Lorin.

Sie machte eine kurze Pause und holte Luft.

»Vor ihnen liegt die persönliche Amazone von Kaiser Quoltrin-Saar-Arel. Sie war die schlimmste Verfechterin der kaiserlichen Autorität. Tausende Natrader haben wegen ihr das Leben verloren. Sie ist sehr gefährlich. Ich warne alle Anwesenden ausdrücklich zur Vorsicht. Sie hat viele spezielle Kampf-Ausbildungen genossen. Eine Einheit Marines wird nicht reichen, um sie zu bändigen. «

Major Travis, General Poison und Noel, schauten Sirin fragend an.

»Am besten wäre es, wenn sie diese Frau einschläfern würden«, sagte sie. »Sie wird ihnen in jedem Fall die natradischen Hinterlassenschaften streitig machen, oder diese sogar vernichten wollen. «

»So weit wird es nicht kommen«, antwortete Major Travis. »Dafür sorgen wir. «

Vorschau: